U0315849

“双高建设”新型一体化教材

浮游选矿技术

Floating Beneficiation Technology

主　编　彭芬兰　聂　琪
副主编　沈　旭　张　佶

北　京
冶金工业出版社
2023

内容提要

本书共分 7 章，分别介绍了浮选的基本概念，浮选过程及其基本原理，浮选药剂及其适用技术，典型浮选设备的性能及其操作维护，浮选工艺过程及操作控制，主要矿石的浮选实践，常用浮选试验操作技术等。本书系统阐述了浮游选矿技术的基本理论和基本知识，注重理论知识的应用、实践技术的训练以及分析解决问题和创新创业能力的提高。

本书可作为高等职业院校矿物加工技术专业教学用书，也可供科研院所相关专业研究人员、技术人员、管理人员以及企业工程技术人员参考。

图书在版编目(CIP)数据

浮游选矿技术/彭芬兰，聂琪主编．—北京：冶金工业出版社，2023. 1
“双高建设”新型一体化教材
ISBN 978-7-5024-9364-6

Ⅰ. ①浮…　Ⅱ. ①彭…　②聂…　Ⅲ. ①浮游选矿—高等职业教育—教材
Ⅳ. ①TD923

中国国家版本馆 CIP 数据核字(2023)第 020203 号

浮游选矿技术

出版发行	冶金工业出版社	**电　　话**	(010)64027926
地　　址	北京市东城区嵩祝院北巷 39 号	**邮　　编**	100009
网　　址	www. mip1953. com	**电子信箱**	service@ mip1953. com

责任编辑　杨盈园　美术编辑　彭子赫　版式设计　郑小利
责任校对　王永欣　责任印制　窦　唯
三河市双峰印刷装订有限公司印刷
2023 年 1 月第 1 版，2023 年 1 月第 1 次印刷
787mm×1092mm　1/16；16 印张；385 千字；244 页

定价 46. 00 元

投稿电话　(010)64027932　投稿信箱　tougao@cnmip. com. cn
营销中心电话　(010)64044283
冶金工业出版社天猫旗舰店　yjgycbs. tmall. com
(本书如有印装质量问题，本社营销中心负责退换)

前　言

我国矿山行业正朝着技术升级、结构优化、绿色矿山、智能矿山的方向发展。为认真贯彻落实国务院《关于大力发展职业教育的决定》及《国家职业教育改革实施方案》，加快技术工人特别是高级技术工人、技师和高级技师等高技能专门人才的培养，适应矿山行业发展对不同层次人才的需求，特编写了本书。

本书以培养具有较高选矿职业素质和较强职业技能、适应选矿厂生产及管理需要的高级技术应用型人才为目标，贯彻理论与实际相结合的原则，力求体现职业教育针对性强、理论知识的实践性强、培养应用型人才的特点。

本书在系统阐明浮选技术的基本理论和基本知识的同时，注重理论知识的应用、实践技术的训练以及分析解决问题和创新创业能力的提高，系统阐述了浮选的基本概念、浮选过程及其基本原理、浮选药剂及其使用技术、主要浮选设备及其操作维护、主要矿石的浮选实践、浮选工艺过程及操作控制、常用浮选试验技术操作等。

本书为冶金行业主线或辅线工种技师、高级技师培训及高等职业技术教育教材，也可供从事选矿生产和管理工作的工人、干部及工程技术人员参考。

本书共7章，由彭芬兰、聂琪主编，彭芬兰编写绪论和第1章、第2章、第4章，聂琪编写第3章，沈旭编写第5章，张佶、武俊杰编写第6章。

本书在编写过程中引用了大量的文献资料，谨向各位作者、出版社致以诚挚的谢意！

由于编者水平所限，书中不足之处在所难免，恳请读者批评指正。

编　者

2022年5月

目　录

0 绪　论

0.1 浮选及浮选过程

浮游选矿是一门分选矿物的技术，是一种主要的选别方法。其主要原理是利用矿物表面物理化学性质的差异使矿石中一种或一组矿物有选择性地附着于气泡上，升浮至矿液面，从而将有用矿物与脉石矿物分离。因其分选过程必须在溶液（矿浆）中进行，所以叫作浮游选矿，简称浮选。

浮选是在气、液、固三相体系中完成的复杂的物理化学过程，其实质是疏水的有用矿物黏附在气泡表面上浮，亲水的脉石矿物留在水中，从而实现彼此的分离。浮选过程是在浮选机中完成的一个连续过程，具体可分以下 4 个阶段，如图 0-1 所示。

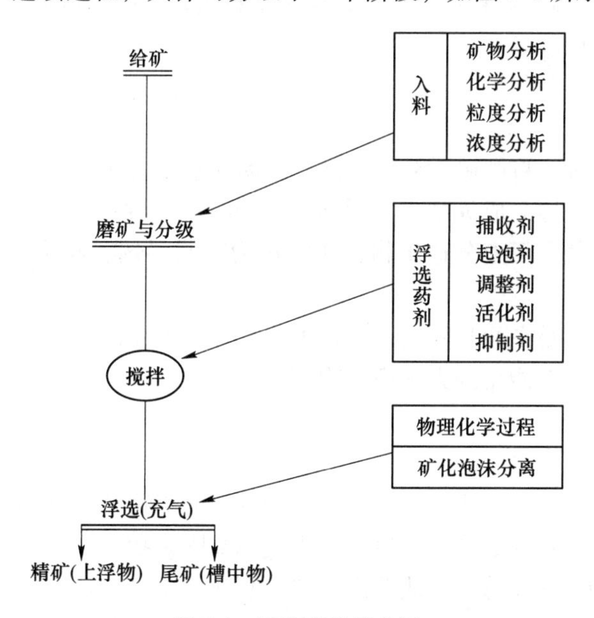

图 0-1　浮选流程示意图

（1）原料准备。浮选前原料准备包括磨细、调浆、加药、搅拌等。磨细后原料粒度要达到一定要求，其目的主要是使绝大部分有用矿物从镶嵌状态中单体解离出来，其次是使气泡能载负矿粒上浮，一般需磨细到小于 0.2mm。调浆指的是把原料配成适宜浓度的矿浆。以后加入各种浮选剂，以加强有用矿物与脉石矿物表面可浮性的差别。搅拌的目的是使浮选剂与矿粒表面充分作用。

（2）搅拌充气。依靠浮选机的搅拌充气器进行搅拌并吸入空气，也可以设置专门的压气装置将空气压入。其目的是使矿粒呈悬浮状态，同时产生大量尺寸适宜且较稳定的气泡，造成矿粒与气泡接触碰撞的机会。

（3）气泡的矿化。经与浮选剂作用后，表面疏水性矿粒能附着在气泡上，逐渐升浮至矿液面而形成矿化泡沫。表面亲水性矿粒不能附着于气泡而存留在矿浆中。这是浮选分离矿物最基本的行为。

（4）矿化泡沫的刮出。为保持连续生产，及时排出矿化泡沫，浮选机转动的刮板把它刮出，此产品称为“泡沫精矿”。留在矿浆中然后排出的产品，称为“尾矿”。

0.2 浮选发展简介

大规模工业化的浮选法在19世纪末才逐步发展起来，在古老的金银淘洗加工过程中，人们已认识到利用矿物的天然疏水性或亲水性（亲油性）的不同来提纯矿物原料。

0.2.1 全油浮选法

根据各种矿物亲油性及亲水性的不同，加大量油类与矿浆搅拌，然后将黏附于油层中的亲油矿物刮出，而亲水性的矿物仍留在矿浆中，从而达到分离矿物的目的。分选作用主要在油-水界面发生，疏水矿粒进入油相，亲水矿粒进入水相。这种方法1898年开始用于硫化铅锌矿的工业生产。

0.2.2 表层浮选法

利用表面张力原理，将磨矿干粉轻轻撒在流动的水流表面，疏水性矿物不易被润湿漂浮在水面上，聚集成薄层，成为精矿，易被水润湿的亲水性脉石矿物下沉，从而达到分离，因其是在水与空气界面上分选矿物，所以称为表层浮选。此法于1907年在硫化铜浮选中得到工业应用。

以上两种浮选因其是在两相界面发生，因此又称为界面浮选。因生产能力小，分选效果差，油药耗量大，都未能得到大规模应用。

0.2.3 泡沫浮选法

由于浮选药剂的发现和应用，许多过去认为难浮的矿物经过浮选药剂调解，可以变成疏水性强的矿物表面，疏水必亲气，然后利用气泡黏附矿物，上浮形成矿化泡沫，实现与脉石分离，所以称为泡沫浮选。此法首次在澳大利亚用于处理含锌（质量分数）20%的重选尾矿，当时是将干的尾矿加入稀硫酸溶液中，因该尾矿含有碳酸盐类脉石，则碳酸钙与硫酸反应放出二氧化碳气泡，闪锌矿就附着于气泡表面上浮，刮出上浮泡沫，所得的精矿含锌42%。

泡沫浮选法现已成为主要的浮选方法。

0.3 浮选在矿物加工业中的广泛应用

浮选是一种效率高的分离过程。各类浮选药剂的发展与在生产实践中的具体使用，以及浮选工艺的新发展，使浮选效率大为提高，使浮选的应用范围日益扩大；由于浮选设备类型增多，设备不断更新且日益大型化，浮选厂的规模越来越大，处理矿量日趋增多。此外，浮选生产的发展和现代测试技术在浮选理论研究中的应用，使人们对许多理论问题的认识日益深化。

据资料统计，世界上利用浮选法加工的矿石占全部入选量的60%~70%，可选收的矿物有百余种，处理原料的粒级下限可达5~10μm。

浮选法的优点：

（1）应用范围广，适应性强。它几乎可以应用于各种有色金属、稀有金属及非金属等各个矿产部门，在化工、建材、环保、农业、医药等领域也得到了广泛应用。

（2）分选效率高，适于处理品位低，嵌布细的矿物。

（3）有利于矿产资源的综合回收。可进一步处理其他选矿方法得到的粗精矿、中矿或尾矿，以提高精矿品位、回收率及综合回收其中的有用成分。

浮选法的不足：

（1）使用各类药剂，易造成环境污染。

（2）需要较细的磨矿粒度。

（3）成本高，影响因素多，工艺要求较高。

复习思考题

0-1　浮选的原理是什么？

0-2　浮选过程分为哪几个阶段？

0-3　浮选发展过程中产生了哪些方法？

0-4　浮选法的优缺点及适应性有哪些？

1 浮选基本原理

接触角的问题

1.1 矿物表面的润湿性与可浮性

浮选是在充气的矿浆中进行的，是一种三相体系。其中，矿粒是固相，水是液相，气泡是气相，各相间的分界面称为相界面。矿物浮选是在气-液-固三相体系中进行的一种复杂的物理化学过程，它是在固、气、液三相界面上进行的。为使不同矿物在浮选过程中得到有效的分离，必须使它们充分体现其表面性质的差异，其差异越大，分选越容易。而润湿是矿粒与水作用时，其表面所表现出的一种最基本的现象。

1.1.1 矿物表面的润湿性

1.1.1.1 润湿现象

润湿是自然界中的常见现象，发生在固液界面上，如图 1-1 所示。在石蜡表面滴一滴水，水呈球状，而在石英表面滴一滴水，水则迅速展开。通常把水在矿物表面上展开和不展开的现象称为润湿和不润湿现象。易被水润湿的表面称为亲水性表面，该种矿物称亲水性矿物；不易被水润湿的表面称为疏水性表面，这种矿物称疏水性矿物。例如，石英、云母等很容易被水润湿，是亲水性矿物，而石墨、辉钼矿等不易被水润湿，是疏水性矿物。

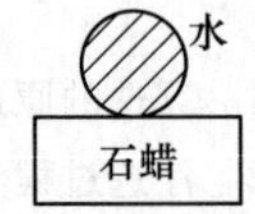

图 1-1 润湿现象

1.1.1.2 润湿现象在浮选中的意义

不同的矿物，其表面的疏水性和亲水性不同，即润湿程度不同，如图 1-2 所示。

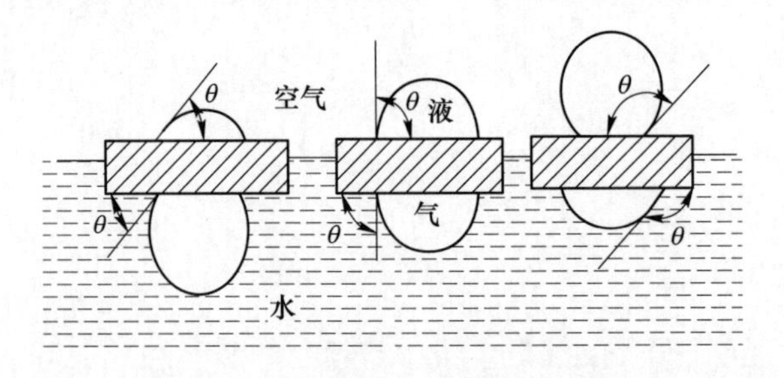

图 1-2 不同矿物表面润湿程度

图 1-2 中，矿物的上表面是空气中水滴在矿物表面的铺展形式，从左到右，水滴在矿物表面越来越难以展开而逐渐呈球形，说明从左到右，矿物表面的疏水性逐渐增强，亲水性逐渐减弱；矿物的下表面是水中的气泡在矿物表面附着的形式，从气泡在矿物表面附着情况看，从左到右，气泡逐渐在矿物表面展开而呈扁平状，气泡的形状正好与水滴的形状

相反，说明气泡在矿物表面展开并与矿物表面结合得越来越牢固，附着程度也越来越强。水和气泡在矿物表面的不同表现，简单地概述为：亲水矿物“疏气”，而疏水矿物则“亲气”。

矿物表面润湿性及其调节是实现各种矿物分离的关键，所以，了解和掌握矿物表面润湿性的差异、变化规律以及调节方法对浮选原理的理论研究及实践有重要意义。

1.1.2　接触角与矿物可浮性的关系

1.1.2.1　接触角的概念

矿物表面的亲水或疏水程度，常用接触角来衡量。固体表面上的水滴或气泡在矿物表面附着，在某一瞬间，固、液、气三相达到平衡，固-液-气三相接触周边（接触线），称为润湿周边。在润湿周边上任意一点，沿液-气界面（水滴或气泡）作切线，与固液界面所形成的夹角（包含液体部分的夹角），称为平衡接触角，简称接触角，用 θ 表示，如图 1-3 所示。以后的讨论中提到的接触角，除注明外，均指平衡接触角。

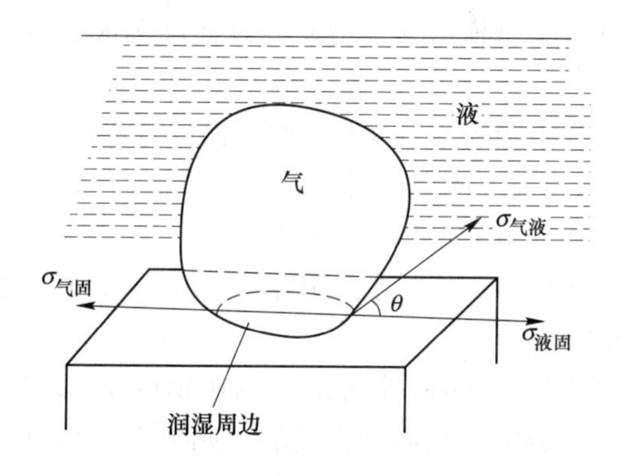

图 1-3　润湿周边与接触角

任何物体的表面都存在着表面张力，表面张力的方向总是垂直于物体表面指向物体内部，其作用结果是收缩物体表面面积，使物体表面的自由能为最低，状态为最稳定。如杯中的酒，可以超出酒杯边缘呈拱形，不至于马上溢出，这就是酒的表面张力的作用。任何两相物体相接处时，接触面的表面张力就表现为界面张力，用 σ 表示。

当气体在水中固体表面附着并达到平衡时，任意两相之间的界面张力如图 1-4 所示。

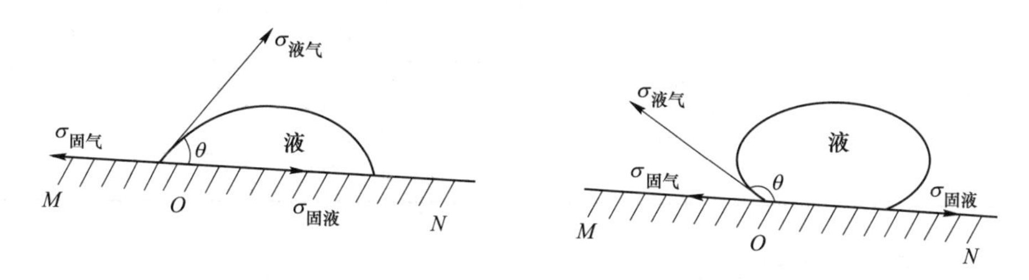

图 1-4　接触角与界面张力间的关系

从图中可以看出，当三个力达到平衡时，有如下的平衡方程式，即：

$$\sigma_{固气} = \sigma_{固液} + \sigma_{液气} \cos\theta$$

$$\cos\theta = \frac{\sigma_{固气} - \sigma_{固液}}{\sigma_{液气}}$$

式中 $\sigma_{固气}$，$\sigma_{固液}$，$\sigma_{液气}$——固-气、固-液、液-气界面的表面张力（或表面自由能）；

θ——接触角。

这一平衡状态方程是杨氏（Yong）在1805年确定的，称为杨氏方程。

上式表明，接触角是三个相界面自由能的函数，它既与矿物表面性质有关，也与液相、气相的界面性质有关。凡是能引起任何三相界面自由能改变的因素，都可以影响矿物表面的润湿性。

1.1.2.2 接触角度量与矿物可浮性的关系

根据杨氏方程，由 θ 的大小，可以度量不同矿物润湿程度的高低。

当 $\theta<90°$ 时：$\sigma_{固气}>\sigma_{液气}$，液滴被拉开，沿矿物表面展开，矿物表面被润湿时，表现为亲水。

当 $\theta>90°$ 时：$\sigma_{固气}<\sigma_{液气}$，液滴收缩，沿矿物表面聚集成珠状，矿物表面不易被润湿，表现为疏水。

当 $\theta=90°$，$\cos\theta=0$，规定为疏水表面与亲水表面的分界线。

当 $\theta=0°$，$\cos\theta=1$，固体被液体完全润湿。

当 $\theta=180°$，$\cos\theta=-1$，液滴对固体完全不润湿。

即接触角 θ 越大，$\cos\theta$ 越小，其可浮性越好。并且 $\cos\theta$ 值介于 $-1\sim1$，于是对矿物的润湿性与可浮性的度量定义为：

润湿性为 $\cos\theta$，可浮性为 $1-\cos\theta$，接触角 θ 与矿物可浮性之间的关系是：接触角 θ 越大，$\cos\theta$ 值就越小，$1-\cos\theta$ 越大，其润湿性越弱，则可浮性越好；反之，接触角 θ 越小，$\cos\theta$ 值就越大，$1-\cos\theta$ 越小，其润湿性越强，则可浮性越差。

矿物接触角可以测得，表1-1列出了部分矿物的接触角测定值，依据接触角可大致判断各种矿物的天然可浮性。

表1-1 部分矿物接触角测定值

矿物名称	接触角/(°)	矿物名称	接触角/(°)
硫	78	黄铁矿	30
滑石	64	重晶石	30
辉钼矿	60	方解石	20
方铅矿	47	石灰石	0~10
闪锌矿	46	石英	0~4
萤石	41	云母	约0

1.1.2.3 接触角的测量

由杨氏公式可计算出接触角 θ 的大小，但是，通常并不是利用杨氏公式来求 θ，因为杨氏公式中的 $\sigma_{固气}$ 和 $\sigma_{固液}$ 不易测定。通常接触角 θ 是利用一定的仪器，并通过一定的方法进行测定的，主要测定方法有角度测量法、长度测量法、重量测量法和浸透速度测量法。

其中，角度测量法是直观的测量方法，根据观测手段的不同，又可分为斜板法、观察测量法和光反射法。

接触角的测定方法很多，但由于矿物表面不均匀，接触角难以达到平衡和稳定，要准确测量则较困难。

1.1.2.4　润湿阻滞

接触角可用来度量矿物表面的润湿程度，而润湿程度又直接反映矿物表面疏水性和亲水性强弱。矿物表面疏水性和亲水性的强弱与矿物的可浮性有着直接而密切的关系。

上面讨论的是平衡接触角，但实际上，接触角并不立刻达到平衡，也不是在任何情况下都会平衡。当液滴在固体表面展开时，总会遇到阻碍。润湿过程中，润湿周边展开或移动，使平衡接触角发生改变，这种现象称为润湿阻滞。润湿阻滞现象主要是由界面间的摩擦力引起的，在有润湿阻滞时，阻滞接触角大于平衡接触角。通常润湿阻滞很难避免，故平衡接触角很难测准。润湿阻滞受到多种因素的影响，如矿物表面组成、表面不均匀性、粗糙度及矿物表面润湿性等。

在空气状态下的液滴和矿物表面接触并达到平衡时，其接触角大小一定。若矿物表面倾斜一个 α 角，且 α 很小时，矿物表面上的液滴可改变形状，接触角也发生变化，但此时润湿周边则不发生移动，此时发生润湿阻滞现象，如图 1-5 所示。

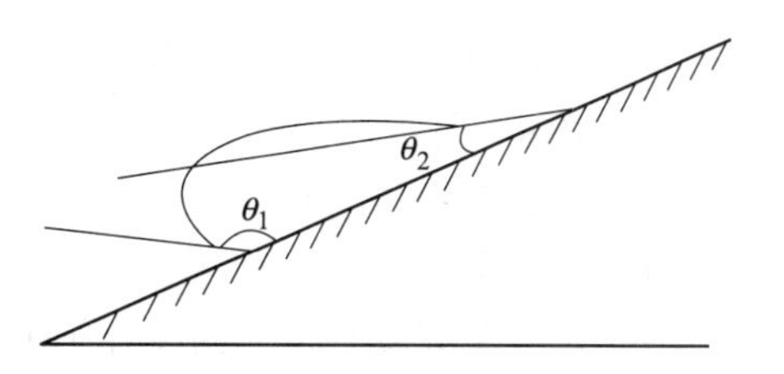

图 1-5　润湿阻滞现象

水滴前移方向所形成的接触角 θ_1 称为前角或称阻滞角（接触前角）。水滴后方形成的接触角 θ_2 称为后角，或称阻滞后角（接触后角），则有 $\theta_1>\theta>\theta_2$。

发生润湿阻滞现象时，总存在一个阻滞前角和后角。实质上，这两个角分别代表两种不同的阻滞效应：前角代表阻滞过程中的“水排气”的阻滞效应；后角代表“气排水”的阻滞效应。

在浮选过程中，矿粒向气泡附着时，就是气排水过程，在这一过程，接触角相当于阻滞后角 θ_2，小于平衡接触角，因此，矿粒与气泡附着过程难以进行。润湿阻滞不利于矿粒与气泡的黏附，对浮选过程起阻滞作用。而矿粒欲从气泡上脱落下来时，该过程属于水排气过程。在这一过程中，接触角相当于前角 θ_1，大于平衡接触角，使得水难以从矿物表面将气泡排开，因而防止矿粒从气泡上脱落，因此，此时的润湿阻滞对浮选有利。

1.1.3　矿物表面的水化作用

在浮选过程中，水具有极其重要的作用。固体粒度在水中发生的一切界面现象都与水的性质密切相关，因此，首先对水的有关性质进行分析讨论。

1.1.3.1　水分子的结构及其性质

水分子（H_2O）由两个氢原子和一个氧原子组成，三个原子核构成以两个质子为底的等腰三角形。水分子中由于氧氢原子各位于分子的一端，负电荷的重心在氧原子的一端，正电荷的重心在氢原子的一端，因此，使整个水分子的电性不平衡，所以水分子的极性较强，可把水分子看成一个偶极子，水分子结构示意图，如图 1-6 所示。

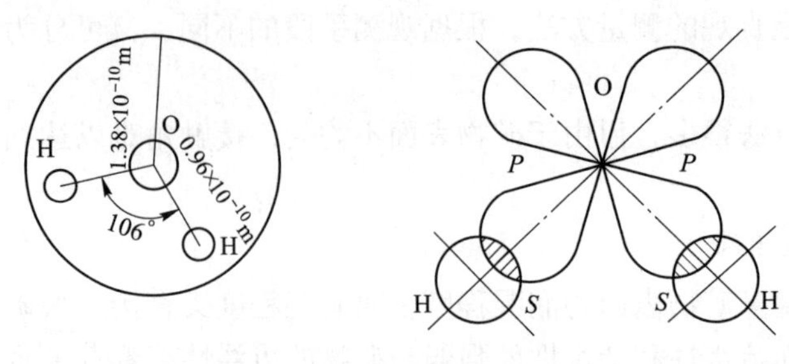

图 1-6　水分子结构示意图

水分子有两个正电性的氢原子，除了和本分子内的氧原子产生氢-氧间的极性键组成水分子，还能和另一分子中的氧原子的电子云相互吸引，使分子间产生氢键键合，把两个以上的分子缔合在一起。水分子具有偶极性是它对于许多盐类和浮选剂具有很强的溶解能力的原因，也是它对绝大部分矿物具有润湿能力的原因。

根据水分子的结构，水具有以下性质：

（1）水具有很强的溶解能力。

（2）在 4℃时水的密度为最大。

（3）水具有很高的介电常数。

（4）水的电导率低，对其他化合物具有较大的电离能力。

（5）水分子间具有很强的缔合作用。

1.1.3.2　水分子与矿物表面的水化作用

当矿物断裂时，其断裂面存在不饱和键和键能，使矿物表面呈现出一定程度的极性。若将破碎的矿物置于水中，则极性的水分子会定向吸附于极性的矿物表面，使矿物表面的不饱和键及键能得到一定的补偿，并使整个体系的表面自由能降到最低。

不同的矿物，因其组织和结构不同，破碎时断裂面的键不同，因而表面不饱和键及键能不同，键能的不饱和程度影响矿物表面的极性，因而使不同矿物与水作用力的大小不同，吸附水分子的多少也不同。

极性水分子定向排列在矿物表面的现象称为矿物表面的水化，矿物表面发生水化作用时，形成水化层或水化膜。水分子进入矿物表面的键能作用范围内，受矿物表面键能作用，按同性电荷相斥，异性电荷相吸的原则定向排列。水分子离矿物表面越近，受矿物表面键能吸引越强，排列就越紧密、规则；离矿物表面越远，表面键能的影响越弱，水分子的排列逐渐稀疏零乱；当水分子离矿物表面足够远时，矿物表面键能的引力将不能再吸引水分子，这时，水分子呈普通水那样的自由无序状态。

水化膜实际是介于矿物表面与普通水之间的过渡层，类似固体表面的延续，矿物表面与普通水之间的距离就是水化膜（水化层）的厚度，如图 1-7 所示。

水化膜受矿物表面的键能作用，它的黏度比普通水大，稳定性高，具有同固体相似的弹性，所以水化膜虽然外观是液相，但其性质近似固相，溶解能力降低。

水化作用是一个放热过程，放出的热量越多，水化作用越强，水化膜越厚，且与矿物表面结合得越牢固。

由此可以看出，当极性矿物与水作用时，水分子定向排列在极性矿物表面，矿物表面

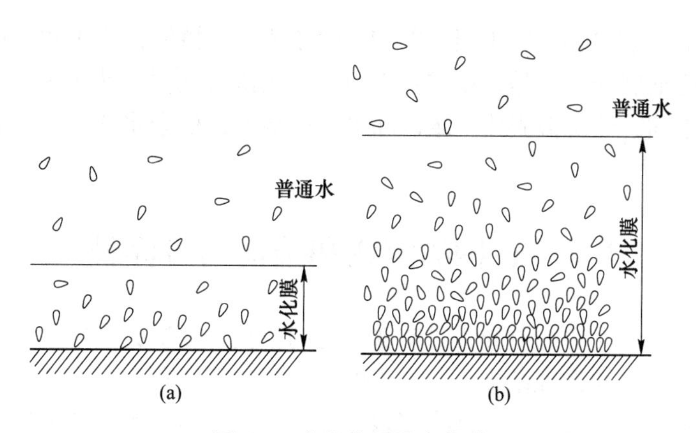

图 1-7 水化作用及水化膜

（a）疏水性矿物（如辉钼矿），表面呈弱键，水化膜薄；（b）亲水性矿物（如石英），表面呈强键，水化膜厚

发生水化作用，形成一层水化膜，宏观上表现为矿物被水润湿。因此，润湿现象的实质是极性水分子定向吸附在矿物表面，并形成一层水化膜的结果。润湿是通过在矿物表面形成一层水化膜而实现的。

1.1.3.3 水化膜的薄化

矿物表面的水化膜越厚，矿物的润湿程度越高，越亲水；反之，矿物表面水化膜越薄，矿物表面不易被水润湿，表现为疏水。因此，水化膜的厚薄直接反映了矿物表面润湿程度的高低。水化作用与矿物表面的润湿性一致，与可浮性相反。

在浮选过程中，矿粒与气泡相互接近，先排除隔于两者夹缝间的普通水。由于普通水的分子是无序而自由的，所以易被挤走。当矿粒向气泡进一步接近时，矿物表面的水化膜受气泡的排挤而变薄。

矿粒向气泡附着的过程，可分为三个阶段，如图 1-8 所示。

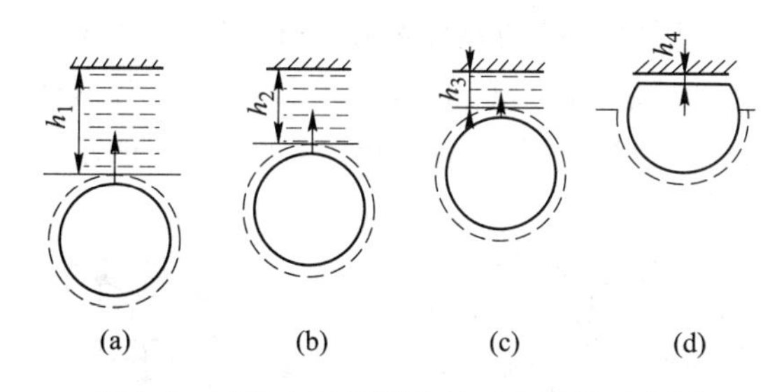

图 1-8 矿粒向气泡附着的三个阶段示意图

第一阶段（a）为矿粒与气泡相互接近与接触阶段。在浮选过程中，由于浮选机的机械搅拌及充气作用，矿粒与气泡不断发生碰撞，据观察测定，矿粒与气泡的附着并不是碰撞一次就可实现的，而是需要碰撞数次到数十次才能实现。然后，矿粒与气泡间的普通水层被逐渐挤走，直至矿粒表面的水化膜与气泡表面的水化膜相互接触。

第二阶段（b）（c）为矿粒与气泡之间的水化膜变薄与破裂阶段。矿粒表面有一层稳定的水化膜，气泡表面也存在着类似的水化膜。当矿粒与气泡靠近，彼此的水化膜减薄，最后减薄到水化膜层很不稳定，并引起迅速破裂。

第三阶段（d）为矿粒在气泡上附着。矿粒与气泡接触后，从矿物表面排开大部分水化膜，接触周边逐渐展开。但是，在矿物表面上，还留有极薄的残余水化膜。残余水化膜与矿物表面吸附牢固，性质似固体，难以除去。可认为，残余水化膜的存在，不影响矿粒在气泡上的附着。

1.2 矿物的组成和结构与可浮性

矿物表面物理化学性质的差异，是矿物分选的依据；而决定矿物的性质的主要因素则是矿物本身的化学组成和物理结构。自然界的矿物，按工业用途可分为两大类：一类是工业矿物，另一类是能源矿物。前者绝大多数是晶体矿物，后者则为非晶体矿物。

1.2.1 矿物的表面键能与可浮性

1.2.1.1 矿物的晶体结构

矿物都是有一定化学组成的单质或化合物，具有一定的结构。矿物内部的结构有的是规则的，有的是不规则的。决定这些结构的是离子、原子、分子等质点以及这些质点在矿物内部的排列。通常将质点呈有规则排列的矿物称为晶体矿物，质点呈不规则排列的矿物称非晶体矿物。晶格中的质点都以一定的作用力互相联系着，这些作用力又称为键（化学键）。由于组成矿物的质点不同，键就不同，因而矿物具有不同的结构。矿物晶格中存在着离子键、共价键和金属键。在个别情况下还存在着氢键，根据键的不同，可以将矿物晶体结构分为离子晶体、原子晶体、分子晶体和金属晶体。

A 离子晶体

离子晶体是由阳离子和阴离子组成。阴阳离子之间通过静电引力相结合，这种键合方式称为离子键。离子键无方向性和饱和性，键合力强。阴、阳离子交替排列在晶格的节点上，离子堆积紧密。具有典型离子键的晶体的矿物有岩盐（NaCl）、萤石（CaF_2）、闪锌矿（ZnS）、白铅矿（$PbCO_3$）、铅矾（$PbSO_4$）、白钨矿（$CaWO_4$）、孔雀石[$CuCO_3 \cdot Cu(OH)_2$]、方解石（$CaCO_3$）等，岩盐的晶体结构如图 1-9 所示。

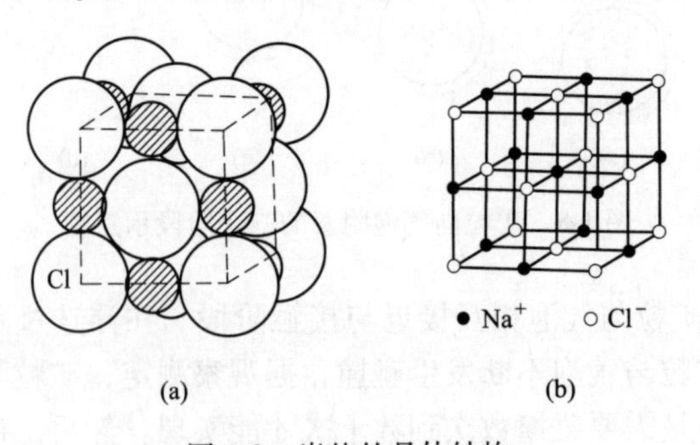

图 1-9 岩盐的晶体结构

(a) 晶体中离子的排列；(b) 晶格

B 原子晶体

原子晶体（共价晶体）是由原子组成的，原子间通过共用电子对所产生的力相结合，这种化学键称为共价键。共价键具有方向性和饱和性，在原子晶体的晶格节点上排列的是中性原子，晶体中不存在自由电子，因此晶体是不良导体，且晶体结构的紧密程度远比离子晶体低。单纯以共价键联结的晶体在矿物中很少见。金刚石是典型的共价晶体，如图 1-10 所示。但有共价键成分的晶体很多，如石英（SiO_2）、金红石（TiO_2）、锡石（SnO_2）等。

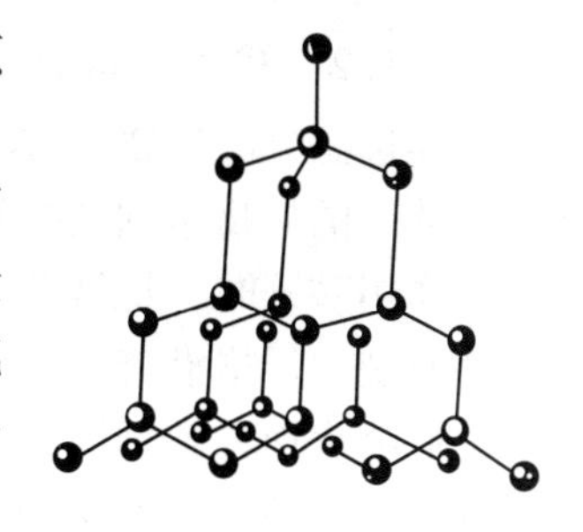

图 1-10 金刚石的晶体结构

C 分子晶体

分子晶体中分子是结构的基本单元。由极性分子和非极性分子之间通过范德华力（即分子间力）结合形成的化学键称为分子键。分子键键合力弱，无饱和性，无方向性。在分子晶体的晶格结点上排列的是分子，晶体中无自由运动的电子，是不良导体。又因为是弱键，对水的亲和力小。具有典型分子晶体的矿物有石墨、辉钼矿、菱形硫等，这些矿物多数呈层状结构，层与层之间是分子键，分子晶体结构示意图，如图 1-11 所示。

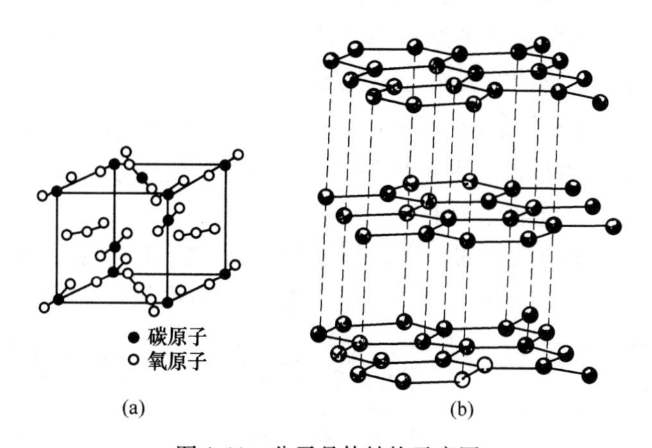

图 1-11 分子晶体结构示意图

（a）二氧化碳的晶体结构；（b）石墨的层状结构

D 金属晶体

金属晶体中自由电子运动于金属阳离子之间，金属阳离子与自由电子相互作用所形成的化学键，称为金属键。金属键无方向性和饱和性，堆积紧密。由金属键结合所形成的晶体称为金属晶体。金属晶体的晶格结点上分布的是金属阳离子。金属晶体结构如图 1-12 所示。自然金属如自然金、自然铜属于此类晶体。

自然界中矿物晶体结构中仅有典型的单一键的情况是少数，有的晶体结构中存在过渡性键，例如金属氧化物（石英等）具有离子键、共价键的过渡性质；硫化矿物和氧化矿大多数为离子键-共价键或离子键-共价键-金属键；氢氧化物和含氧盐类矿物则多数为离子键-分子键或离子键-共价键。多种元素所构成的晶体，常常同时存在几种不同的键；同一元素组成的晶体，有时也有不同的键。矿物结构不同，性质具有差异，金刚石和石墨就是典型例子。

1.2.1.2　*矿物晶体的断裂面*

用浮选法分离矿物，首先必须进行破碎磨矿，使矿石中的目的矿物达到或接近单体解离。矿物晶体受到外力作用破碎时，将沿着晶体构造中键合力最弱的脆弱面断裂。严格沿着一定结晶方向裂成光滑面称为解理，矿物表面称解理面；不按一定结晶方向裂成不规则的各种凹凸不平的矿物表面称断面。二者合称为矿物晶体的断裂面。图 1-13 是典型矿物晶格及可能的断裂面。

单纯离子晶格断裂时，常沿着离子界面断裂。如岩盐（NaCl）的可能断裂面如图 1-13（a）所示。共价晶格的可能断裂面，常是相邻原子距离较远的层面，或键能较弱的层面。典型的层片结构石墨（C）、辉钼矿（MoS）沿层片间断裂，如图 1-13（e）（f）所示。如前所述，许多实际矿物的结构并不是单一典型的晶体结构，因此，矿物的断裂面比较复杂。

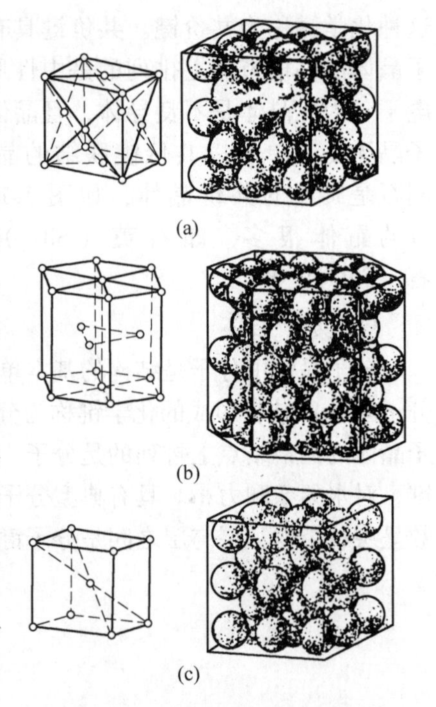

图 1-12　金属晶体结构示意图

（a）面心立方晶格；（b）密集六方晶格；（c）体心立方晶格

1.2.1.3　*矿物的表面键能与可浮性*

矿物破碎时，断裂的是键。由于矿物内部离子、原子或分子仍相互结合，键能保持平衡；而矿物表面层的离子、原子或分子朝向内部的一端，与内部有平衡饱和键能，但朝向外面空间的一端，键能却没有得到饱和（或补偿）。即不论晶体的断裂面沿什么方向发生，在断裂面上

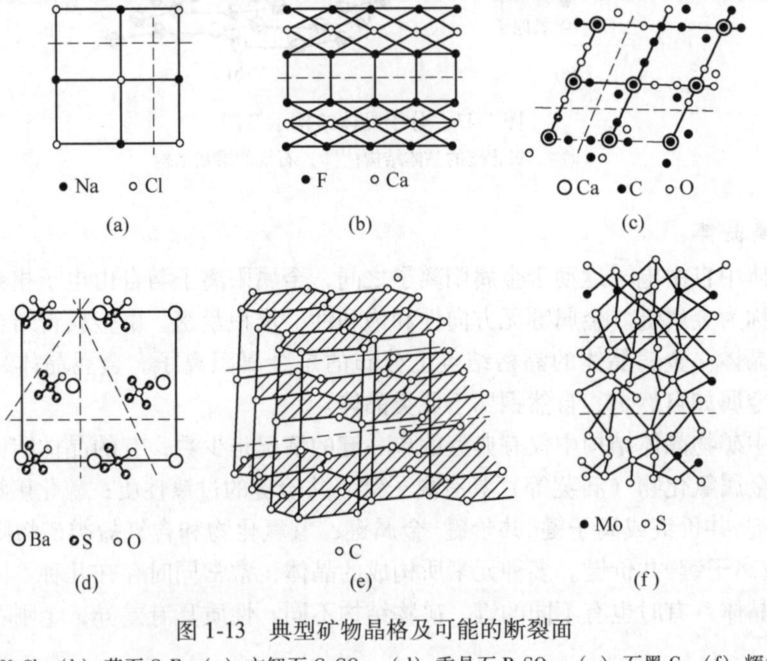

图 1-13　典型矿物晶格及可能的断裂面

（a）岩盐 NaCl；（b）萤石 CaF；（c）方解石 $CaCO_3$；（d）重晶石 $BaSO_4$；（e）石墨 C；（f）辉钼矿 MoS

的质点均具有不饱和键。根据断裂位置不同，键力的不饱和程度不同。也就是说，矿物表面的不饱和键有强弱之分。矿物表面的这种键能不饱和性，决定了矿物表面的极性和天然可浮性。`

矿物表面的键能按强弱分两类：

（1）较强的离子键或原子键。具有这类键能的矿物表面，其表面键能的不饱和程度高，为强不饱和键。矿物表面有较强的极性和化学活性，对极性水分子具有较大的吸引力或偶极作用。因此，矿物表面易被水润湿，亲水性强，天然可浮性差。如硫化矿、氧化矿、硅酸盐等。

（2）较弱的分子键。这类矿物表面的键能不饱和程度较低，为弱不饱和键。矿物表面极性和化学活性较弱，对水分子的吸引力和偶极作用较小，因此，矿物表面不易被水润湿，疏水性较好，天然可浮性好。如石墨、辉钼矿、硫黄等。

通常将具有离子键或极性共价键、金属键的矿物称为极性矿物，其表面为极性表面；具有较弱分子键的矿物称为非极性矿物，其表面为非极性表面。浮选中常见的矿物，介于上述两类极端情况间的过渡状态。天然矿物与水的键合性质，以亲水性和疏水性表示，疏水则不易被水润湿，表示好浮。这种未加浮选药剂处理的矿物可浮性，称为天然可浮性。一些代表性矿物的天然可浮性见表 1-2。

表 1-2 部分矿物的天然可浮性序列

可浮性系列	代表性矿物	结晶构造
大	石蜡	分子结晶
	硫	
中	石墨	片状结晶
	滑石	层状分子及离子结晶
小	自然铜	金属结晶
	方铅矿，黄铜矿	共价及金属结晶
	萤石	离子结晶
	方解石	
	云母	层状
	石英	架状

自然界天然可浮性好的矿物不多，而且，即使天然可浮性较好的矿物如辉钼矿，受到氧化及水的作用，其可浮性也会降低。因此，浮选中必须添加捕收剂，以提高目的矿物的表面可浮性。捕收剂是高分子药剂，一端具有极性，朝向目的矿物表面，可满足矿物表面未饱和的键能；另一端具有疏水性，朝外排水，从而造成矿物表面的“人为可浮性”，达到矿物分选的目的。

1.2.2 矿物表面的不均匀性与可浮性

浮选研究常常发现，同一种矿物可浮性差别很大。这是因为实际矿物很少为理想的典型晶格结构，它们存在着许多物理不均匀性及化学不均匀性，这些造成了矿物表面的不均匀性，从而使其可浮性相差较大。

1.2.2.1　*矿物的物理不均匀性*

矿物在生成及地质矿床变化过程中，表面的凹凸不平，存在空隙和裂缝，以及晶体内部产生的各种缺陷、空位、夹杂、错位、镶嵌等现象，统称为物理不均匀性。图 1-14～图 1-17 所示为矿物的一些物理不均匀现象。

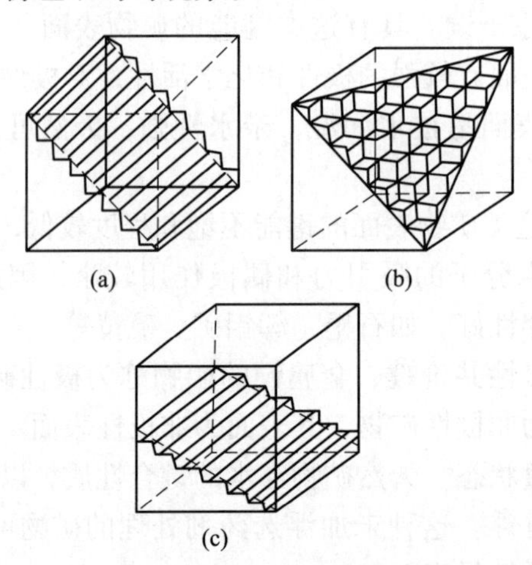

图 1-14　岩盐晶体裂解图

（a）岩盐晶体沿十二面体晶面破碎的表面；（b）岩盐晶体沿八面体晶面破碎的表面；（c）岩盐晶体对立方晶体面成任意破裂的表面

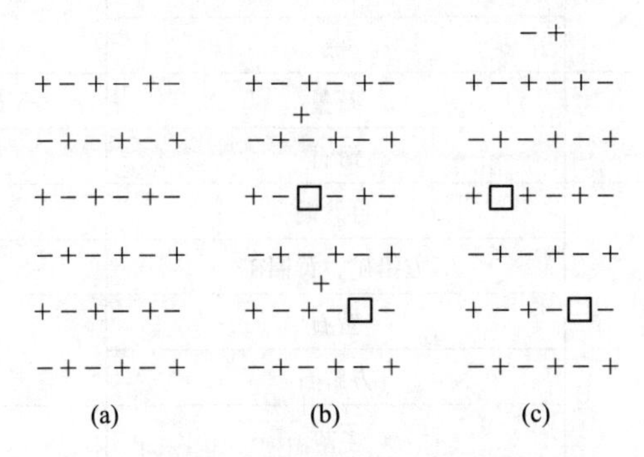

图 1-15　离子晶格的典型缺陷

（a）理想晶体；（b）间隙离子；（c）空位

矿物的各种物理不均匀性，对浮选产生直接的影响，实验证明晶格缺陷、杂质、位错及镶嵌等均影响矿物的可浮性。有人还研究过，加入杂质或浸除矿物表面杂质，用放射能照射、加热和加压等方法来改变晶格缺陷及位错，从而人为地改变矿物的可浮性。

1.2.2.2　*矿物的化学不均匀性*

化学不均匀性指的是实际矿物中各种元素的键合，不像矿物的化学分子式那样单纯，常夹杂许多非化学分子式的非计量组成物。

在硫化矿中，有些非计量夹杂物往往具有重要意义。如黄铜矿中的金（Au）、方铅矿中的银（Ag）、磁黄铁矿中的镍（Ni）和钴（Co）等。部分有色金属硫化矿的共生有价组分见表 1-3。掌握金属共生的规律，对综合回收有价成分意义重大。

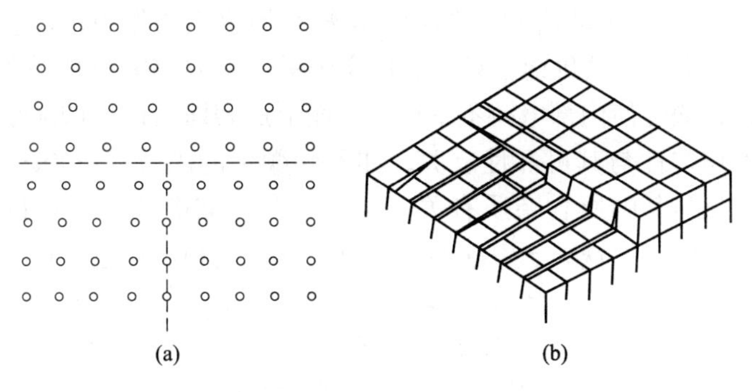

图 1-16 位错示意图
（a）边缘位错；（b）螺旋位错

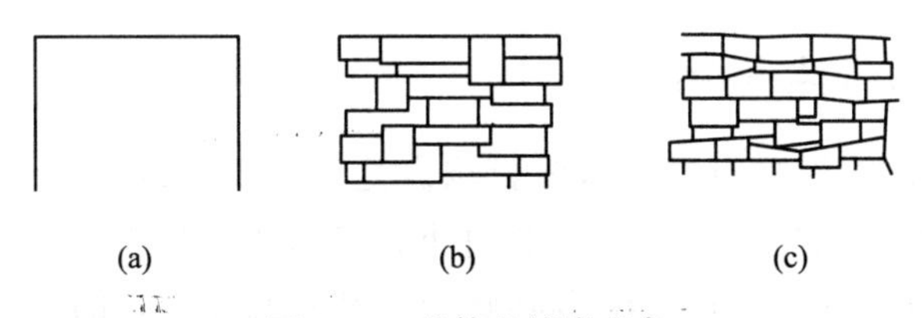

图 1-17 晶体的镶嵌现象
（a）完整晶体；（b）微晶的平行镶嵌；（c）微晶的无定向镶嵌

表 1-3 有色金属矿共生有价组分

矿石类型	主要成分	共生有价组分	共生有价组分占价值/%
多金属矿	Pb、Zn、Cu	S、Au、Ag、Cd、Bi、Sb、Hg、Co、Ba、In、Ga、Ge、Se、Te、Tl	38
铜矿	Cu	S、Au、Ag、Cd、Re、Se、Te、Tl	44
铜锌矿	Cu、Zn	S、Au、Ag、Cd、In、Ge、Se、Te、Tl	50
铜钼矿	Cu、Mo	S、Au、Ag、Cd、Re、Se	45
硫化镍矿	Ni、Cu	Co、S、Pt、Pd、Ru、Os	34
氧化镍矿	Ni	Co	24
铝土矿	Al	Ga、V	15
明矾石矿	Al	Na、K、Si、S、Ga、V	44

有些元素如铟（In）、镓（Ga）、镉（Cd）、锗（Ge）等，常不构成独立矿物，而混入其他矿物晶格中，成为混溶的均匀固态物质，形成“固溶体”。固溶体主要分为两类：

（1）交替固溶体。此时一类组分的离子交换另一类组分离子，这种同类性质交替，外表形象保持不变的现象，称为类质同象交替。

（2）间隙固溶体。此时是另一类组分侵入原有组分的间隙中，又称为侵入固溶体。

不论类质同象交替或侵入间隙，两种组分形成难以分割的固溶体，对矿物的可浮性产生影响，因此，矿物的化学不均匀性，使同一种矿物的可浮性变化较大。

1.2.2.3 矿物表面不均匀性与可浮性

矿物表面不均匀性直接影响矿物和水及水中各种组分的作用，因而，引起矿物可浮性的变化。如方铅矿（PbS）的晶格缺陷影响到矿物与捕收剂的作用，理想的方铅矿晶格内部，Pb、S之间绝大部分为共价键，只有少量离子键，其内部电荷是平衡的，所以对外界离子的吸附力不强，缺陷使内部电荷不平衡，从而形成表面活性，增加吸附能力。

矿物的化学不均匀性与其可浮性有关，如不同颜色的闪锌矿（ZnS），其可浮性差异明显。闪锌矿的颜色与其中所含杂质有关，从浅绿色、棕褐色和深褐色直到钢灰色。绿色、灰色和黄绿色是由二价铁离子引起的；棕色、棕褐色和黄棕色是由锌离子本身显色特性和同晶系镉离子的取代所致；随着闪锌矿晶格中铁离子的增加，其颜色加深，当铁离子含量达20%或26%左右时，这类闪锌矿变成黑色，称为高铁闪锌矿。Fe、In、Ge、Cd等杂质在硫化锌晶格中置换锌，形成异质同形物或乳浊状的侵染体，甚至形成固溶体。这些成分的相互共生，使闪锌矿的可浮性产生多样化。所以，虽然闪锌矿是浮选常见的矿物，但迄今还未能确定它的可浮性。

1.2.3 矿物的氧化和溶解与可浮性

矿物的氧化和溶解对浮选过程有重要影响，尤其是氧与重金属Cu、Pb、Zn、Fe、Ni等硫化物的作用，影响特别显著。在浮选条件下，氧对矿物与水及药剂的相互作用影响也很大，矿浆中氧的含量能调整和控制浮选，改善或恶化硫化矿物的浮选效果。

1.2.3.1 *矿物的氧化*

矿物表面受到空气中氧、二氧化碳、水及水中氧的作用，发生表面的氧化，如硫化物表面会产生下列反应：

$$MS + \frac{1}{2}O_2 + 2H^+ = M^{2+} + S^0 + H_2O$$

$$MS + 2O_2 + 2H_2O = M(OH)_2 + H_2SO_4$$

$$MS + 2O_2 + 2H^+ = M^{2+} + H_2SO_3 + H_2O$$

研究表明，硫化矿的可浮性深受氧化的影响，在一定限度内，硫化矿的可浮性随氧化而变好，但过分的氧化则起抑制作用。

硫化矿的氧化作用对可浮性的影响，一直是浮选研究的重要问题。因矿样来源及制备纯矿物的条件不同，研究方法及研究评估不同，所测得的硫化矿氧化顺序也不同。

按电极电位来定氧化速率的顺序是：白铁矿>黄铁矿>铜蓝>黄铜矿>毒砂>斑铜矿>辉铜矿>磁黄铁矿>方铅矿>镍黄铁矿>砷钴矿>辉钼矿>闪锌矿。

在水气介质中定出的氧化速率顺序是：方铅矿>黄铜矿>黄铁矿>磁黄铁矿>辉铜矿>闪锌矿。

在碱性介质中硫化矿氧化速率的顺序是：铜蓝>黄铜矿>黄铁矿>斑铜矿>闪锌矿>辉铜矿。

根据纯矿物的耗氧速率，评定的氧化速率顺序是：磁黄铁矿>黄铁矿>黄铜矿>闪锌矿>方铅矿。

这些情况表明氧化作用的多样性，浮选体系中对氧化还原的控制，有很大的实践意义。实践表明，控制充气搅拌的强弱与时间长短，从而控制氧化程度是浮选操作控制的重要因素之一。例如，短期适量充气，对一般硫化矿浮选有利。但长期过分充气，磁黄铁矿、黄铁矿可浮性都会下降。

调节矿物的氧化还原过程，可以调节可浮性，目前采用的措施有：

（1）调节搅拌调浆及浮选时间。

（2）调节搅拌槽及浮选机的充气量。

（3）调节搅拌强度。

（4）调节矿浆的 pH 值。

（5）加入氧化剂（如高锰酸钾、二氧化锰、双氧水等）或还原剂（如 SO_2）。

另外，也有研究试用氧、富氧空气、氮、二氧化碳等代替空气作为浮选的气相；改变矿浆的氧化还原电位等。

1.2.3.2 矿物的溶解

矿物在与水相互作用时，部分矿物以离子形式转入液相中，这就是矿物的溶解。物质能溶于水中的最大量为该物质的溶解度。以离子浓度（摩尔/升）来表示。由于溶解度受温度影响较大，所以常注明温度条件。表 1-4 是几种典型硫化矿及其硫酸盐的溶解度。

表 1-4 几种典型硫化矿及其硫酸盐的溶解度

硫化矿	溶解度/mol·L^{-1}	硫酸盐	溶解度/mol·L^{-1}	硫酸盐比硫化物易溶的倍数
磁黄铁矿 Fe_xS_y	53.60×10^{-6}	$FeSO_4$	1.03（0℃）	约 20000
黄铁矿 FeS_2	48.89×10^{-6}			
闪锌矿 ZnS	6.55×10^{-6}	$ZnSO_4$	3.3（18℃）	约 500000
辉铜矿 Cu_2S	3.10×10^{-6}	$CuSO_4$	1.08（20℃）	约 350000
方铅矿 PbS	1.21×10^{-6}	$PbSO_4$	1.3×10^{-4}（18℃）	约 107

由表 1-4 可见，硫化矿表面氧化成硫酸盐，溶解度增加，当矿粒粒度很细时，溶解度更大，如重晶石（$BaSO_4$）磨至胶体粒度，可使其从难溶变成可溶。

由于矿物的溶解，使矿浆中溶入各种离子，这些“难免离子”是影响浮选的重要因素之一。例如，选矿一般用水中常含有 Na^+、K^+、Ca^{2+}、Mg^{2+}、Cl^-、CO_3^{2-}、HCO_3^-、SO_4^{2-} 等，而矿坑水中含有 NO_3^-、NO_2^-、NH_4^+、$H_2PO_4^-$ 和 HPO_4^{2-}，如果用湖水，则会有各种有机物，腐殖质等，“难免离子”与水中的离子发生反应，影响矿物的可浮性。

矿物溶解及“难免离子”的调节，目前采用的主要措施有：

（1）控制水的质量，如进行水的软化。

（2）控制磨矿时间及细度。

（3）控制充气氧化条件。

（4）调节矿浆 pH，使某些离子形成不溶性物质沉淀。

1.3 矿物表面的电性与可浮性

1.3.1 矿物表面电性产生的原因

矿物在水溶液中受水分子及水中其他离子的作用，会发生表面吸附或表面电离，表面带电荷。矿物表面电性产生的原因大致有 4 种类型。

1.3.1.1 *矿物表面组分的优先解离（溶解）*

离子型晶体矿物在水中，其表面受到水偶极的作用，由于正、负离子受水偶极的吸引力不同，会产生不定当量的转移，有的离子会优先解离（或溶解）转入溶液。当正离子的溶解能力大于负离子的溶解能力时，正离子进入水溶液中，使固体表面带负电；反之，固体表面带正电。例如，萤石（CaF_2）在水中，F^-比Ca^{2+}易溶于水，于是萤石表面就有过剩的Ca^{2+}，而荷正电；溶入水中的F^-受到矿物表面正电荷的吸引，在矿物表面形成配衡离子层：

矿物表面化			定位层	配衡层
Ca^{2+}			Ca^{2+}	(H_2O)
F^-				F^-
Ca^{2+}	$+H_2O$ $(H^+、OH^-)$	$\longrightarrow$	Ca^{2+}	
F^-			F^-	H^+
Ca^{2+}			Ca^{2+}	OH^-
F^-				F^-

重晶石（$BaSO_4$）、铅矾（$PbSO_4$）均属此类。正离子比负离子优先转入溶液的例子有白钨矿（$CaWO_4$），由于Ca^{2+}优先转入溶液，白钨矿表面就有过剩的WO_4^{2-}，因而表面荷负电。

1.3.1.2 离子的优先吸附

矿物表面因极性和不饱和的键能的不同，对不同离子的亲和力也不同，因而使得矿物表面对电解质溶液中正负离子的吸附不等当量，导致矿物表面带电，当矿物表面优先吸附了负离子时，矿物表面带负电荷；反之，则带正电荷。溶液中，过量的离子容易优先吸附在矿物表面。矿物表面本身的电性，对吸附有选择性，反号离子更容易吸附在矿物表面。例如，白钨矿在自然饱和溶液中表面荷负电（即WO^{2-}较多）。如向溶液中添加Ca^{2+}，因表面吸附较多的Ca^{2+}，其表面转向荷正电。在用Na_2CO_3加$CaCl_2$合成$CaCO_3$，如Na_2CO_3过量，得到的$CaCO_3$表面荷负电；若$CaCl_2$过量，则$CaCO_3$表面荷正电。

1.3.1.3 电离后吸引H^+或OH^-离子

部分氧化物矿物，与水作用时，矿物表面吸附水中的H^+或OH^-，从而在两相界面上生成酸性或碱性化合物，然后又部分电离，从而使矿物表面带电。现以石英在水中的溶解情况为例。

石英晶格破碎时：

$$>Si<\begin{matrix} O-Si< \\ O-Si< \end{matrix} \longrightarrow >Si<\begin{matrix} O^{(-)} \\ O^{(-)} \end{matrix} +2 >Si<\begin{matrix} (+) \\ (+) \end{matrix}$$

吸附水中的 H^+和 OH^-和生成类似硅酸的产物

$$>\mathrm{Si}<^{O^{(-)}}_{O^{(-)}} + 2H^+ \longrightarrow >\mathrm{Si}<^{OH}_{OH}$$

$$>\mathrm{Si}<^{(+)}_{(+)} + 2OH^- \longrightarrow >\mathrm{Si}<^{OH}_{OH}$$

硅酸为弱酸，部分解离，使矿物表面带负电。

$$>\mathrm{Si}<^{OH}_{OH} \longrightarrow >\mathrm{Si}<^{O^-}_{O^-} + 2H^+$$

石英表面的硅酸 H_2SiO_3的解离程度与溶液的 pH 值有关，试验表明，当水中的 pH 值大于 2~3.7 时，石英表面带负电；当 pH 值小于 2 ~3.7 时，石英表面带正电。

锡石也有类似情况：

$$>\mathrm{Sn}<^{O^{(-)}}_{O^{(-)}} +2H^+ \longrightarrow >\mathrm{Sn}<^{OH}_{OH} \longrightarrow >\mathrm{Sn}<^{O^-}_{O^-} +2H^+$$

1.3.1.4 矿物晶格缺陷

由于矿物破裂，键断裂，因此矿物晶格结点上缺乏某种离子或非等量的类质同象交替间隙原子、空位等，矿物表面的电荷不平衡，从而使矿物表面带电。例如，高价的 Al^{3+}被低价 Mg^{2+}、Ca^{2+}取代，结果使矿物晶格带负电，为了维持电中性，矿物表面就必须吸附某些正离子（如碱金属离子 Na^+或 K^+），当矿物质溶于水中时，这些碱金属阳离子因水化而从矿物表面进入溶液，因而使矿物表面带负电。

1.3.2 固液界面的双电层

1.3.2.1 双电层的结构

矿物表面带电后，由于静电力的作用，会吸引水溶液中的反号离子，使固-液相界面两侧形成电荷符号相反的双层结构，称为双电层。

对于双电层，学者进行了长期多方面深入的研究，其主要模型有：

（1）平板双电层模型。这种模型过分强调离子环境的稳定性，把固体表面上的过量电荷与溶液中的反号电荷的分布状态视为平板电容器，模型简单，仅适用于描述金属和高溶度的盐类电解质溶液系统。

（2）扩散双电层模型。这种模型过分强调离子的移动性，认为点电荷的浓度，自固体表面向溶液内部随距离增加而递减。

（3）斯特恩模型。该模型较为实际地反映了双电层的真实结构，在浮选理论上得到了广泛的应用。下面主要讨论斯特恩双电层模型。双电层的结构如图 1-18 所示。

斯特恩认为：双电层由内层和外层组成。矿物表面的荷电层为双电层的内层（又称定位离子层），内层中决定矿物表面电荷或电位的离子称为定位离子。溶液中被矿物表面吸附的，起电平衡作用的反号离子称为配衡离子。配衡离子存在的液层称为配衡离子层，即双电层的外层。双电层的外层又分两层，即离矿物表面较近的紧密层（又称斯特恩层）和离矿物表面稍远的扩散层。紧密层和扩散层间的界面称为紧密面（滑移面）。

在电解质溶液中，配衡离子对矿物表面没有特殊的亲和力，是靠定位离子的静电引力吸引着。矿物表面的荷电层决定其表面的电荷符号，荷正电时，表面的电位为正；荷负电时，表面的电位为负。

1.3.2.2 双电层中的电位

双电层中有如下几种电位，如图 1-19 所示。

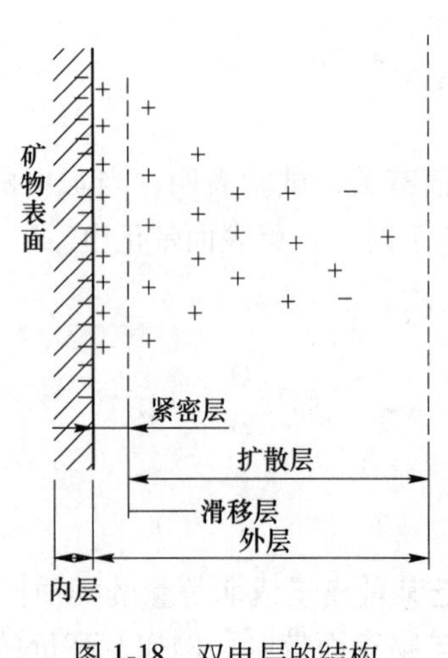

图 1-18 双电层的结构

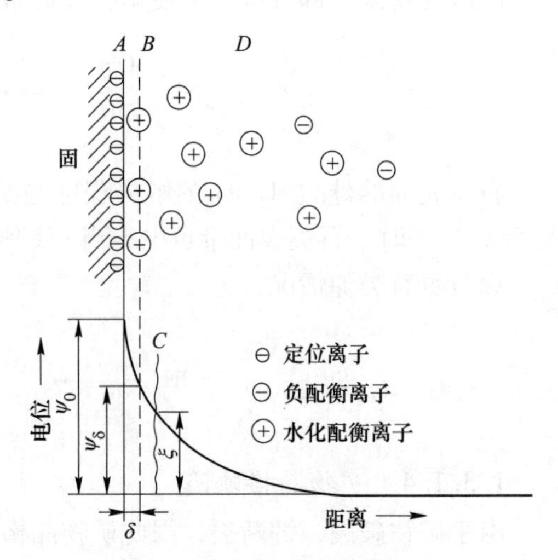

图 1-19 双电层中的电位

A—内层（定位离子层）；B—紧密层（Stern 层）；C—滑移面；D—扩散层；ψ_0—表面总电位；ζ—动电位；δ—紧密层的厚度；ψ_δ—能斯特层电位

A 表面电位（总电位）ψ_0

带电矿物表面与溶液之间的电位差称为表面电位，又称为表面总电位，以 ψ_0 表示。对于导体或半导体矿物（如金属硫化物），可将矿物制成电极测出 ψ_0，故又称为电极电位。

不导电的矿物不能直接测出，可以用溶液中定位离子的活度，通过能斯特公式进行计算。

B 电动电位 ζ 和能斯特层电位 ψ_δ

当矿物颗粒在电场的作用下发生相对运动时，双电层紧密层中的反号离子由于在固体表面吸附牢固，随固体颗粒一起沿着滑移面移动，因此，滑移面和溶液之间形成一个电位差，该电位就称为电动电位（又称动电位），以 ζ 表示。电动电位是固体颗粒沿滑移面发生相对运动时才表现出来的电位，它只是表面电位的一部分。电动电位在浮选理论研究中有很大的实用意义。

靠近矿物表面紧密层离子的假想平面与溶液之间的电位差，称为能斯特层电位，用 ψ_δ 表示。通常假定 ζ 与 ψ_δ 相等。

1.3.2.3 零电点和等电点

总电位 ψ_0 与溶液中定位离子的浓度（活度）密切相关。当矿物表面电位 ψ_0 等于零时，溶液中定位离子的活度的负对数称为零电点，用 PZC 表示。如果定位离子为 H^+ 或 OH^-，则零电点就是矿物表面电位 $\psi_0=0$ 时的溶液 pH 值。零电点是矿物的重要特性之一。

双电层中的电动电位 ζ 等于零的状态，称为等电状态，此时溶液中定位离子活度的负对数称为等电点，用 PZR 表示。实质上，等电点就是等电状态（$\zeta=0$）时的溶液 pH 值。

当总电位为零时，动电位也为零，此时零电点与等电点相同，因此，常用测定动电位的方法来测定矿物的零电点。在无特性吸附的情况下，在水中测得的矿物的等电点也就是零电点。

由于电动电位测定较容易，因此可用测定 PZR 的方法来测定 PZC，掌握不同矿物的零电点，对选择浮选药剂、研究药剂的作用机理有重要意义。表 1-5 列出了一些矿物的零电点。

表 1-5 部分矿物的零电点

矿物	零电点 pH 值	矿物	零电点 pH 值
白云母	0.4	方铅矿	2.4，3.0
石英	1.3，3，3.7	闪锌矿	2.0，3.0，7.5
透辉石	2.8	黄铜矿	2.0，<3.0
膨润土	<3.0	辉铜矿	<3.0
高岭石	3.4	蓝铜矿	9.5
绿柱石	3.1，3.3，3.4	硅孔雀石	2.0
石榴石	4.4	黄铁矿	6.2~6.9
电气石	4.0	磁黄铁矿	3.0
镁铁闪石	5.2	辉锑矿	2.5±0.5（电渗法）
锆英石	5.8	辉钼矿	<0.3
软锰矿	5.6，7.4	辰砂	3.5±0.5（电位滴定法）
赤铁矿	5.0，6.6，6.7	天然闪锌矿（99.99% ZnS）	5.0~5.8
褐铁矿	6.7	天然闪锌矿（含 0.3%的铁）	6.2
针铁矿	6.7	天然闪锌矿（含 1.45%的铁）	10（电位滴定法）
磁铁矿	6.5	天然闪锌矿（含 5.4%的铁）	3.0~3.5
铬铁矿	5.6，7.0，7.2	天然闪锌矿（含 11.0%的铁）	3.0~6.5
刚玉	9.0，9.4		

注：除注明外均用电泳法测定。

1.3.3 矿物表面的电性与可浮性关系

浮选药剂通过在固液界面的吸附，来改变矿物表面性质，吸附常受矿物表面电性的影响。

通过测定不同矿物的零电点，可以知道在不同的 pH 值溶液中，矿物的带电性质。如

图 1-20 所示，在不同条件下测出针铁矿的动电位变化，同时用不同的捕收剂进行浮选试验，将两者的结果绘成曲线。针铁矿的零电点是 pH 值为 6.7，当 pH 值大于 6.7 时，矿物表面荷负电，此时用阳离子捕收剂十二胺浮选，能很好地将矿物浮起；如果用阴离子捕收剂，则效果很差，几乎不能浮起。当 pH 值小于 6.7 时，矿物表面荷正电，此时需选用阴离子捕收剂十二烷基硫酸钠进行浮选。

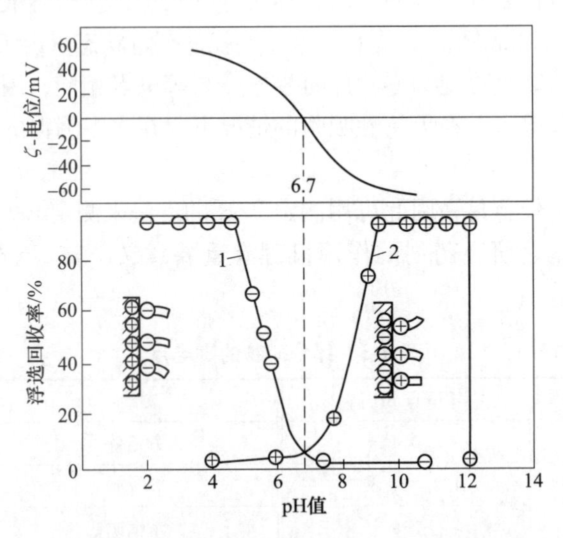

图 1-20　针铁矿的表面电位与可浮性的关系

1—用 RSO_4^- 作捕收剂；2—用 RNH_3^+ 作捕收剂

通过调节矿物表面的电性，还可调节矿物的抑制、活化、分散和凝结等状态。

1.4　矿物表面的吸附

浮选主要是利用药剂调节矿物表面的可浮性，因此，研究浮选药剂在矿物表面的吸附十分重要。

1.4.1　吸附及对浮选的意义

1.4.1.1　吸附的基本概念

吸附是液体或气体中某种物质在相界面上产生浓度增高或降低的现象。当向溶液中加入某种溶质后，使溶液表面自由能降低，并且表面层溶质的浓度大于溶液内部浓度，则称该溶质为表面活性物质（或表面活性剂）。这样的吸附称为正吸附。反之，如果加入溶质之后，使溶液的表面自由能升高，并且表面层的溶质浓度小于液体内部的浓度，则称该溶质为非表面活性物质（或非表面活性剂）。这样的吸附为负吸附。

吸附界面有固-液界面、气-液界面、液-液界面和固-气界面。

在一定温度下，当吸附达到平衡时，单位面积上所吸附的吸附质的摩尔数，称为在该条件下的吸附量，通常用 T 表示。对于固-液界面吸附，如药剂在矿物表面的吸附量有两种表示方法，一种用单位面积上吸附的药剂的摩尔数表示，称为吸附密度，单位为 mol/cm^2；另一种用单位质量矿物吸附的药剂量表示，单位为 mol/g 或 mg/g，一般认为前者比后者好，但需要测定矿物的表面积。

1.4.1.2 吸附对浮选的意义

浮选是在气、液、固三相中进行的，因此，吸附是矿物、药剂、气泡相互作用的主要形式，伴随着整个浮选过程，例如，当向矿浆中加入药剂时，一些药剂（如捕收剂、调整剂）便吸附在固-液界面，直接影响矿物表面的物理化学性质，从而调节矿物的可浮性，实现矿物分选的目的。还有一些药剂（如起泡剂）吸附在气-液界面上，降低了液-气界面的自由能，防止气泡兼并破裂，提高气泡的稳定性和分散度，促进泡沫和矿物形成稳定矿化泡沫层的目的，使目的矿物得到有效回收。因此，研究吸附现象，对浮选理论的研究和指导浮选实践，都有着重要的意义。

1.4.2 吸附类型

浮选是个复杂的物理化学过程，存在几种界面，使用多种药剂，不同相界面上的吸附不同，不同药剂的吸附也不同，因此，吸附的类型较多，常遇到的有以下几种。

根据吸附本质，矿物表面吸附可分为物理吸附和化学吸附：

（1）物理吸附。凡是由分子键力（范德华力）引起的吸附称为物理吸附。物理吸附的特征是吸附质和矿物表面之间不发生电子转移和化学键的结合；物理吸附热效应小，无选择性，吸附速度快；吸附质易于从表面解吸，具有可逆性，吸附的分子或离子可以在矿物表面形成多层重叠。分子吸附、双电层扩散层吸附、半胶束吸附等均属于物理吸附。

（2）化学吸附。凡是由化学键力引起的吸附都称为化学吸附。发生化学吸附时，吸附质和矿物表面之间发生了化学键的结合，在矿物表面生成了溶解性化合物，但不形成独立的新相。化学吸附热效应大；具有很强的选择性；吸附速度慢；吸附牢固不易解吸。吸附是不可逆的，通常只是单层吸附。离子吸附、交换吸附、定位吸附（双电层内层吸附）、特性吸附等都属于化学吸附。

化学吸附与化学反应不同，化学吸附是化学反应的前奏，而化学反应是化学吸附的继续。化学吸附可以在药剂浓度较低时发生，化学吸附不能形成新相。一般化学反应必须在药剂浓度较高时才能发生，而且往往使原有的固相晶格重新排列，在矿物表面产生新相。

根据吸附特性，吸附又可细分为：

（1）分子吸附。溶液中溶解的溶质，以分子形式吸附到固-液、气-液界面上，这种吸附称为分子吸附。例如，起泡剂松醇油或醇类分子在气-液界面的吸附；非极性的烃类油分子在非极性矿物表面上的吸附，这种吸附中非极性的烃类油可以是分子状态或油膜状态，都属于分子吸附，也可称为非极性吸附。分子吸附的吸附结果是不改变矿物表面的电性。

（2）离子吸附。溶液中的某种离子，在矿物表面上的吸附，称为离子吸附。例如，黄原酸离子在硫化矿表面上的吸附，在石英表面上的吸附等。它包括定位吸附和交换吸附两种形式。溶液中的定位离子吸附在矿物表面后，没有离子被取代下来，这种离子吸附称为定位吸附，如硅酸盐矿物对 H^+、OH^- 的吸附，这种吸附具有强烈的选择性。溶液中的某种离子交换或取代矿物表面的另一种离子而吸附到矿物表面上的吸附，称为交换吸附。参与交换的离子可以是阳离子或阴离子。如溶液中的 Cu^{2+} 与闪锌矿表面晶格中的 Zn^{2+} 交换，从而活化了闪锌矿，提高了闪锌矿的可浮性。

（3）双电层吸附。双电层结构中包括双电层的内层和外层，双电层吸附分两种形式：双电层的内层吸附（又称定位吸附），即矿物表面吸附溶液中与该矿物晶格同名离子或与晶格类质同象的离子，吸附结果改变了矿物表面的总电位（数值或符号）。例如，重晶石表面对 Ba^{2+} 和 SO_4^{2-}、石英表面对 H^+ 和 OH^- 的吸附。双电层外层吸附，即溶液中的溶质分子或离子吸附在矿物表面双电层的外层。它的特点是吸附不能改变矿物的表面电位，只能改变动电位的大小，这种吸附全靠静电引力的作用，凡是与矿物表面电荷相反的离子都可以产生这样的吸附。

（4）半胶束吸附。溶液中长烃链的捕收剂浓度较高时，吸附在矿物表面上的捕收剂非极性基在范德华力作用下，发生相互缔合，形成具有二维空间的类似胶束的结构，这种吸附称为半胶束吸附，如图 1-21 所示。与溶液中形成的具有三维空间的胶束相比，在矿物表面形成的这种胶束只有二维空间，故称为半胶束吸附。

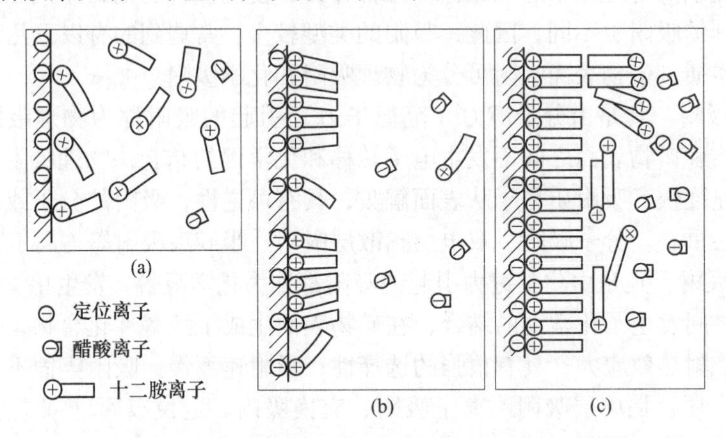

图 1-21　捕收剂在矿物表面形成半胶束吸附示意图
（a）个别胺离子吸附；（b）半胶束吸附；（c）多层吸附

（5）特性吸附。矿物表面对溶液中某种组分有特殊的亲和力，因而产生的吸附称为特性吸附。它具有很强的选择性，可以改变动电位的符号，亦可以使双电层外层产生充电现象。

1.4.3　浮选中的吸附现象

1.4.3.1　捕收剂在矿物表面的吸附

浮选中除辅助捕收剂——中性油外，绝大多数捕收剂为极性物质。在这种物质的分子结构中，一端是极性的，另一端是非极性的，其中的极性端（极性基）是它的活性部分，能够与其他物质发生作用，另一端是非极性部分（非极性碳氢链），呈疏水性物质，如图 1-22 所示。

捕收剂借极性基与矿物表面结合，使矿物表面的不饱和键得到补偿，非极性基——碳氢链朝向水，隔断或减弱矿物表面与水分子的作用，使矿物表面疏水化程度提高。由于捕收剂在矿物表面吸附，使矿物表面的水化膜牢固程度降低，变得不稳定，当气泡和矿物颗

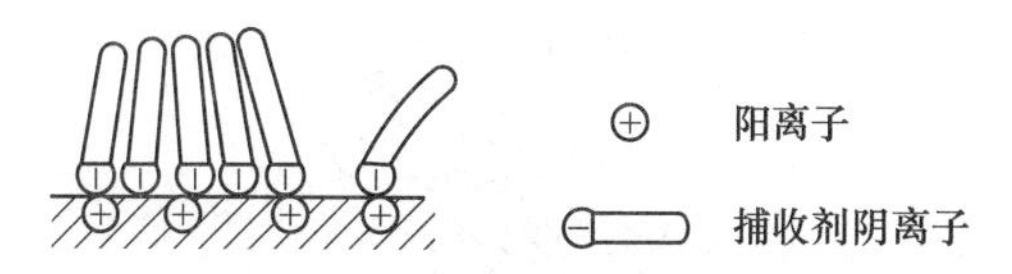

图 1-22 捕收剂在矿物表面吸附示意图

粒接触距离较大时便发生破裂，使矿粒易于向气泡附着。

捕收剂在矿物表面的吸附类型、方式和机理不尽相同。但是，利用各种药剂在矿物表面的吸附作用，可达到调节矿物可浮性的目的。

1.4.3.2 起泡剂在气-液界面的吸附

气泡剂通常也是异极性的表面活性物质，它能吸附在气-液界面，并降低水的表面张力。起泡剂分子的极性基亲水，非极性基亲气，在气-液界面上呈定向吸附，其非极性基透过界面穿过气相，而极性基留在液体中，如图 1-23 所示。

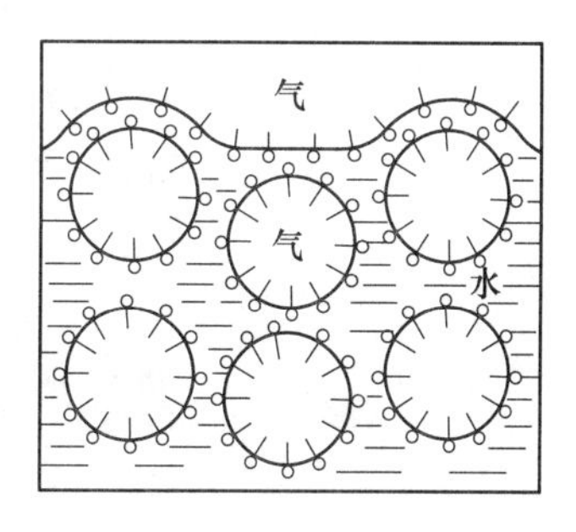

图 1-23 起泡剂在气-液界面的吸附示意图

非极性之间的范德华力相互作用，极性基相互排斥，又与偶极子相互作用，形成水化膜，对水流有一定的阻力，吸附有药剂的气泡之间存在相同电荷的斥力作用，因此，使气泡不易兼并或破裂，增强了气泡适应变性的能力（即弹性），提高了泡沫的稳定性。

1.5 矿粒的分散与聚集

在浮选体系中微米粒级的矿粒由于质量小，表面能高，表面电荷和比表面积大等原因，浮选效果很差。微粒表面力的作用可成为支配整个体系行为的主导因素，决定矿粒在水中的分散和聚集状态。浮选矿浆中矿粒的分散与聚集对其浮选行为有重要影响。

1.5.1 微细矿粒的分散和聚集状态

矿浆中微细矿粒呈悬浮状态，并且各个颗粒可自由运动时，称为分散状态；如果颗粒相互黏附团聚，则称为聚集状态。

根据矿粒在水中聚集的原因不同，可将其分为如下 3 种，如图 1-24 所示。

1.5.1.1 凝聚（凝结）

向矿浆中添加无机电解质（如明矾、石灰）使微细矿粒形成团聚的现象称为凝聚（或称凝结）。相同矿物颗粒间的凝聚称为同相凝聚；不同矿物颗粒间的凝聚称为异相凝聚，又称互凝。其主要机理是外加电解质消除表面电荷，压缩双电层的结果，如图 1-24（a）所示。

1.5.1.2 絮凝（高分子絮凝）

主要是用高分子絮凝剂（例如淀粉和聚电解质），通过桥键（静电键合、共价键合、氢键键合）作用，把微粒连接成一种松散的网络状的聚集状态，也称为高分子絮凝。所形

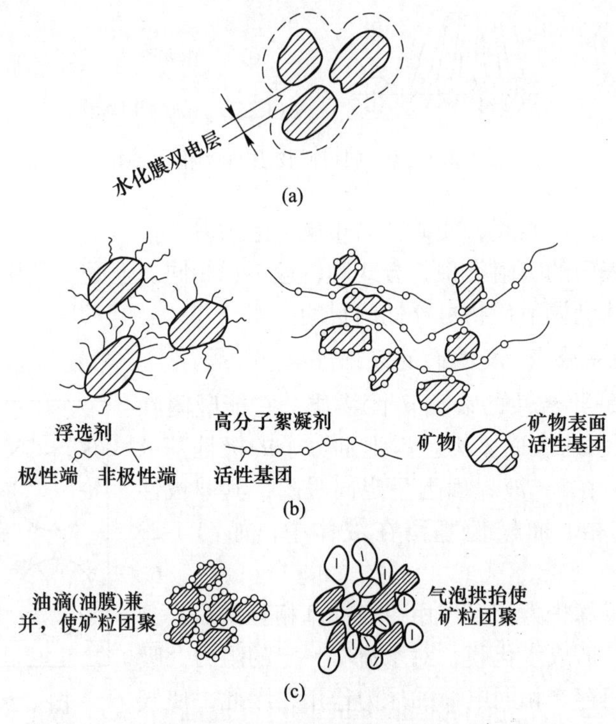

图 1-24　微细粒的聚集状态
（a）凝聚；（b）絮凝；（c）团聚

成的絮团中存在空隙，呈非致密结构。

如果主要由外加表面活性物质（例如捕收剂），在矿粒表面形成疏水膜，则各矿粒表面间疏水膜中的非极性基相互吸引，缔合而产生的絮凝称为疏水性絮凝，如图 1-24（b）所示。

1.5.1.3　团聚

团聚在矿浆中加入非极性油后，促进矿粒聚集于油相中形成团，或者由于大小气泡拱抬，使矿粒聚集成团的现象，如图 1-24（c）所示。

在外磁场中，错磁性和顺磁性矿粒被磁化，成为带有磁极的小磁体。当矿粒在悬浮液中相互接近时，受磁作用力的影响，小磁体的异极相吸形成链状的磁聚团。

矿浆悬浮液的分散和聚集状态，对细粒矿物的处理过程和产品质量有显著影响。要使矿物混合物达到有效的选择性分离，首先必须使悬浮液处于最佳分散状态，避免各种矿物细粒间相互混杂和矿泥覆盖。如果使悬浮液中形成的絮团解散并恢复分散状态，则称为解絮凝作用。

微粒间的凝结作用，可以运用 DLVO 理论及粒子间引力和斥力的大小及相互作用进行分析研究。

1.5.2　选择性絮凝

对于高分子絮凝，由于絮凝剂的分子相当长，就像架桥一样，搭在两个或多个矿粒上，并以活性剂基团与矿粒作用，从而将矿粒连接形成絮凝团，这种作用称为桥键作用。

选择性絮凝是在含有两种或多种矿物组分的悬浮液中加入絮凝剂，由于各种矿物组分对絮凝剂的作用力不同，絮凝剂将选择性地吸附于某种矿物组分的粒子表面，促使其絮凝沉淀，其余矿物组分仍保持稳定的分散状态，从而达到分离目的。

矿物的选择性絮凝可分为5个阶段：分散、加药、吸附、选择性絮凝及沉降分离，如图1-25所示。

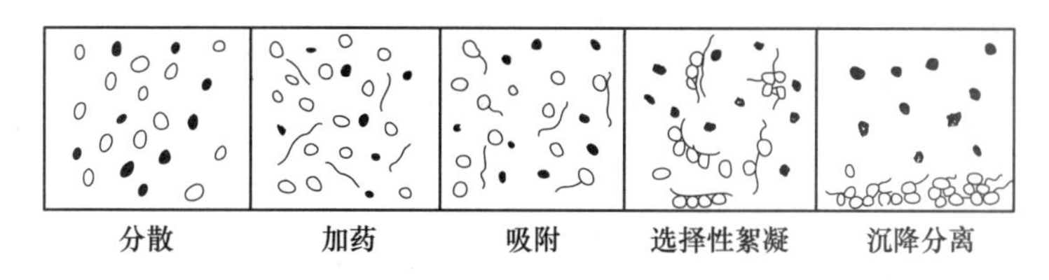

图1-25 选择性絮凝过程示意图

选择性絮凝是处理细粒物料的重要方法，目前应用的分离形式，大致有四类：

（1）浮选前选择性絮凝，脱出细粒脉石，将絮凝沉淀物进行浮选分离，简称为絮凝脱泥-浮选。

（2）选择性絮凝后，用浮选法浮去被絮凝的无用脉石矿物，然后再浮选呈分散状态的有用矿物。

（3）在浮选过程中用絮凝剂絮凝（抑制）脉石，然后浮选有用矿物。

（4）在浮选前进行粗细分级，粗粒浮选，细泥进行选择性絮凝。

保证矿粒稳定分散，防止矿粒聚集的主要途径有：调节矿物表面电位；添加亲水性无机或有机聚合物，强化矿物表面的亲水性；通过物理或机械作用破坏聚团，促使矿粒分散，最有效的物理或机械分散的手段是运用超声波技术。

1.6 浮 选 速 率

浮选过程中，矿粒黏附在气泡上的现象称为气泡的矿化，气泡的矿化是浮选过程中的基本行为，使得有用矿物和无用矿物实现最终分离。气泡的矿化具有一定的选择性，即疏水性的矿物优先黏附于气泡上，并且疏水性越强，越易与气泡黏附。气泡的矿化不仅与矿粒的表面性质有关，而且还与气泡的大小、浮选机槽内矿浆的流动状态等有关。

在气泡的矿化过程中，由于矿粒表面性质及颗粒的大小不同，因此，矿化气泡上升的难易也不尽相同。反映在时间上就表现为矿化气泡上升的快慢差异。为了表示气泡矿化过程的最终结果及浮选过程进行的快慢程度，引入浮选速率这一指标。

1.6.1 浮选速率的基本概念

浮选过程进行的快慢，可用单位时间内浮选矿浆中被浮矿物的浓度变化或回收率变化来衡量，称为浮选速率（或速度）。某一瞬间被浮矿物的浓度或回收率的变化，称为瞬时速率，以 $\mathrm{d}c/\mathrm{d}t$ 表示；一段时间内浓度或回收率的变化，称为平均速度，以 $\Delta c/\Delta t$ 表示。

由于浮选过程涉及气泡与矿粒间的相互作用，因此，浮选速率可由矿粒向气泡的附着速率来决定。化学反应涉及原子、分子、离子间的相互作用，就粒子间的相互作用来看，可以认为浮选过程与化学反应是相似的，故浮选速率方程可从化学反应速率方程类推。目前，研究浮选速率方程的方法，大部分是模拟化学反应动力学的方法，并且普遍公认浮选速率方程是一级方程。

浮选速率方程式可表示为：

$$\frac{dc}{dt} = -KC^n$$

式中　C——在任何指定时刻，矿浆中被浮矿物的浓度；

K——速率常数，s^{-1}或min^{-1}；

n——浮选反应级数。

研究浮选速率的意义是：评价浮选过程，分析各种影响因素，改善浮选工艺；改进浮选设计，并可根据实验室和半工业试验结果进行比拟放大；有利于浮选槽和浮选回路的最佳化控制及自动化等。

浮选是个复杂的物理化学过程，目前尚不能完全通过数学方程定量描述浮选速率。

1.6.2　影响浮选速率的因素

浮选过程中，影响浮选速率的因素很多，大致可归纳为 4 大因素：

（1）矿物的性质。即矿物的种类、成分、粒度组成情况、表面性质、颗粒性状及单体解离度、矿物杂质的嵌布特性等。

（2）浮选药剂的性能。浮选中使用的药剂种类、用量及性能，浮选中的介质 pH 值及水质情况等。

（3）浮选机性能。生产中使用的浮选机类型、结构及工艺性能，如搅拌强度、充气量的大小、气体的分散程度和气泡的分布均匀程度、形成的泡沫层厚度、刮泡速度及液面稳定情况等。

（4）操作因素。浮选过程中对入料浓度、分选粒度、给矿量的控制，液面高度、泡沫层厚度和刮泡速度的调节和控制等，均会影响到浮选速率。

浮选生产中应在保持产品质量的前提下，尽量提高浮选速率，提高浮选机的处理能力，降低生产成本。

本章小结

矿物浮选是在气-液-固三相体系中进行的一种复杂的物理化学过程，它是在固、气、液三相界面上进行的。矿物之间可浮性的差异对矿物能否有效分选有着重要影响。矿物的可浮性与矿物表面的润湿性、矿物的组成和结构、矿物表面的电性等有着密切关系。

矿物表面的润湿性影响矿物表面的亲水性或疏水性，从而影响矿物的可浮性；矿物的组成和结构决定矿物的表面键能，影响矿物的可浮性；吸附是浮选中矿物、药剂、气泡间相互作用的主要形式，伴随着整个浮选过程。浮选矿浆中，矿粒的分散和聚集对其浮选行为有重要影响。浮选速率是衡量浮选过程进行快慢的重要指标。

复习思考题

1-1 什么是润湿现象，对浮选有何意义?

1-2 什么是矿物的接触角，它与矿物表面可浮性的关系如何?

1-3 什么是润湿阻滞，它对浮选有何影响?

1-4 矿物表面的水化作用及对浮选的影响。

1-5 矿物的表面键能与矿物可浮性的关系。

1-6 矿物的物理不均匀性、化学不均匀性对浮选有何影响?

1-7 矿物的氧化和溶解对浮选的影响。

1-8 矿物表面电性产生的原因。

1-9 什么是双电层，双电层的结构，说明双电层中的电位、零电点和等电点。什么是定位离子、配衡离子?

1-10 矿物表面电性对浮选有哪些影响?

1-11 什么是吸附，对浮选有何意义?

1-12 分析吸附类型及浮选中的吸附现象。

1-13 什么是分散，什么是聚集，分散和聚集在浮选中有何应用?

1-14 什么是絮凝，什么是选择性絮凝?

1-15 什么是浮选速率，影响浮选速率的因素有哪些?

2 浮选药剂

2.1 概 述

在浮选过程中，磨细的矿石经过一些有机或无机化学处理，并在矿浆中加以搅拌、充气，易于与气泡黏附的矿物随气泡上浮，不与气泡黏附的矿物则留在矿浆中，达到有用矿物的分离或富集的目的。在浮选工艺中所使用的各种药剂，总称为浮选药剂。

2.1.1 药剂的分类

浮选药剂在浮选过程中起着主要作用，其绝大部分为有机化合物，这就规定了浮选药剂生产的性质一般是属于基本有机合成工业的范畴。许多化工产品，包括烃类、醇类、卤素衍生物、羰基化合物、酸类、含氮及含硫的脂肪族有机化合物，其中有很多与浮选药剂有着密切联系。就其主要用途，基本上可以归纳为三大类，见表 2-1。

表 2-1 浮选工艺中常见的药剂类型

<table>
<tr><th colspan="2">药剂类型</th><th>药剂名称</th></tr>
<tr><td colspan="2">起泡剂</td><td>松油、甲酚油、醇类等</td></tr>
<tr><td colspan="2">捕收剂</td><td>黄药、黑药、白药、脂肪酸、矿物油等</td></tr>
<tr><td rowspan="4">调整剂</td><td>pH 调整剂</td><td>石灰、碳酸钠、硫酸、二氧化硫</td></tr>
<tr><td>活化剂</td><td>硫酸铜、硫化钠</td></tr>
<tr><td>抑制剂</td><td>石灰、黄血盐、硫化钠、二氧化硫、氰化钠、硫酸锌、重铬酸钾、水玻璃、单宁、可溶性胶质、淀粉、人工合成高分子聚合物</td></tr>
<tr><td>其他</td><td>润湿剂、乳化剂、增溶剂等</td></tr>
</table>

（1）起泡剂：分布在水气界面上的有机表面活性物质，如常用的松油、甲酚油、醇类等。

（2）捕收剂：它的作用是改变矿物表面的疏水性，使浮游的矿粒黏附在气泡上。根据它们的作用性质又分为非极性捕收剂（烃）、阴离子捕收剂（如脂肪酸等）、阳离子捕收剂（如脂肪胺等）。

（3）调整剂：包括活化剂与抑制剂，改变矿粒表面的性质，影响矿物与捕收剂的作用，调整剂也用于改变水介质的化学或电化学性质，如改变矿浆 pH 值和其中捕收剂的状态。调整剂一般为无机化合物。

但在实际应用过程中，许多有机浮选药剂，常常具有起泡与捕收两种性质，一个药剂在一个过程中用作起泡剂，而在另一个过程中可能又以捕收剂的形式出现，如果按用途分类必然会造成混乱。因此，在讨论或介绍浮选药剂问题的时候，按有机化学的基本分类，或者按有机化合物的官能团分类，并适当考虑在浮选实践上的用途是比较合理的。

2.1.2 药剂的发展

浮选药剂的发展概况：很早以前，人们就用粘有油脂的鹅毛从含金的矿砂中提选砂金。以后开始在工业中应用全油浮选，其最大的缺点是药剂（石油）消耗量大，开始时每吨硫化矿要加药剂 1~3t。1902~1912 年，出现了新的表层浮选和泡沫浮选，在此期间广泛地进行了对于泡沫浮选法的探寻。1906 年出现用强烈搅拌导入空气的办法，降低了药剂的用量。1912 年发现重铬酸盐对方铅矿有抑制作用。1913 年发现二氧化硫对闪锌矿的抑制作用，同时也发现硫酸铜可作为闪锌矿的活化剂。1921 年发现含有三价氮和二价硫原子的可溶性有机化合物，可代替油类作为矿物的捕收剂。但是直到 1925 年才真正引用黄药作为硫化矿的捕收剂。1926 年引用黑药作为捕收剂。黄药和黑药的出现大大促进了浮选工业的发展，使硫化矿的回收率大为提高，药剂用量大为减少，降低了加工成本，从而降低了金属的价格，为贫矿资源的综合利用开辟了道路。另外，由于发现氰化物可以抑制闪锌矿和黄铁矿，浮选方铅矿，用硫酸铜可以活化闪锌矿，提高锌的回收率；加石灰可以抑制黄铁矿，这就为浮选复杂的硫化铅-锌-铁矿石打下了基础。

1924 年还发现了用脂肪酸皂类浮选金属氧化物及非金属矿物，浮选工业也随之进一步推广和扩大到非金属及碱土金属矿物。

1925 年以后，全浮选和优先浮选法更加成熟，从而开始出现有关浮选理论的研究。1934 年又引入烷基硫酸钠作为捕收剂；1935 年引入了阳离子型脂肪胺类作为捕收剂。总的趋势是，药剂消耗下降，1t 矿石消耗药剂的量最低可降到 10~30g。使用各种化学药剂控制浮选过程，可以有效地分离复杂的金属和非金属矿物。

与此同时，由于浮选理论的发展，新型浮选药剂的发掘研究工作，已不再是全凭经验盲目的摸索，而是越来越具有科学性。

我国在 20 世纪 50 年代即生产了液体乙基黄药、固体乙基黄药、液体丁基黄药和白药、2 号浮选油、固体丁基黄药及 25 号黑药、精制大豆油脂肪酸、戊基黄药及混合基黄药、31 号黑药等。在 20 世纪 60 年代时生产了磺化蒽油、仲丁基黄药、异丙基黄药和丁基铵黑药等。在 20 世纪 70 年代时生产了阳离子型捕收剂——混合脂肪胺，试生产了羟肟酸钠、新型酯类起泡剂——56 号、59 号起泡剂等。

到目前为止，我国已建成了许多选矿药剂厂，不仅能满足国内选矿的需要，还可批量出口。同时，选矿药剂工作者在研制、合成新药剂方面也进行了大量的工作，并取得很大进展。合成了各种黄原酸酯类及硫代氨基甲酸酯类等选择性捕收剂。例如：黄酸丙烯酯类——非离子“油”型极性硫化矿捕收剂。丁黄酸丙烯酯 43 为铜、铅、钼硫化矿的选择性捕收剂，对硫化铁的捕收力弱；黄酸氰乙酯类，乙黄酸 2-氰乙酯（23 黄氰酸）可作为铜、铅、锌硫化矿的选择性捕收剂，对黄铁矿捕收力弱；磷胺类捕收剂，二苯基氨基二硫代磷酸——磷胺 4 号为方铅矿的选择性捕收剂，对黄铁矿的捕收力弱；二乙胺基二硫代甲酸氰乙酯为硫化铜矿的捕收剂，捕收力强，选择性好，起泡能力强，药剂用量低；硫代氨基甲酸酯类，N-乙丙醚基-O-丁基硫代氨基甲酸酯（OSNO-234）对硫化锌矿浮选效果好，对方铅矿差，不浮黄铁矿；环己铵黑药，为硫化铅和氧化铅的浮选捕收剂；S-丙烯基异硫脲氯浮选辉钼矿；磺化烷基琥珀酰胺酸钠盐，为锡石浮选捕收剂；苯乙烯膦酸，为钨、锡等氧化矿的捕收剂等。

浮选药剂的发展方向：浮选工艺是一种复杂的物理化学过程，它的理论基础直接建立在表面化学、胶体化学、结晶学与物理学之上。而浮选药剂则是建立在浮游选矿与化学之间的一种边缘学科。同时，随着现代基础科学的发展和各种测试手段的应用，为选矿药剂的发展奠定了良好的基础。

目前，各种浮选工艺不仅广泛用于矿物原料加工分选，在废渣废水处理、冶金、化工等物料分离回收过程中也逐步应用。为了进一步提高浮选分离效果及解决贫矿、细粒、多种有用成分共生矿、难选氧化矿及各种物料的分选问题，近年来还研制应用了各种高选择性的特效药剂。

正确用药，研制新药以及改善浮选工艺，解释机理，需要发展药剂理论。在现有浮选及浮选药剂理论的基础上，应用物理化学和有机结构理论，试图系统讨论浮选剂结构与性能的关系，阐述浮选剂作用机理，为合理使用药剂及按特定用途研制新药提供依据。

2.1.3 药剂选择的基本原则

选择浮选药剂的基本条件：在浮选工艺中，可用作矿物浮选剂的化合物很多，但在浮选实践中常用的不过几十种。一般情况下，优良的浮选药剂必须符合下列条件的要求：

（1）原料来源充足。

（2）成本低廉。

（3）浮选活性强。

（4）便于使用。

（5）毒性低或无毒等。

2.2 捕收剂

凡能选择性地作用于矿物表面，使矿物表面疏水的有机物质，称为捕收剂。国内对捕收剂命名结尾常带“药”字（黄药、黑药等）。可以作为捕收剂的有机化合物很多，实践中常用的如黄药、油酸、煤油等。作为工业上适用的优良捕收剂应满足如下要求：

（1）原料来源广，易于制取。

（2）价格低，便于使用。即易溶于水，无臭，无毒，成分稳定，不易变质等。

（3）捕收作用强，具有足够的活性。

（4）有较高的选择性，最好只对某一种矿物具有捕收能力。

按照捕收剂的分子结构，可将捕收剂分为异极性，非极性油类捕收剂和两性捕收剂等三类。

异极性捕收剂是异极性物质。常见的异极性捕收剂如黄药（R—OCSSNa）、脂肪酸（R—COOH）、胺类（$R—NH_2$）等。这类捕收剂的分子是由极性基（—OCSSNa，—COOH，$—NH_2$）和非极性基（R—）两部分组成。在极性基中不是全部的原子价都被饱和，因而有剩余亲和力，它们决定了极性基的作用活性。它与矿物表面作用时，固着在矿物表面上，故也叫亲团基。在非极性基中，全部原子价均被饱和，因此，具有很低的化学活性，不被水所润湿，也不易与其他化合物反应，对矿物表面起疏水作用。图 2-1 用火柴图像代表黄药分子（R—OCSSNa）及与矿物表面的作用情形。

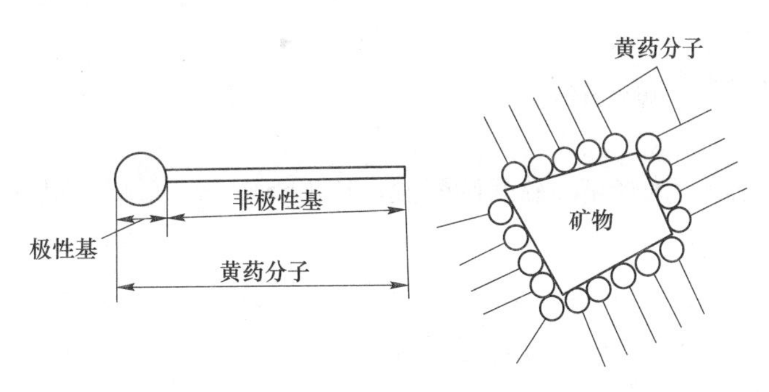

图 2-1 黄药分子，黄药与矿物表面作用示意图

由于黄药分子选择性地在矿物表面上吸附或发生化学固着，它有一定的取向，即以极性基朝向矿物，以非极性基朝向水，因而在矿物表面形成一层疏水性薄膜。

异极性捕收剂根据其是否可解离为离子，划分为离子型和非离子型捕收剂（如多硫化物）。离子型捕收剂又根据起捕收作用的离子的电性，区分为阴离子捕收剂与阳离子捕收剂。

捕收剂的另一大类，是非极性油类捕收剂，其化学通式为 R—H。例如，煤油、变压器油等。由于油类捕收剂分子内各原子之间以极强的共价键相互结合，对外则呈现为弱的分子键，因而易附着于表面同样呈弱分子键的非极性矿物，如石墨、辉铜矿等矿物表面上。非极性的煤油分子与强极性的水分子之间的作用力很弱，所以表现出疏水性。

除极性捕收剂和非极性油类捕收剂外，还有两性捕收剂。捕收剂的分类如图 2-2 所示。

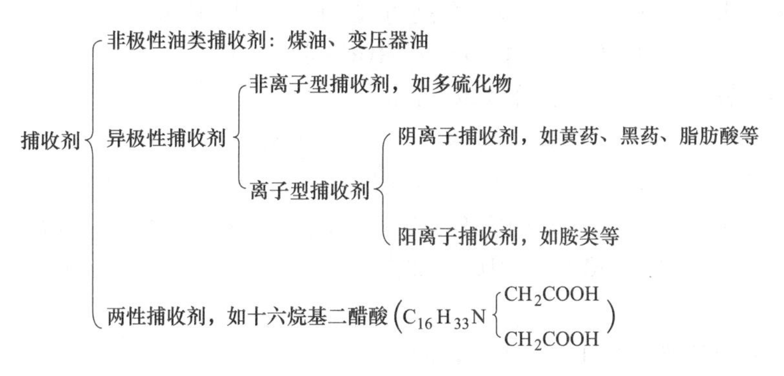

图 2-2 捕收剂分类

2.2.1 硫化矿捕收剂

2.2.1.1 硫化矿捕收剂

这类捕收剂的特点是分子内部通常具有二价硫原子组成的亲固基，同时疏水基分子量较小，对硫化矿物有捕收作用，而对脉石矿物如石英和方解石没有捕收作用，所以用这类捕收剂浮选硫化矿时，易将石英和方解石等脉石分离除去。其主要代表有黄药、黑药、氨基硫代甲酸盐、硫醇、硫脲及其相应的酯类。

A　黄药类

这类药剂包括黄药、黄药酯等。

a　黄药

黄药（黄原酸盐）。为烃基二硫代碳酸盐（ROCSSMe），其结构式如图 2-3 所示。

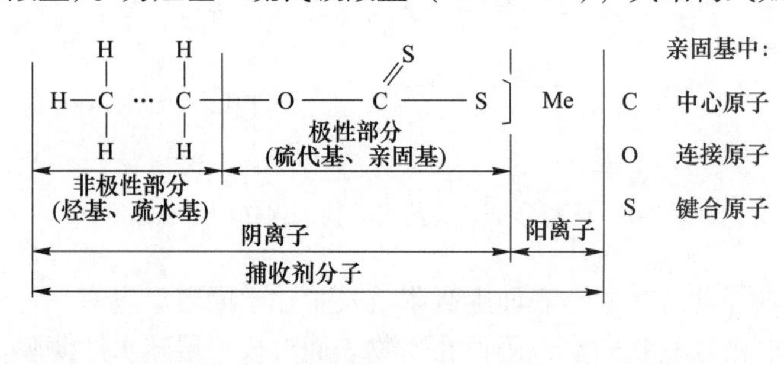

图 2-3　黄药结构

其中，R 为非极性的烃基，Me 为碱金属离子（通常为 Na^+或 K^+）。

黄药的主要性质：

（1）黄药的解离、水解和分解。

在水中解离：

$$ROCSSMe \rightleftharpoons ROCSS^- + Me^+$$

黄原酸根又水解生成黄原酸。黄原酸是弱酸，解离常数在 $10^{-5} \sim 10^{-2}$。

$$ROCSS^- + H_2O \rightleftharpoons ROCSSH + OH^-$$

黄原酸易分解，pH 值越低，分解越迅速。

$$ROCSSH \rightleftharpoons ROH + CS_2$$

为了防止黄药分解失效，常在碱性矿浆中使用。低级黄药比高级黄药分解快，例如，在 0.1mol/L 的 HCl 溶液中，乙黄药完全分解的平均时间为 5～10min，丙黄药 20～30min，丁黄药 50～60min，戊黄药 90min。因此，如果必须在酸性介质中进行浮选时，则应尽量使用高级黄药。

黄药遇热容易分解，而且温度越高，分解越快。

（2）黄药的氧化。黄药本身是还原剂，易被氧化。在有 O_2 和 CO_2 同时存在时，氧化速度比只有 O_2 存在时更快。在黄药水溶液中，过渡元素离子或能与黄药生成难溶性黄原酸盐的离子，对黄药的氧化有催化作用，其反应为：

$$2ROCSSNa + \frac{1}{2}O_2 + CO_2 \rightleftharpoons (ROCSS)_2 + Na_2CO_3$$

$$4ROCSSNa + 2CuSO_4 \rightleftharpoons Cu_2(ROCSS)_2 + (ROCSS)_2 + 2Na_2SO_4$$

黄药氧化产物双黄药的结构为：

$$RO-\overset{\overset{S}{\|}}{C}-S-S-\overset{\overset{S}{\|}}{C}-OR$$

双黄药为黄色油状液体，难溶于水，在水中呈分子状态存在。当 pH 值升高时，会逐渐分解为黄药，常用于酸性介质中浮选铜矿浸出液经置换得到的沉积铜。黄药存放过久除分解失效外，还会部分被氧化成双黄药，也使其效果变差。

为了防止分解，要求将黄药贮存在密闭的容器中，避免与潮湿空气和水接触；注意防火，不应暴晒；不宜长期存放；配制黄药溶液不要放置过久，更不要用热水配制。

（3）黄药的捕收能力。黄药的捕收能力与分子中非极性部分的烃链长度、异构有关。烃链增长（即碳原子数增多）捕收能力增强，烃链短则捕收能力弱。

当烃链过长时，其选择性和溶解性能随之下降，因此，烃链过长反而会降低药剂的捕收效果。常用的黄药烃链中碳原子数是 2~5 个。烃基支链的影响：对于短烃链的黄药，正构体不如异构体好；但是，烃链增长到一定时（如 C_5以上），异构体不如正构体，特别是支链靠近极性基者尤为明显。

（4）黄药的选择性。碱土金属（如钙、镁、钡等）的黄原酸盐易溶。黄药对碱土金属矿物（如萤石 CaF_2、方解石 $CaCO_3$、重晶石 $BaSO_4$ 等）没有捕收作用。黄药离子能和许多重金属、贵金属离子生成难溶性化合物。各种金属与黄药生成的金属黄原酸盐难溶的顺序，按溶度积大小可大致排列为：

第一类，汞、金、铋、锑、铜、铅、钴、镍等（溶度积均小于 10^{-10}）。

第二类，锌、铁、锰等（溶度积小于 10^{-2}）。

此性质可用来粗略估计黄药对重金属及贵金属硫化矿物的捕收作用顺序。某金属黄原酸盐越难溶，则其相应的硫化矿物越易为黄药所捕收。了解金属黄原酸盐溶解性质的另一个重要意义，在于用来调节矿浆中的离子组成及药剂间的相互影响。例如，许多多金属（如含铜、铅、锌、铁）硫化矿的矿石中，常有次生铜矿物，此时矿浆中就含有 Cu^{2+}，而 Cu^{2+}会与黄原酸离子生成难溶的黄原酸铜：

$$2Cu^{2+} + 4ROCSS^{-} \longrightarrow Cu_2(ROCSS)_2\downarrow + (ROCSS)_2$$

这样，会消耗掉一部分黄原酸离子。

b 黄药酯

黄药酯。黄药很容易与各种烷基化试剂作用生成硫代酯，主要为黄药分子中，碱金属被烃基取代生成黄药酯类，其通式为 ROCSSR′，可将其看作黄药的衍生物。这类捕收剂属于非离子型极性捕收剂，它在水中的溶解度都很低，大部分呈油状。对于铜、锌、钼等硫化矿以及沉淀铜、离析铜等的浮选，具有较高的浮选活性，属于高选择性的捕收剂。即使在较低的 pH 值条件下，也能浮选某些硫化矿。黄药酯类药剂多和水溶性捕收剂混合使用，以提高药效、降低用量、改善选择性。常用的黄药酯有乙黄腈酯［乙黄酸氰乙烯酯（$C_2H_5OCSSCH{=}CHCN$）］、丁黄腈酯（$C_4H_9OCSSC_2H_4CN$）等，其制备反应为：

$$ROCSSNa + CH_2{=}CHCN + H_2O \longrightarrow ROCSSC_2H_4CN + NaOH$$

黄药酯可作为铜、铅、锌和钼硫化矿捕收剂，对黄铁矿的捕收能力较弱，和黄药混用较好。丁黄烯酯（丁黄酸丙烯酯 $C_4H_9OCSSCH_2CH{=}CH_2$），是丁黄药和氯丙烯在常温下合成的。此外，还有乙黄烯酯（$C_2H_5OCSSCH{=}CH_2$），性质和前者相近。

黄药是用醇、氢氧化钠（或氢氧化钾）及二硫化碳制成的：

$$ROH + NaOH = RONa + H_2O$$

$$RONa + CS_2 = ROCSSNa$$

所用原料醇中的烃基不同，可得到各种黄药，如C_2H_5-乙黄药，$(CH_3)_2CH$-异丙黄药，C_4H_9-丁黄药。黄药有钾盐和钠盐两种。此外，还有戊黄药$C_5H_{11}OCSSNa$；异丁黄药$(CH_3)_2CHCH_2OCSSNa$；仲辛黄药$CH_3(CH_2)_5CH(CH_3)OCSSNa$；杂黄药（$C_3\sim C_6$的烷基黄原酸盐）等。

黄药在常温下是淡黄色粉末，也有制成颗粒状的。常因含有杂质而颜色较深，密度为1.3~1.7g/cm³。具有刺激性臭味，有毒，易溶于水，在水中解离出$ROCSS^-$，具有捕收作用。黄药性质不稳定，易吸水潮解，遇热更加速其分解。易溶于水、丙酮与醇中。使用时常配成1%水溶液。

黄药在浮选上的应用：

在有色金属矿浮选工艺上，黄药是重要的浮选剂，它是最重要的巯基（—SH）捕收剂。它对重金属硫化矿、贵金属都具有选择性捕收作用，对于重金属氧化矿如白铅矿、硫酸铅矿、角银矿等，也可以用黄药，特别是高级黄药进行浮选。

黄药的分子结构与浮选性能的关系，就一般说，黄药分子中的碳链越长，其捕收作用也越强；带有支链的同素异构体较直链的作用强。甲基黄药由于其捕收能力过弱，在浮选上没有实用价值。

就矿物的可浮性与黄药的关系看，凡是某一个矿物的金属离子与黄原酸生成的盐类，溶解度越大，越不容易浮选。例如低级黄药的铁盐及锌盐在水中的溶解度大，用低级黄药就不能够浮选磁黄铁矿或闪锌矿（除非先前使矿物加以活化）。另外，十六烷基黄原酸锌比较难溶于水，因此十六烷基黄药就可以作为闪锌矿的捕收剂。

矿物浮选时，黄药的消耗主要在3个方面：（1）在浮游矿物上形成疏水性薄膜；（2）造成矿浆中必要的浓度；（3）和矿浆中存在的离子发生反应，形成不溶性的盐类。此外，矿泥大量存在时，由于其吸附作用，要消耗一部分黄药。用黄药浮选矿物时，并不需要在矿物表面形成单分子层的完全覆盖。

浮选有色金属硫化矿时，黄药一般用量为50~100g/t。在处理氧化铜矿或铅矿时，例如白铅矿、孔雀石，黄药的消耗量可以高达1kg/t以上；如果在浮选时使用黄药的目的不是作为捕收剂而是作为重金属离子的沉淀剂时，黄药的消耗量也较高。在浮选铅锌矿、铜矿、铜锌矿、铅矿、锌矿及金矿石，无论一次作业或多次作业，一般都是用黄药为主要的捕收剂。在加药顺序方面，一般都是先加调整剂，然后再加黄药。使用黄药时，一般是在弱碱性矿浆中。

用黄药浮选黄铁矿时，用乙基黄药比较适宜。据介绍，在加入活化剂硫酸铜后，一次加入黄药、松脂酸盐、松油及水的混合乳化剂，比分次加入效果要好一些，同时还可节约药剂。

黄铜矿与黄铁矿的分选工艺，一般是用石灰抑制黄铁矿，用低级黄药浮选黄铜矿。然后降低矿浆的pH值，再用高级黄药浮选黄铁矿，如果黄铁矿的含量高时，一般是先在调整槽中通入空气，氧化黄铁矿，使黄铜矿的分离较易进行。

就闪锌矿来说，表面洁净的纯闪锌矿，可浮性很低，但是用铜盐活化后，表面很容易吸附铜离子而变为易浮；氰化钠在防止铜离子吸附上是一种有效的药剂；使铜离子活化膜解吸的药剂，则有氰化钠、硫酸高铁及硫酸等。在高pH值条件下，氰化钠及硫化钠也是防止黄药吸附或使黄药解吸的有效药剂。

方铅矿用低级黄药（如乙基黄药、丁基黄药）很容易浮选；硫化铜矿、辉铜矿、铜蓝、硫钴矿、硫化银矿等都可以用低级黄药浮选；辰砂、淡红银矿和脆银矿可用戊基黄药浮选；用黄药可以浮选彩钼铅矿、辉钼矿，或分离辉钼矿与铋；用黄药浮选雄黄矿及辉锑矿，需先用重金属盐加以活化；黄药还可以用于浮选天然金属矿物，例如金、铜等矿物，浮选金矿可以用黄药与黑药混合使用。

黄药也可以浮选重金属氧化物盐类的矿物。例如，用乙基黄药浮选硫酸铅、角银矿；用戊基黄药浮选孔雀石和蓝铜矿、菱锌矿、钒铅矿、钒铅锌矿等；浮选白铅矿必须用较高级的黄药。

B 硫氮类

a 氨基二硫代甲酸盐

它是二乙胺（或二丁胺）与二硫化碳、氢氧化钠反应的化合物：

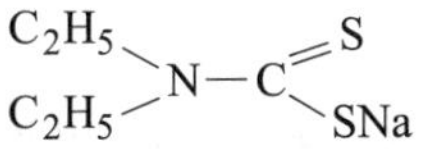

$$\begin{matrix} C_2H_5 \diagdown \\ \quad N-C \overset{\diagup\!\!\!\!= S}{\underset{\diagdown SNa}{}} \\ C_2H_5 \diagup \end{matrix}$$

(二乙氨基二硫代甲酸钠)
乙硫氮

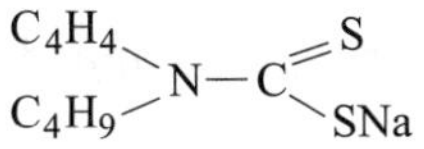

$$\begin{matrix} C_4H_4 \diagdown \\ \quad N-C \overset{\diagup\!\!\!\!= S}{\underset{\diagdown SNa}{}} \\ C_4H_9 \diagup \end{matrix}$$

(二丁氨基二硫代甲酸钠)
丁硫氮

乙硫氮是白色粉剂，因反应时有少量黄药产生，工业品常呈淡黄色。易溶于水，在酸性介质中容易分解。乙硫氮也能同重金属生成不溶沉淀，捕收能力较黄药强。它对方铅矿、黄铜矿的捕收能力强，对黄铁矿捕收能力较弱，选择性好，浮选速度快，用量比黄药少。对硫化矿的粗粒连生体有较强的捕收性。它用于铜铅硫化矿分选时，能够得到比黄药更好的分选效果。

b 硫氮酯

其通式为 RNCSSR′，是硫氮与丙烯腈等的反应产物。如二乙基硫氮腈酯 [$(C_2H_5)_2NCSSCH_2CN$] 是棕褐色油状液体，稍有鱼腥味，难溶于水，可溶于有机溶剂，有起泡性。浮选硫化铜矿时，硫氮酯可代替丁基黄药和松醇油，但其凝固点低，添加时需要采取保温措施。

C 硫胺酯

它是国内外广泛应用的硫酯型捕收剂，是黄原酸分子中的烃基被烷基氨基取代。硫胺酯的结构如下：

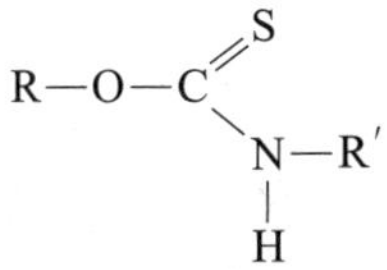

$$R-O-C(=S)-N(H)-R'$$

在硫胺酯分子中，与氧相连的 R 和与氮相连的 R′可以是相同的烷基，也可以是不同的烷基，R′可以是氢原子，也可以是烷基，属非离子型极性捕收剂。主要应用的是丙乙硫胺酯，它是用一氯酯酸、异丙黄药和乙胺合成的，为琥珀色微溶于水的油状液体。使用时可直接加入搅拌槽或浮选机中。它是一种选择性能良好的硫化矿捕收剂，用量少，对黄铜矿、辉铜矿和活化的闪锌矿的捕收作用较强。它不浮黄铁矿，为分选铜、铅、锌等硫化矿的选择性捕收剂，可降低抑制黄铁矿所用的石灰用量。国外的硫化矿浮选厂，用它代替黄药，特别是浮选硫化铜矿的选矿厂，如美国的代号为 Z-200 的药剂，就是“O-异丙基-N-乙基硫逐氨基甲酸酯”。

D 黑药类

黑药是仅次于黄药，应用较广的硫化矿物捕收剂。黑药是二烃基二硫代磷酸盐，其中，常用的烃基为甲酚基或烷氧基。目前，生产的黑药有甲酚黑药和丁基铵黑药两种。其结构式如图 2-4 所示。

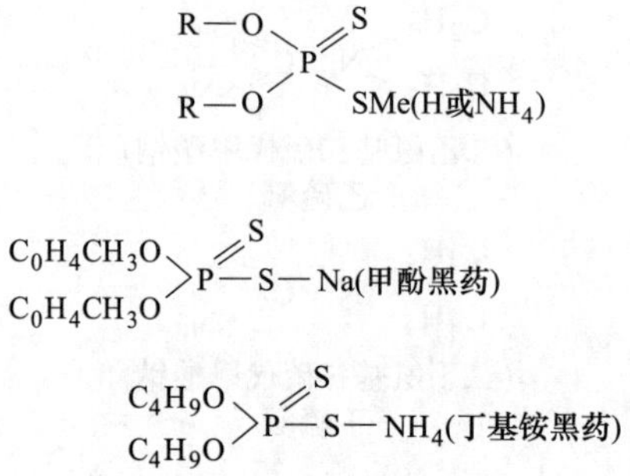

R—O　　S
　　　P
R—O　　SMe(H或NH_4)

$C_0H_4CH_3O$ 　　S
　　　　>P—S—Na(甲酚黑药)
$C_0H_4CH_3O$

C_4H_9O 　　S
　　　>P—S—NH_4(丁基铵黑药)
C_4H_9O

图 2-4 黑药结构示意图

它是由醇或酚与五硫化二磷反应制得，不同的酚类或醇类，就可以得到各种各样的黑药。其反应式为：

$$4ROH + P_2S_5 \longrightarrow 2(RO)_2PSSH + H_2S$$

酸式产物为油状黑色液体，中和钠或铵盐时可制成水或固体产品。

在选矿实践上最常见的是甲酚黑药，甲酚黑药按照五硫化二磷与甲酚酸作用时比例不同，又分为 15 号、25 号、31 号等。例如，15 号黑药就是由甲酚与其质量含量 15% 的五硫化二磷的作用产物。

甲酚黑药为暗绿色油状液体，微溶于水，密度为 1.1g/cm^3，有难闻的臭味，具有腐蚀性，能烧伤皮肤，由于其中含有未起反应的甲酚，故有起泡性。使用时常将其加入球磨机中。

黑药是硫化矿的有效捕收剂，其捕收能力较黄药弱，但选择性好，同一金属离子的二烃基二硫代磷酸盐的溶度积均较相应离子的黄原酸盐大。

黑药也是弱电解质，在水中解离：

$$(RO)_2PSSH \rightleftharpoons (RO)_2PSS^- + H^+$$

但它比黄药稳定，在酸性矿浆中，不像黄药那样容易分解。黑药较难氧化，氧化后生成双黑药，在有 Cu^{2+}、Fe^{3+} 或黄铁矿、辉铜矿存在时，也能氧化成双黑药：

$$2(RO)_2PSS - 2e \longrightarrow (RO)_2PSS—SSP(OR)_2$$

双黑药也是一种较难溶于水的非离子型捕收剂，大多数为油状物，性质稳定，可作硫化矿的捕收剂，也适用于沉积金属的浮选。

黑药有些毒性，选择性较黄药好，在酸性矿浆中不易分解。当必须在酸性矿浆中浮选时，有时选用黑药。

丁基铵黑药为二丁基二硫代磷酸铵$(C_4H_9)_2PSSNH_4$，它是一种白色细粒结晶粉末，微臭，易溶于水，潮解后变黑。在通常情况下，不易变质，较稳定，具有起泡性，无腐蚀性。适用于铜、铅、锌、镍等硫化矿的浮选。弱碱性矿浆中对黄铁矿和磁黄铁矿的捕收能力较弱，对方铅矿的捕收能力较强。由于黑药具有起泡性能，使用时用量不宜过大，一般为25~100g/t。

另外，还有胺黑药，它的结构与黑药类似，其通式为$(RNH)_2PSSH$。也是硫化矿的捕收剂。工业上常用的有环已胺及苯胺黑药，都是由相应原料与五硫化二磷反应制得的。为白色粉末，有硫化氢臭味，不溶于水，溶于酒精和稀碱溶液中。使用时用1%的Na_2CO_3配成0.5%的溶液添加。胺黑药对光和热的稳定性差，易变质失效。

胺黑药对硫化铅矿的捕收能力强，选择性较好，泡沫不黏，但用量稍大，一般为200~240g/t。

E 硫醇类

a 苯骈噻唑硫醇

苯骈噻唑硫醇（巯基苯骈噻唑，MBT）。结构式为：

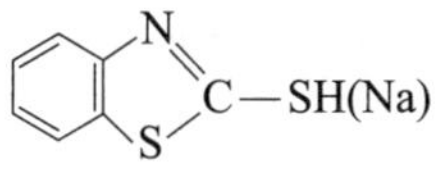

它是黄色粉末，不溶于水，可溶于酒精、氢氧化钠或碳酸钠溶液中，其钠盐称为卡普耐克斯（Capnex），可溶于水。

苯骈噻唑硫醇用于浮选菱锌矿，不经预先硫化，所得结果与黄药-硫化钠法的结果相近。对氧化铅矿的捕收性较强。浮选硫化矿时，对方铅矿的捕收性最强，对闪锌矿捕收能力较差，对黄铜矿最弱。

苯骈噻唑硫醇用量高时，常引起精矿质量下降，实践中多和黄药或黑药配合使用。

b 苯骈咪唑硫醇

苯骈咪唑硫醇（N-苯基-2-巯基苯骈咪唑）。结构式如下：

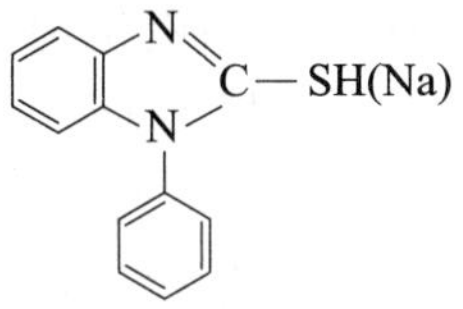

苯骈咪唑硫醇为白色固体粉末，难溶于水、苯及乙醚，易溶于热碱（如氢氧化钠、硫化钠等）和热的醋酸中。用于浮选氧化铜矿（主要是硅酸铜和碳酸铜）和难选的氧化铜矿。

F 硫脲衍生物类

二苯基硫脲，俗称白药。结构式为：

$$C_6H_5-NH-\underset{\underset{S}{\|}}{C}-HN-C_6H_5$$

白药为不溶于水的白色粉末，用于铜、铅、锌硫化矿的浮选。它对方铅矿的捕收能力较强，对黄铁矿较弱，选择性好，浮选速度慢。实践中将白药溶于苯胺（加入10%~20%的邻甲苯胺溶液配制而成，通常称为T-T混合液），由于成本高，目前工业上应用不多。

2.2.1.2 硫化矿捕收剂的作用机理

黄药与硫化矿的作用机理，在20世纪50年代前提出了所谓“化学假说”和“吸附假说”。

化学假说认为：黄药与硫化矿表面发生化学反应，反应产物的溶度积越小，反应越易发生。

吸附假说认为：主要是吸附，这又分为两派，一派认为是“离子交换吸附”，即黄原酸离子与矿物表面的离子发生离子交换吸附；另一派认为是“分子吸附”，即黄原酸分子或“离子对”在矿物表面吸附。

20世纪50年代开始得知氧和氧化作用的重要性，然后又进行了大量的界面电性及浮选溶液电化学的研究，因而对黄药的作用机理有了比较深入的认识。

A 黄药与方铅矿作用机理

据20世纪70年代的研究认为，其作用机理大致有两种：一种是黄药的氧化产物双黄药起主要作用；另一种是矿物表面的金属黄原酸盐起主要作用。前者通过大量电化学试验测定，后者主要通过红外线光谱检验。还有次要的看法，例如，有人认为可能是表面的元素硫起作用。

1973年以前，黄药与方铅矿表面反应产物的鉴定是先萃取然后作光谱鉴定的。1973年公布了直接用红外线光谱鉴定的结果证明，方铅矿表面只有金属黄原酸盐形成，而没有双黄药。

1974年发表的动电位测定结果表明，形成黄原酸铅时，铅过量或黄原酸过量，测得的动电位不同，前者为-20mV，后者为-50mV，而双黄药的电位与pH值有关，pH值为7时，动电位为-70mV，pH值为11时，动电位为-140mV。黄药处理过的方铅矿表面，其动电位接近黄原酸铅，而与双黄药相差颇远。实测时，黄药浓度比正常浮选的浓度高，因此，认为在正常浮选条件下，方铅矿表面不会形成双黄药。

大量电化学的测定表明，当方铅矿的表面电位为-0.2V和2.0V时，产生化学吸附，当表面电位继续增加到2.0V以上，逐步形成双黄药。又由试验得知，氮气气泡不向小于2.0V的方铅矿电极黏附，当表面电位大于2.0V时氮气气泡就黏附，则证明双黄药存在有利于矿粒向气泡附着。电化学测定结果提出的化学吸附反应式为：

$$\underset{\text{方铅矿}}{PbS} + \underset{\text{黄药离子}}{2X^-} \longrightarrow \underset{\text{黄原酸铅}}{PbX_2} + S + 2e$$

用方铅矿作电极对黄药溶液进行长期的电解，发现同时形成黄原酸铅和双黄药，两者之比介于3~0.5，随不同的方铅矿电极而不同。晶格中的硫离子在电解条件下，不是形成元素硫，而是氧化成硫代硫酸盐。产生的反应是先形成一层化学吸附的黄药，然后沉积几层双黄药，最后同时形成黄原酸铅及双黄药。

20 世纪 30 年代曾有人试过直接用双黄药作为捕收剂，结果证明双黄药对方铅矿有捕收作用。但是，在方铅矿表面，是双黄药直接物理吸附，抑或是双黄药向方铅矿表面化学吸附，甚至发生化学反应形成黄原酸铅，很久未有定论。1975 年发表用放射性同位素示踪原子的黄药及双黄药对方铅矿表面的作用研究表明，化学吸附的是黄原酸铅，而双黄药只是物理吸附。并且，物理吸附主要发生在方铅矿表面的“阳极区”。这种物理吸附的双黄药可能扩散到“阴极区”。而在阴极区，双黄药被还原而形成黄原酸盐，可能的表面反应是：

$$\underset{\text{方铅矿表面}}{PbS} + \underset{\text{双黄药}}{X_2} \longrightarrow \underset{\text{黄原酸铅}}{PbX_2} + S$$

此式如果是体相反应，在 25℃时的反应自由能是 -3.31kcal/mol（1kcal = 4.1868kJ），假定表面反应与体相反应能量相似，则可认为上式是可以自发进行的。因而目前认为，双黄药的物理吸附进一步与方铅矿表面的阴极区作用，会形成黄原酸铅。

B 黄铁矿与黄药或双黄药作用机理

与黄铁矿发生反应的主要是双黄药。但是在黄铁矿表面除双黄药外，是否还有其他产物，存在不同的看法：一种极端看法认为，只有双黄药，别无他物，此派用红外线光谱作证并用热力学推断。但是，由于黄原酸铁与双黄药的光谱不易分辨，所以红外线光谱的证明有不肯定性；另一种极端的看法，认为主要是黄原酸铁，没有双黄药；第三种是过渡的看法，例如，有人认为黄铁矿表面除双黄药外，还有少量（5%左右）金属黄原酸盐存在。此外，有人根据双黄药与金属黄原酸盐在醚中的溶解度测定，认为 50%的黄药呈化学吸附并起浮选作用。有人认为：“化学吸附黄药”与“双黄药”的比例，随加药量、介质 pH 值等具体条件而变。目前，上述各种看法尚在争持。从热力学推断，黄药与黄铁矿作用，在有氧存在的条件下，双黄药是稳定产物。电化学反应动力学也认为，形成双黄药是快速反应，因此，双黄药为主的看法比较合理。但是在矿物表面单层可能有不易测准的“化学吸附黄药”的看法也不能否定。这是因为应用的热力学数据只适合于“体相”，对表面相不一定适用。另外，由于试样条件不同，测定比表面方法不一致，故测定计算的单层吸附量等数据也难以一致。

另外有人提出，黄铁矿表面先受氧化作用形成氢氧化铁，黄原酸离子与表面的氢氧化铁反应形成双黄药，而后进行物理吸附，其反应为：

$$2Fe(OH)_3 + 2X^- + 6H^+ \longrightarrow X_2 + 2Fe^{2+} + 6H_2O$$

还有人认为表面先形成少量黄原酸铁是双黄药吸附的前提；黄铁矿表面的氧对黄药的氧化起催化作用。

C 黄药与其他硫化矿的作用机理

除方铅矿和黄铁矿外，对其他硫化矿的研究较少，大致可归纳到与方铅矿或黄铁矿相似的机理。

2.2.2 非硫化矿捕收剂

2.2.2.1 非硫化矿捕收剂

这类捕收剂通常在其极性基中含有氧、氮等原子，同时非极性基分子量较大。常用的又分为阴离子型和阳离子型两大类，前者多为各种烃基含氧酸，后者主要是有机胺类。

A　烃基含氧酸（及其盐）类捕收剂

它们都是阴离子型捕收剂，大致分为以下几类。

a　羧酸（盐）类

羧酸（盐）类。例如，油酸、氧化石蜡皂、塔尔油和环烷酸等。

$$R-C\begin{matrix}\nearrow O \\ \searrow O^{-}\cdots H^{+}(Na^{+}、K^{+})\end{matrix}$$，**是弱酸**，pK_a=4.7±0.5

羧酸及其盐。羧酸，通常羧酸又分为脂肪酸和芳香酸。在浮选工业中，脂肪酸比较重要，由于脂肪酸具有很活泼的羧基官能团，故几乎可以浮选所有的矿物，其中特别是不饱和酸，包括油酸、亚油酸、亚麻酸及蓖麻油酸等。这些高级不饱和酸和相应的饱和酸（如硬脂酸）相比较，其熔点较低，对浮选温度敏感性差，化学活性大，凝固点低，捕收性能强。因此，浮选工业上多用高级不饱和酸和脂肪酸及其钠皂。

脂肪酸类捕收剂，能与碱土金属（Ca^{2+}、Mg^{2+}、Ba^{2+}等）和重金属离子生成溶解度较小的盐，见表 2-2。

表 2-2　各种脂肪酸盐的溶度积（负对数值）

脂肪酸的种类	Mg^{2+}	Ca^{2+}	Ba^{2+}	Ag^{+}	Cu^{2+}	Zn^{2+}	Cd^{2+}	Pb^{2+}	Mn^{2+}	Fe^{2+}
$C_{15}H_{31}COO^{-}$	14.3	15.8	15.4	11.1	19.4	18.5	18.0	20.1	16.2	15.6
$C_{17}H_{33}COO^{-}$	15.5	17.4	16.9	12.0	20.8	20.0	—	22.2	17.5	17.4

脂肪酸及其盐是弱电解质，在水中解离，其解离常数随烃链加长而减少。脂肪酸在水中的溶解度见表 2-3。

表 2-3　脂肪酸在水中的溶解度　　(g/(100g))

脂肪酸	在水中溶解度		脂肪酸	在水中溶解度	
	20℃时	60℃时		20℃时	60℃时
癸酸	0.015	0.027	豆蔻酸	0.0020	0.034
十一酸	0.0039	0.015	十五酸	0.0012	0.0020
月桂酸	0.0035	0.087	棕榈酸	0.00072	0.0012
十三酸	0.0033	0.054	十七酸硬脂酸	0.00042	0.00081

脂肪酸烃链长短对其捕收性能的影响：对正构饱和的烷基同系物的研究表明，在一定范围内，烃链中碳原子数目的增加，将使其捕收能力提高，但烃链过长，由于药剂的溶解度降低，则会导致其在矿浆中的分散不良，而降低捕收性能。

捕收剂烃链加长，主要是增大了烃链之间的相互作用，使其捕收能力提高，但常因此而缺乏选择性，或表现为浮选矿浆的 pH 值范围变宽。

工业常用的脂肪酸捕收剂有以下几种：

（1）油酸及油酸钠（$C_{17}H_{33}COOH$ 及 $C_{17}H_{33}COONa$）。油酸又名十八烯（9）酸，是天

然不饱和脂肪酸中存在最广泛的一种，可由油脂的水解得到其脂肪酸分子中的双键，对浮选药剂的性能，有着重要的影响。纯油酸为无色油状液体，冷却时得到针状结晶，熔点14℃，密度0.895g/cm^3。油酸容易氧化变成黄色，并产生酸败的气味。工业用的油酸（及其钠盐），如米糠油酸、豆油酸等，是多种脂肪酸的混合物，以油酸为主，还有亚油酸，亚麻酸等不饱和酸和酸及各种饱和酸等。

油酸不易溶解和分散，实践中常加溶剂乳化剂，矿浆温度不应低于14℃。它主要用于浮选碱土金属的碳酸盐，金属氧化矿物，重晶石和萤石等。其缺点是：选择性差，不耐硬水，用量较大。因其原料来源受到限制，目前尚不能大量在工业上使用。

（2）氧化石蜡皂。石蜡是含 $C_{15}\sim C_{40}$的饱和烃类的混合物，经氧化皂化制得氧化石蜡皂，其成分可大致分为三部分：

1）羧酸，其中饱和的羧酸占80%，羟基酸约占5%~10%。饱和酸烃链的长度，随原料和氧化深度而定。一般原料蜡熔点较低时烃链较短，带支链较多；原料蜡熔点较高时，烃链较长，主要是直链烃。羧酸为起捕收作用的主要成分。

2）未被氧化的高级烷烃或煤油。它们对羧酸起稀释作用，使其在矿浆中易于分散，同时起辅助捕收剂的作用。

3）不皂化的氧化产物。主要是一些极性物质如醇、酮和醛等。它们有起泡作用。

氧化石蜡皂的主要缺点是，温度较低时，浮选效果不好，常温下使用时，需要进行乳化。但因石蜡原料易解决，价格也较低，是目前能大量工业应用的一种捕收剂。

在氧化铁矿浮选时，常将氧化石蜡皂和粗妥尔油混合使用。粗妥尔油起泡性强，二者混用，取长补短，取得了较好的效果。

氧化石蜡皂主要用于浮选氧化铁矿、磷酸盐矿、萤石及一些稀有金属矿石。

（3）塔尔油及塔尔油皂。塔尔油是脂肪酸和树脂酸的混合物，此外还含有一定数量非酸类的中性物。属此类药剂的有粗硫酸盐皂、粗制和精制塔尔油。

以木材为原料的碱法造纸过程中，得到一种纸浆废液，经静置分层，将下层黑液分出，上层皂状物称为粗硫酸盐皂，将其进一步净化制成粗制塔尔油，再精制得精制塔尔油。

粗制塔尔油为暗黑色液体，经皂化后得到的皂液有水溶性，其成分随原材料的不同而变化。塔尔油中所含脂肪酸以不饱和的油酸、亚油酸和亚麻酸为主。

在粗制塔尔油中，起捕收作用的有效成分较粗硫酸盐皂高，而且成分稳定，因而浮选效果好。但由于其中含有相当量的树脂酸，故起泡能力强，用量大时，泡沫过多，造成浮选操作困难指标下降。生产实践中常将它和氧化石蜡皂混用。精制塔尔油是将粗制塔尔油进行减压蒸馏，使树脂酸和不饱和脂肪酸分离，得到的脂肪酸馏分，皂化后得塔尔油皂。精制塔尔油及其皂中不饱和脂肪酸的含量一般都在90%以上，捕收性能好，耐低温，是一种良好的羧酸类捕收剂。

（4）环烷酸。它是石油炼制工业的副产品，经皂化得到环烷酸皂。它是各种结构环烷酸及其他有机物的混合物，其中，环烷酸的含量一般为40%左右，不皂化物约15%，为绿色至褐色胶状物。其结构式随环烷基分子量大小而异，环烷酸皂的分子量越大，越易于形成胶束。

环烷酸可以作为油酸的代用品，用于浮选氧化铁矿、碳酸盐类和磷灰石等。

b　磺酸（盐）类

磺酸（盐）类。例如，磺化石油、烷基芳基黄酸盐等。其分子式为 RSO_3Na，结构式为：

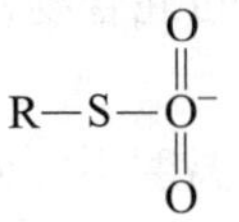

$$R-\overset{\overset{\displaystyle O}{\|}}{\underset{\underset{\displaystyle O}{\|}}{S}}-O^- \cdots H^+(Na^+、K^+)，\text{是较强酸}，pK_a \approx 1.5$$

R 为烷基、烷基芳基或环烷基。

其中，用石油精炼副产物磺化制得的，通常称为石油磺酸，煤油经过磺化得到的烃基磺酸盐，称磺化煤油。石油磺酸和石油磺酸钠，是在非硫化矿浮选中有很大应用前途的药剂。按其溶解特性又分为水溶性和油溶性两大类。

水溶性磺酸盐烃基量较小，是含支链较多或含有烷基芳基混合烃链的产品。其水溶性较好，捕收性不太强，起泡性好。可以用作起泡剂（如十二烷基磺酸钠），也可作硫化矿的捕收剂（如十六烷基磺酸钠）或用于浮选非硫化矿。油溶性磺酸盐烃基分子量较大，烃基为烷基时，烃链中含 C 20 个以上，基本上不溶于水，可溶于非极性油中。其捕收性较强，主要用作非硫化矿的捕收剂，常用于浮选氧化铁矿和非金属矿（如萤石和磷灰石等）。

和脂肪酸相比，磺酸盐的水溶性较好，耐低温性能好，抗硬水的能力强，起泡性能较强。其捕收能力和相同碳原子数的脂肪酸比稍低，有时有较好的选择性。

其他磺酸盐类有磺丁二酰胺酸（烷基磺化琥珀酰胺钠盐）：

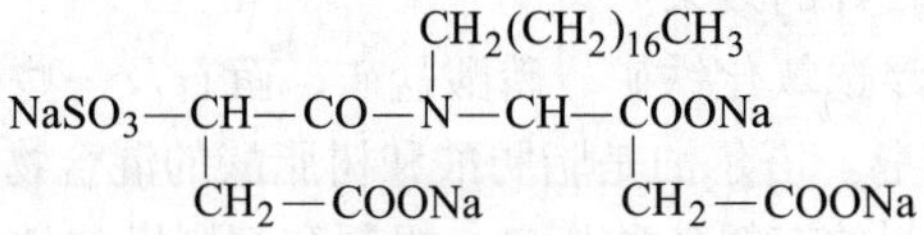

$$\begin{array}{l} \qquad\qquad\qquad\qquad\quad CH_2(CH_2)_{16}CH_3 \\ \qquad\qquad\qquad\qquad\qquad | \\ NaSO_3-CH-CO-N-CH-COONa \\ \qquad\qquad | \qquad\qquad\qquad\quad | \\ \qquad\quad CH_2-COONa \quad\; CH_2-COONa \end{array}$$

N-十八烷 N-(1,2 羧乙基）基磺化琥珀酰胺四钠盐。

它是一种半透明淡黄色液体，用来浮选锡石、天青石、氧化铁矿、硫化铅矿和碳酸铅矿物。对细粒锡石的捕收性能好，浮选速度快、用量低（50~100g/t）。缺点是对含钙矿物（如方解石）有捕收作用，因而选择性较差。它适宜于在酸性介质中使用，在碱性介质中，会发生分解，使其捕收性能降低。易溶于水，无毒，易为生物分解。

同类药剂还有磺丁二酸（N-十八基磺化琥珀酰胺二钠盐）、209 洗涤剂（N 油酰 N-甲基牛磺酸钠）等，它们都能够浮选赤铁矿。

c　硫酸酯类

这类药剂包括烃基硫酸酯和硫酸化脂肪酸（皂）等。

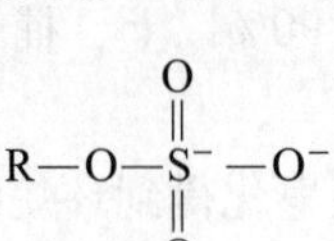

$$R-O-\overset{\overset{\displaystyle O}{\|}}{\underset{\underset{\displaystyle O}{\|}}{S^-}}-O^- \cdots H^+(Na^+、K^+)，\text{是较强酸}$$

（1）烃基硫酸酯钠（$R—OSO_3Na$）。它由脂肪醇经硫酸酯化及中和制得硫酸盐，在结构上不同于磺酸盐。磺酸盐 $R—SO_3Na$ 中的硫原子直接和烃基中的碳原子相连接，不能水解成醇；硫酸盐 R—O—SO_3Na 中的硫原子是通过氧和碳原子相结合，因此，容易水解生成醇和硫酸氢钠。

$$R—O—SO_3Na + H_2O \longrightarrow ROH + NaHSO_4$$

因此，硫酸盐的水溶液放置过久，会水解降低捕收能力。

含碳原子 $C_{12}\sim C_{20}$的烷基硫酸钠盐，是典型的表面活性剂。其主要代表是十六烷基硫酸钠（$C_{16}H_{33}OSO_3Na$）。它是白色结晶，易溶于水，有起泡性，可作为黑钨矿、锡石、重晶石、钾石盐等的捕收剂。它对含钙矿物（如白钨矿、方解石等）的捕收能力较油酸弱，选择性较好，可在硬水中使用。

十六烷基硫酸钠，可用于多金属硫化矿的浮选。它对黄铜矿有选择性捕收作用，对黄铁矿的捕收能力较弱，对粗粒和微细粒矿物均有良好的捕收能力。其浮选效果比戊黄药好，用量为 20~30g/t。

（2）硫酸化脂肪酸（皂）。不饱和脂肪酸（一般是油酸、亚油酸）经浓硫酸作用再皂化，可制得硫酸化脂肪酸皂。其结构式为：

$$CH_3(CH_2)_7CH_2-\underset{\displaystyle OSO_3Na}{\underset{|}{CH}}(CH_2)_7COONa$$

它具有两个极性基（羧基—COO^-，硫酸基—OSO_3^-），既有脂肪酸的强捕收能力，又有烃基硫酸盐的耐酸，耐硬水及选择性良好的优点。如我国 20 世纪 50 年代用于浮选赤铁矿的大豆油脂肪酸硫酸化皂，即属此类。

d 胂酸、膦酸类

这类药剂主要是胂酸、磷酸的衍生物。例如混合甲苯胂酸、苯乙烯膦酸等。

R—As(=O)(O⁻ ··· H⁺)(O⁻ ··· H⁺)　　R—P(=O)(O⁻ ··· H⁺)(O⁻ ··· H⁺)，是弱酸，pK_a在2.0~4.7

（1）胂酸。有机胂酸有许多种，用作捕收剂的主要是苯胂酸类衍生物。

国内目前生产的是含有邻、对两种异构体的混合甲苯胂酸，以及苄基、甲苄基胂酸。它们的结构式为：

$CH_3-C_6H_4-As(=O)(OH)_2$（对位）

对甲苯胂酸

$o-CH_3C_6H_4-As(=O)(OH)_2$

邻甲苯胂酸

$C_6H_5-CH_2-As(=O)(OH)_2$

苄基胂酸

$CH_3-C_6H_4-CH_2-As(=O)(OH)_2$

甲苄基胂酸

混合甲苯胂酸为白色或浅黄色粉末，易溶于热水或碱性溶液，难溶于冷水，常温下在水中的溶解度为3%~5%。工业品中含有少量砒霜，有毒。其性质稳定，在弱酸性介质中，能与多种金属离子生成难溶性沉淀。混合甲苯胂酸对锡石、黑钨矿、稀土矿和氧化铅矿都有捕收作用。

（2）膦酸。有机膦酸作为捕收剂的主要是苯乙烯膦酸，结构为：

$$C_6H_5-CH=CH-P(=O)(OH)_2$$

苯乙烯膦酸能与 Sn^{2+}、Sn^{4+}、Fe^{3+} 等生成难溶性盐。对 Ca^{2+}、Mg^{2+}，只有在苯乙烯膦酸浓度很高时才能形成盐，故对含 Ca^{2+}、Mg^{2+} 的矿物捕收能力较弱。纯的苯乙烯膦酸为白色结晶，可溶于水。其溶解度随温度的升高而增大。它的选择性比甲苯砷酸稍差，但毒性较小，无起泡性，对温度较敏感。可用来浮选锡石、黑钨矿等。

其他膦酸（如二烃基膦酸）及膦酸酯等，也有用作捕收剂的研究。

e　羟肟酸类

烷基羟肟（氧肟酸、异羟肟酸）具有两种互变异构体，两者同时存在，是一种螯合剂，能与多种金属离子形成螯合物。

$$R-C(OH)=N-OH，弱酸，pK_a \approx 9$$

目前生产的工业品为异羟肟酸钠（RCONHONa，其中，R为 $C_{7\sim9}$），含有大量水分及杂质，为黄色或白色蜡状固体，易溶于热水，有毒，有腐蚀性，遇热分解。用异羟肟酸钠浮选氧化铜矿时，可直接浮选或预先硫化后浮选。浮选硫化后的氧化铜矿，其效果比单用黄药的好。还可用来浮选锡石、氧化铁矿、稀土磷酸盐矿、黑钨矿、白钨矿、白铅矿和铅铁矿，从长石中除铁，选铝土矿、钛铁矿等都能获得良好的效果。

B　胺类捕收剂

这类捕收剂解离后产生带有疏水烃基的阳离子，故又称为阳离子捕收剂，是有色金属氧化矿、石英、长石、云母等铝硅酸盐和钾盐的捕收剂。

胺是 NH_3 中的H被烃基取代的衍生物，按烃基数目不同，分为第一（伯）、第二（仲）、第三（叔）胺及季胺等。

用作捕收剂的胺多数是第一胺，其烃基的结构，依所用原料而定。目前，国内用氧化石蜡所得的脂肪酸（是 $C_{10}\sim C_{20}$ 的混合脂肪酸）作原料，制成混合脂肪第一胺，简称混合胺、脂肪胺、第一胺等。

混合胺在常温下为淡黄色蜡状体，有刺激气味，不溶于水，溶于酸性溶液或有机溶剂中。使用时可用盐酸和混合胺以1∶1配料，加热水溶化后，再用水稀释成0.1%~1%水溶液。阳离子捕收剂的浮选性质与其烃链的长短有关。

第一胺的盐酸溶液按下式进行解离及水解：

$$RNH_2 + HCl \rightleftharpoons RNH_2 \cdot HCl$$

$$RNH_2 \cdot HCl \rightleftharpoons RNH_3^+ + Cl^-$$

$$RNH_3^+ \rightleftharpoons RNH_2 + H^+$$

矿浆中 $RNH_2 \cdot HCl$、RNH_3^+、RNH_2 的存在和各自的浓度与矿浆 pH 值有密切关系。

胺类捕收剂分子在水中解离出阳离子，阳离子上带有起疏水作用的烃基，因此属于异极性阳离子捕收剂。常用的阳离子捕收剂有十二烷基第一胺，在水溶液中解离为：

$$C_{12}H_{25}NH_2 + H_2O \rightleftharpoons C_{12}H_{25}NH_3^+ + OH^-$$

其水溶液呈碱性，与酸作用生成盐。其碳链长度一般为 $C_{10} \sim C_{18}$。由于其难溶于水，在使用时需配制成盐酸盐或醋酸盐溶液。

式中的阳离子与矿物表面作用。胺类捕收剂除具有捕收性能外，还有起泡性能。

用胺类浮选有色金属氧化矿时多在碱性介质中进行，此时，有足够的 RNH_2 生成。RNH_2 中氮原子独对电子能与矿物表面的 Cu^{2+}、Zn^{2+}、Cd^{2+}、Co^{2+}等离子生成配合物，使矿物表面疏水。当胺阳离子浮选有效成分时，若在较酸性介质中（此时矿物表面带正电）进行浮选时，阳离子 RNH_3^+ 是起浮选作用的有效成分。

季胺盐类阳离子捕收剂和其他胺类比较，其特点是在水中溶解度较高、选择性强、无毒。

使用胺类捕收剂时应注意：

（1）胺类捕收剂不能和阴离子捕收剂同时加入。因为这两类药剂的离子在溶液中会互相反应，生成较高分子量的不溶性盐。

（2）胺有一定起泡能力，对水的硬度有一定适应性，但水的硬度过高，其用量需要增大。

（3）胺能优先附着于矿泥上，导致选择性降低。因此，浮选前应当脱出矿泥。

（4）胺可和中性油类混合使用，如用阳离子捕收剂和煤油浮选石英。

2.2.2.2 阴离子捕收剂与非硫化矿的作用机理

常用的阴离子捕收剂多为弱有机酸（或其盐），在矿浆中按其解离常数大小及介质 pH 值不同，而呈分子或离子状态。它们与矿物表面的作用，由范德华力产生分子的物理吸附，或由于静电力产生双电层中的吸附，这些药剂多数还能与碱土金属及重金属离子形成难溶化合物，在矿物表面也可以发生化学吸附及表面化学反应。根据现有研究，认为双电层吸附及化学吸附是其主要作用机理。

A 在矿物表面双电层的吸附

对阴离子捕收剂与非硫化矿作用的研究表明，当阴离子捕收剂浓度低时，离子靠静电力吸附，称为“配衡离子吸附”。浓度高时，捕收剂离子的烃链相互作用，形成半胶体状态，称为“半胶束吸附”。

现以磺酸盐类捕收剂对典型氧化物——氧化铝的吸附为例来说明。氧化铝表面十二磺酸钠的吸附密度及动电位与平衡浓度的关系，当捕收剂浓度小于 5×10^{-5}mol/L，磺酸离子呈个别状态吸附于氧化铝表面；浓度高时，磺酸离子吸附密度增加，相互靠近，靠其非极性端分子间的引力而互相联合，形成半胶束，此时的吸附密度约相当于单分子层的十分之一。捕收剂离子的吸附密度，例如，对磺酸离子而论，可用斯特恩-格雷姆方程计算：

$$\Gamma_i = 2r_i c_i \exp\left(-\frac{nF\zeta + \phi}{RT}\right)$$

式中 Γ_i——i 种离子（此处是磺酸离子）的吸附密度；

r_i——离子（即配衡离子）的半径；

c_i——溶液浓度；

n——离子价；

ζ——动电位；

R——气体常数；

F——法拉第常数；

ϕ——特性吸附能位。

低浓度时主要靠静电力，高浓度时除静电外，还有专属性的所谓“特性吸附”发生，因而就要考虑“特性吸附能位”ϕ。当半胶束吸附时，ϕ 主要是范德华力。每摩尔 CH_2 基 ϕ 值约 0.62kcal。具体到磺酸离子吸附情况，当浓度小于 5×10^{-5}mol/L 时，$\phi=0$。动电位变化的浓度，约为 3×10^{-4}mol/L，约相当于单层罩盖的 1/10，ϕ 约为 0.7kcal，当全部单层罩盖时，$\phi=7.4$kcal。

随着浓度的增加，会到达临界胶束浓度（CMC）。临界胶束浓度，若烃链越长，形成胶束的临界浓度越低，这是因为烃链长则互相缔合力强所致。在水溶液中形成的胶束，结构为极性基朝外，非极性基向内，故药剂浓度在 CMC 以上时对浮选不利。

B　静电力吸附与矿物表面电性

阴离子捕收剂靠静电吸引力吸附在矿物表面时，矿物的零电点是重要的参数。

静电力作用吸附机理，以针铁矿的动电位与可浮性关系最为明显。针铁矿的零电点为 pH 值为 6.7，当 pH 值小于 6.7 时，其表面电位为正，此时阴离子捕收剂 RSO_4^- 吸附在矿物表面，起捕收作用。绿柱石、铬铁矿、石榴子石等的浮选也常将其表面电位调整到正值，再用阴离子捕收剂（磺酸盐类）浮选。

当阴离子相对分子质量增大，即使用较长烃链捕收剂，浮选的 pH 值范围扩大。此外，捕收剂用量增多，浮选的 pH 值范围也扩大，这可能是逐步超过物理吸附范畴，而显出半胶束作用。

另外，如捕收剂烃链过短，如辛酸，即使浓度很高，浮选回收率仍然有限。这说明短链没有足够的相互作用力形成半胶束吸附，即始终只是保持静电力的物理吸附。

捕收剂阴离子在矿物表面的静电力吸附，受溶液中的其他阴离子的干扰，并可能与捕收剂阴离子争夺双电层位置。例如，石英在 pH 值小于 1.8 时，表面荷正电，但此时加入阴离子捕收剂仍然不浮，可以用阴离子的竞争来解释。如加入的磺酸盐为 1×10^{-4}mol/L 时，把介质 pH 值调到小于 1.8，需要加入的 HCl 量，足以使介质中阴离子 Cl^- 比捕收剂阴离子 RSO_3^- 的浓度大 1000 倍。由于大量的 Cl^- 霸占了石英表面正电荷区，致使 RSO_3^- 无法接近表面起捕收作用。

C　在矿物表面的化学吸附

非硫化矿浮选时，捕收剂除了以静电力、范德华力等产生的物理吸附外，也常常在矿物表面发生化学吸附。在许多情况下，化学吸附对浮选有决定性的影响。

当极性基化学活性较高的捕收剂与矿物作用时，常发生化学吸附。例如，脂肪酸类与含钙、钡、铁矿物的作用，胂酸、膦酸类与含锡、铁矿物的作用，羟肟酸、胺基酸等络合捕收剂与铁、铜氧化物的作用，胺类阳离子捕收剂与含铜、锌矿物的作用等。有些化学活性不甚高的捕收剂，例如烃基磺酸盐烃基硫酸盐类，当分子量足够大时，也能发生化学吸附。

化学吸附的发生及其某些规律，已由一系列的测试及理论讨论加以肯定。阴离子型捕收剂矿物表面动电位的测定，例如，油酸盐在方解石及磷灰石表面的吸附，在零电点 pH 值以上发生。此时捕收剂离子与矿物表面电荷符号相同，并且吸附后使动电位负值增大，这显然不是单纯静电吸附造成的。例如，油酸盐在方解石表面作用，当 pH 值为 9.6（零电点以上），浓度大于 3×10^{-5}mol/L 时，吸附急剧增大，同时动电位的改变也较明显。对此的解释是同时发生了化学吸附及半胶束特性吸附。

许多人用红外光谱法直接测定证实，捕收剂在矿物上有化学吸附。用红外线光谱测定油酸盐在萤石上吸附的结果，发现 5.8μm 谱带，是与—COOH 基的物理吸附相应，而 6.4μm 和 6.8μm 谱带则与—COO^-基的化学吸附相应。这一测定还表明，低 pH 值时以物理吸附为主，高 pH 值时以化学吸附为主，并且浮选行为与化学吸附的关系密切。

脂肪酸盐在钙、铁矿物上吸附层的组成，用有机溶剂萃取和分析研究表明，吸附是多层的，包括形成捕收剂-矿物金属化合物以及药剂离子、分子、聚合物等形态的吸附。

常用的阴离子捕收剂同金属离子形成的皂，其溶解度积已有系统研究，并通过计算认为，皂生成条件与浮选行为间有对应关系。

对于一些难溶的氧化物，也有人提出，化学吸附与矿物表面的阳离子微量溶解，随后金属离子水解形成羟基络合物的情况有关。例如，脂肪酸在氧化物上化学吸附：对赤铁矿，在 pH 值为 8 左右时与 $FeOH^+$生成有关；软锰矿上吸附，在 pH 值为 8.5 时，与 $MnOH^+$有关；在灰石上吸附及浮选峰值，与 $FeOH^+$（pH 值为 8）、$MgOH^+$及 $CaOH^+$（pH 值在 10~12）等有关。

至于经阳离子活化的石英，同捕收剂的作用，则与活化阳离子特性有关。

石英的溶解度很小，又没有可以水解的金属离子，所以石英用阴离子捕收剂浮选时，要用金属阳离子将其活化。例如，石英浮选时，使用磺酸盐 1×10^{-4}mol/L 为捕收剂的条件下，用各种金属阳离子活化时，石英的最高回收率与各种起活化作用的金属阳离子（浓度 1×10^{-4}mol/L）的 pH 值范围关系是：

Fe^{3+}	2.9~3.8
Al^{3+}	3.8~8.4
Pb^{2+}	6.5~12.8
Mn^{2+}	8.5~9.4
Mg^{2+}	10.9~11.4
Ca^{2+}	12 以上

这些 pH 值分界线与形成氢氧化物的分界 pH 值相当符合。当捕收剂浓度改变时，上述 pH 值分界线也相应改变。由此可见，石英经金属离子活化后浮选的机理，可用双电层吸附或化学吸附加以解释。

2.2.2.3 阳离子捕收剂与非硫化矿的作用机理

阳离子捕收剂对非硫化矿，特别是对硅酸盐类矿物的作用机理与阴离子捕收剂有明显区别：

（1）阳离子捕收剂本身往往同时有起泡性。

(2) 对矿泥敏感。

(3) 选择性差，捕收能力强。

(4) 主要是静电力物理吸附及分子力的物理吸附。

(5) 由于选择性差，故调整剂的作用极为重要。

A 药性

常用的阳离子捕收剂是含10~20个碳原子的胺盐，其主要药性如解离常数、溶解度、临界胶束浓度见表2-4。

表2-4 十二胺的重要药性

胺盐	解离常数	分子组分的溶解度/mol	临界胶束浓度（CMC）/mol
十二胺	4.3×10^{-4}	2×10^{-5}	0.13（氯盐，30℃）
甲基十二胺	10.2×10^{-4}	1.2×10^{-5}	
二甲基十二胺	5.5×10^{-5}	7.2×10^{-6}	
三甲基十二基氢氧化胺	1（强碱）	—	0.016~0.02（氯盐，300℃）

胺的溶解度及临界胶束浓度与烃链长度有关，各种不同烃链伯胺的药性见表2-5。

表2-5 不同烃链伯胺的性质

链长	分子组分的溶解度/mol	临界胶束（CMC）/mol
10C	5×10^{-4}	3.2×10^{-2}
12C	2×10^{-5}	1.3×10^{-2}
14C	1×10^{-6}	4.1×10^{-3}
16C	—	8.3×10^{-4}
18C	—	4.0×10^{-4}

烃链增长，溶解度降低，临界胶束浓度也降低。

B 胺离子及分子的物理吸附

胺离子及分子的物理吸附，主要是静电力吸附，也包括范德华力吸附。十二胺离子在石英表面吸附时，十二胺醋酸盐浓度对石英表面动电位的影响：低浓度时，对动电位影响不大，这时可能有个别的十二胺阳离子吸附。浓度增高时逐步变为半胶束吸附。当pH值一定时，要使石英表面动电位变为零，需要的胺盐浓度与烃链长度有关，烃链越长，半胶束的浓度越小，适合浮选的pH值范围就扩大。

pH值对吸附及电性的影响：一方面，H^+及OH^-本身是许多矿物的定位离子；另一方面，OH^-影响弱碱性捕收剂的水解度。胺是弱碱，例如，十二胺在25℃时的平衡式为：

$$RNH_{2(液)} + H_2O \rightleftharpoons RNH_3^+ + OH^-$$

$$K_{碱} = \frac{[RNH_3^+][OH^-]}{[RNH_2]} = 4.3 \times 10^{-4}$$

$$RNH_{2(固)} + H_2O \rightleftharpoons RNH_3^+ + OH^-$$

$$K_{固} = [RNH_3^+][OH^-] = 8.6 \times 10^{-9}$$

$$RNH_{2(固)} \rightleftharpoons RNH_{2(液)}$$

$$K_{固液} = [RNH_{2(液)}] = 2 \times 10^{-5}$$

根据上述平衡式，可以算出，胺在不同 pH 值条件下各组分的存在情况。在酸性溶液中，以 RNH_3^+ 为主，从 pH 值在 7～10，RNH_3^+ 逐渐减少，$RNH_{2(液)}$ 逐渐增加，至 pH 值为 10.65 时两者相等。pH 值大于 10.5 因发生 $RNH_{2(固)}$ 沉淀，RNH_3^+ 急剧减少。

用胺盐浮选石英时，石英的可浮 pH 值与胺分子沉淀 pH 值的关系见表 2-6。

可见胺分子沉淀的 pH 值与石英最大可浮性或最大接触角是相当接近的。

表 2-6 十二胺的分子沉淀 pH 值与石英浮选 pH 值的关系

胺	分子沉淀 pH 值	最大可浮性 pH 值	最大接触角 pH 值
胺的总浓度 4×10^{-4}mol			
伯胺	9.4	9.0	9.6
仲胺	9.5	8.8	9.1
叔胺	8.0	8.0	8.0
季胺	12.0	11.3	10.6
胺的总浓度 4×10^{-5}mol			
伯胺	10.6	9.7	10.1
仲胺	10.6	—	10.2
叔胺	9.1	—	9.0
季胺	13.0	—	11.2

2.2.3 非极性矿物捕收剂

烃油类捕收剂。烃油分为脂肪烃、脂环烃和芳香烃三类。烃油类捕收剂难溶于水，不能解离为离子，故又称为非极性捕收剂或中性油类捕收剂。由于其化学活性低，故一般不和矿物表面发生化学作用。

烃油的工业来源有二：其一为石油工业产品，如煤油、柴油、燃料油等；其二为炼焦化工副产品，如焦油、重油、中油等。由于炼焦副产品来源不广，成分复杂而且不稳定，所以经常有一定量的酚类，毒性较大，目前已很少应用。

石油成分随产地而异，按成分分为三大类：烷属石油、环烷属石油、芳香属石油。石油原油中还含有不同数量的氧、硫等。石油精炼过程中，还要经过一系列的化学处理，因此，石油提炼的产品中，作为浮选剂的中性油种类繁多、成分各异。常用作浮选剂的有煤油、柴油、燃料油、重油、变压器油等。和离子型捕收剂相比，烃类油的整个分子是非极性的，没有极性基。其本身具有很强的疏水性，难溶于水，在矿浆中由于强烈的搅拌作用而被乳化成微细的油滴状。所以，烃类油在矿物表面的固着过程是由于碰撞作用。使油滴黏附在疏水性矿物表面上。然后，矿粒表面上的油滴逐渐兼并展开，形成油膜，覆盖在矿粒表面，从而大大增强矿物表面的疏水性，使之具有良好的可浮性。

最早的矿物浮选法，有所谓全油浮选，就是用烃油作为浮选剂的。目前，单独使用烃油作浮选剂的，只是一些天然可浮性很好的非极性矿物，其中包括石墨、煤、硫黄、辉钼矿、滑石及雄黄等矿物。一般而言，单独使用烃油进行浮选，用药量大，常需要 0.2～1.0kg/t 或更高，选择性差。

作为辅助捕收剂使用，烃油特别是燃料油，煤油和柴油，都是很重要的浮选剂，如1975年美国全年浮选剂的消耗中，烃油（主要是燃料油，其次是煤油）几乎占一半。而且无论阳离子或阴离子捕收剂和烃油混合使用，常能提高捕收能力，收到良好效果。在浮选实践中，这类例子是很多的，例如，用脂肪酸皂和煤油混合剂为捕收剂浮选磷灰石，用脂肪酸与燃料油混合浮选氧化铁矿，以及在石英浮选中脂肪胺与煤油混用，不仅能提高指标，而且节省胺用量。国外在硫化矿浮选中也广泛使用烃油辅助捕收剂，实践证明，它有助于粗粒和连生体颗粒的浮选。

2.2.4　捕收剂的发展趋势

2.2.4.1　两性捕收剂

两性捕收剂，分子中同时带有阴离子和阳离子的异极性有机化合物，常见的阴离子基团主要是—COOH基，$—SO_3H$基及—OCSSH基；阳离子基团主要是$—NH_2$。含有阴、阳离子基团的捕收剂，已经研究的有各种胺基酸、胺基磺酸以及用于浮选镍矿和次生铀矿的胺醇类黄药、二乙胺乙黄药等。二乙胺乙黄药的结构式如下：

$(C_2H_5)_2NCH_2CH_2OCSSNa$

它在水溶液中的解离与介质的酸碱度有关。

在酸性介质中，二乙胺黄药呈阳离子：

$(C_2H_5)_2N^+HCH_2CH_2OCSSH$

在碱性介质中，二乙胺黄药则呈阴离子：

$(C_2H_5)_2NCH_2CH_2OCSS^- + Na^+$

等电点时，不解离，而呈中性分子：

$(C_2H_5)_2NCH_2CH_2OCSSH$

因此，可以通过调整矿浆pH值，使其产生不同的捕收剂作用。

2.2.4.2　典型络合捕收剂

这类捕收剂，如8-羟基喹啉，其结构式为：

N
OH

它是一种两性捕收剂，不同的金属离子和8-羟基喹啉在不同的pH值范围内，可以形成沉淀，超过此范围，有些沉淀又溶解。目前试验将其用于分选一些稀有金属矿石。

镍试剂（二甲二乙醛肟）：

```
 CH3 CH3
  |   |
  C — C
  ‖   ‖
HON  NOH
```

镍试剂对黄铜矿、辉铜矿、斑铜矿和孔雀石等铜矿物具有良好的捕收能力，也能有效地捕收其他未经硫化的氧化铜矿物。

近年来，我国有关络合捕收剂方面的研究，多集中在羟肟酸衍生物，包括 $C_{5\sim9}$羟肟酸、环烷基羟肟酸铵、苯羟肟酸、水杨羟肟酸钾、苯乙烯羟肟酸，用于浮选锂铍铌钽复合矿、钽铌矿细泥、钛铁矿、稀土矿、氧化铁矿。其中，比较突出的是包头稀土粗精矿，由于用羟肟酸作捕收剂，首次获得了高质量的稀土精矿，稀土品位超过60%、回收率在70%以上。

昆明冶金研究院对选矿用苯并三唑进行合成及扩大试验，用于氧化铜矿石的浮选，取得了良好结果。

国外近年来对于硫化矿络合捕收剂的研究也比较活跃。例如，用水杨醛肟分选孔雀石与菱镁矿，用顺式5-壬基-2-羟基二甲苯酮肟从石英脉石中分选硅孔雀石，用硫代巴比土酸作为抑制剂分选铜-钼矿等。

2.2.4.3 醚胺及醚酸

这类捕收剂作为氧化铁矿反浮选时，石英的捕收剂，其中包括：

$R—O(CH_2)_3NH_2$ $(R=C_8\sim C_{14})$

$R—O—(CH_2)_3NHCH_2NH_2$ $(R=C_8\sim C_{14})$

$R—O(CH_2)_3NHCH_2COOH$ $(R=C_8\sim C_{14})$

$R—O(CH_2)_3NH(CH_2)_3NHCH_2COOH$ $(R=C_8\sim C_{14})$

近年来，又提出了通式为 $RNH(CH_2)_4NH_2$ 的胺类捕收剂，可用来浮选白钨矿。

另一种醚胺的衍生物：

$$C_{10}H_{21}-O-CH_2CH_2CH_2-\underset{\displaystyle H}{\underset{|}{N}}-CH_2COONa$$

用于浮选铅、铜、铀及稀土矿。

2.2.4.4 炔类捕收剂

这类捕收剂不含氮也不含硫，是以高度不饱和的炔基为主体的碳氢化合物。起初是用含炔基的缩醛类或醇醚类，随后又发展成丙炔醇和叔十二烷基硫-1-丁烯-3-炔。它们可作为硫化矿的捕收剂。

$$CH_3-C\equiv C-CH\begin{matrix}\diagup OC_4H_9\\ \diagdown OC_4H_9\end{matrix}$$

$$HC\equiv C-CH_2-CH\begin{matrix}\diagup OC_4H_9\\ \diagdown OC_4H_9\end{matrix}$$

$$CH\equiv C-CH_2-CH_2-OC_4H_9$$

$$C_6H_5-CH_2-\underset{\displaystyle OH}{\underset{|}{CH}}-C\equiv CH$$

$$HC\equiv C-CH_2OH$$

$$(CH_3)_3C—(CH_2)_8S—CH=CH—C\equiv CH$$

另外，选矿药剂的混合使用也是浮选药剂发展的有效途径。有学者提出“混合用药及其协同效应”的观点，并通过了大量的试验加以证明。例如，硫氮腈酯与2号油按一定比例混合，其选矿指标并不低于单独使用硫氮腈酯，从而可以降低选矿成本。铅锌矿在浮铅循环中将柴油与黄药混用，获得优于单独使用乙黄药或丁钠黑药的指标，铅精矿品位与回收率都有不同程度的提高。将塔尔油与亚磺酸铵混合作为捕收剂，在矿石充分解离与软化水的条件下，对铁矿石表现出较强的捕收能力与较好的选择性。在国外，混合用药的研究已获得较好效果，并取得许多专利。据文献报道，两种不同的浮选药剂按一定比例混合时，有时会在回收率曲线上出现一个高峰值，比单独使用任一种药剂的效果都好。

2.3 起泡剂

起泡剂是浮游选矿过程中必不可少的药剂。为了使有用矿物有效地富集在空气与水的界面上，必须利用起泡剂造成大量的界面，产生大量泡沫。

起泡剂分子的结构，与捕收剂有共同之处，多数是由极性基和非极性基组成的表面活性物质。其中部分为非离子型的，少数是离子型的，在气-水界面吸附能力大（起泡剂在矿物表面最好不发生吸附），多数能使水表面张力大大降低，增大空气在矿浆的弥散，改变气泡在矿浆中的大小和运动状态，减少向矿浆中充气搅拌的动力消耗，并在矿浆面上形成浮选需要的泡沫层。

在浮选过程中，产生气泡的大小要适当，不应过大也不能过小，当被浮矿粒越大，有用矿物密度越大，气泡也应该增大；泡沫的强度也应适宜，不能太强也不能过弱。加入起泡剂，能够防止气泡的兼并，也能够适当地延长气泡在矿浆表面的存在时间。

起泡剂一般是异极性的表面活性物质。在其分子中含有极性基，如羟基—OH、胺基—NH_2、羧基—〔$\overset{O}{\overset{\|}{C}}$—OH〕、羰基$>$C=O等。在分子的另一端是非极性基。由于起泡剂分子中结构的不对称性，在有起泡剂的矿浆中充入大量空气后，起泡剂分子会优先地吸附在气、水界面上（图2-5）。疏水的非极性基力图离开水中移至水面，而亲水的极性基部分，则力图进入水中。这两种趋势的大小，取决于分子极性基（如亲水的羟基—OH）与非极性基（如疏水的烃基R—）强弱的对比。如非极性基的成分大，则分子移至水面的趋势大于进入水中的趋势，因而减少了增加单位表面所需做的功，从而降低了水的表面张力。物质在表面层自发地富集现象，叫吸附现象。由于起泡剂分子在水气界面上这种取向吸附作用，降低了水气界面的表面张力，使水中弥散气泡变得坚韧与稳定。形成了两相（气、水两相）稳定泡沫。在矿浆中形成的气泡的表面附有大量疏水矿粒。这种附有矿粒的气泡，称为三相泡沫。在三相泡沫中，矿粒成为气泡兼并的障碍物，同时又能阻止气泡间水层的流动，避免气泡的直接接触。故三相泡沫的稳定性，较未矿化的两相泡沫要高些。

2.3.1 起泡剂的选择及常用起泡剂的性能

2.3.1.1 起泡剂的结构

起泡剂应有的共同结构特性是：

（1）起泡剂应是异极性的有机物质，极性基亲水，非极性基亲气，起泡剂分子在空气与水的界面上产生定向排列。

（2）大部分起泡剂是表面活性物质，能够强烈地降低水的表面张力。同一系列的有机表面活性剂，其表面活性按“三分之一”的规律递增，此即所谓“特劳贝定则”。

（3）起泡剂应有适当的溶解度。起泡剂的溶解度，对起泡剂性能及形成气泡的特性有很大的影响，如溶解度很高，则耗药量大，或迅速发生大量泡沫，但不能耐久；当溶解度过低时来不及溶解，随泡沫流失，或起泡速度缓慢，延续时间较长，难以控制。起泡剂的溶解度见表 2-7。

表 2-7　起泡剂的溶解度

起泡剂	溶解度/$g \cdot L^{-1}$
正戊醇	21.9
异戊醇	26.9
正己醇	6.24
甲基异戊醇	17.0
正庚醇	1.81
庚醇	4.5
正壬醇	0.586
壬醇	1.28
松油	2.5
a-萜烯醇	1.98
樟脑醇	0.74
甲酚酸	1.66
1,1,3-三氧丁烷	约 8
聚丙烯乙二醇	全溶

2.3.1.2　对起泡剂的要求

具有起泡性质的物质很多，如醇类、酚类、酮类、醛类、醚类及酯类等。作为浮选用的起泡剂，对其还有以下一些具体要求：

（1）用量较低时，能形成量多、分布均匀、大小合适、韧性适当和黏度不大的气泡。

（2）应有良好的流动性、适当的水溶性，无毒，无臭，无腐蚀性，便于使用。

（3）无捕收性，对矿浆 pH 值变化和矿浆中的各种组分有较好的适应性。

2.3.2　起泡剂及起泡剂的作用机理

2.3.2.1　起泡剂

A　松油

松油是浮选实践中应用得比较广泛的一种起泡剂。它是由松树的根、枝茎干馏或蒸馏所得，其主要成分为 a-萜烯醇 $C_{10}H_{17}OH$。

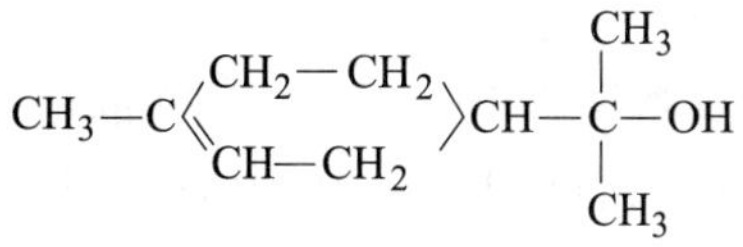

$$CH_3-C\begin{matrix}\diagup CH_2-CH_2 \diagdown \\ \diagdown\!\!\!\diagdown CH-CH_2 \diagup\end{matrix}CH-\overset{\displaystyle CH_3}{\overset{|}{\underset{|}{\underset{\displaystyle CH_3}{C}}}}-OH$$

松油为黄色油状液体，密度为 0.9~0.95g/cm³，起泡性能强，一般无捕收能力，用量为 10~60g/t。

松油有较强的起泡能力，因含有一些杂质，具有一定的捕收能力，如可以单独使用松油浮选辉钼矿、石墨和煤等。

由于松油黏性较大，选择性差及来源有限，所以它逐渐被人工合成的起泡剂所代替。

B　松醇油

松醇油是我国应用最广泛的一种起泡剂。其含量比松油稳定。是以松节油为原料，硫酸作催化剂，酒精或平平加为乳化剂的条件下，发生水解反应制得的。它的组成和松油相似，其主要成分也是 a-萜烯醇。其萜烯醇含量为 50%左右，尚有萜二醇、烃类化合物及杂质。

松醇油为淡黄色油状液体，颜色比松油淡，密度为 0.9~0.91g/cm³，可燃、微溶于水。在空气中可氧化，氧化后，黏度增加。

松醇油起泡性较强。能生成大小均匀、黏度中等和稳定性合适的气泡。使用时可以直接滴加。

C　樟油

用樟树的枝叶或根干馏可得到粗樟油，经过 170~220℃，200~270℃，大于 270℃分馏可分别得到白油、红油、蓝油。

白油可代替松油。精矿质量要求较高和优先浮选时，可用白油代替松油，其选择性较松油好。红油生成的泡沫较黏。蓝油既有起泡性又有捕收性，多用于选煤或同其他类起泡剂配合使用。

D　甲酚酸

甲酚酸是炼焦工业的副产品，是含酚（C_6H_5OH）、甲酚（$CH_3C_6H_4OH$）及二甲酚$(CH_3)_2C_6H_3OH$等的混合物。酚易溶于水，但无起泡性。甲酚的三种异构体（邻甲酚、间甲酚和对甲酚）中，间甲酚的起泡性最好。二甲酚能形成稳定的泡沫，但难溶于水。

甲酚酸的起泡能力较松油弱，生成的泡沫较脆，选择性较好，适合于多金属硫化矿物的优先浮选。价格较贵，且有毒、易燃。

E　重吡啶

重吡啶，也是炼焦工业的副产品，是煤焦油中分离出来的碱性有机混合物，密度稍大于 1g/cm³，是一种褐色的油状液体。其主要成分为吡啶、喹啉、芳香胺等。

由油母页岩或煤干馏制得的粗吡啶，通常称为重吡啶，其中吡啶的含量不少于 80%。

重吡啶有一种特殊的臭味，易溶于水，和烃类油等组成复杂混合物。具有起泡性，也有一定的捕收能力。可代替松油和甲酚使用。

F　脂肪醇类

由于醇类的化学活性（除硫醇外）远不如羧酸类活泼，故它不具捕收性而只有起泡性。在直链醇同系物中相比，碳原子数目为 5、6、7、8 的醇，其起泡能力最大；随着碳原子数目的增加，其起泡能力又逐渐降低。因此，用作起泡剂的脂肪醇类，其碳原子数目都在此范围内。相对分子质量相同的醇类，直链醇常较其他异构体起泡能力强。

（1）杂醇油。酒精厂分馏酒精后残液杂醇油，经过碱性催化缩合成高级混合醇。硫化铅锌和多金属硫化矿浮选时，它可代替松油，具有良好的选择性。

（2）高醇油（$C_6 \sim C_8$醇）。其原料来源有二：一种是电石工业，以乙炔为原料生产丁、辛醇时的$C_4 \sim C_8$醇的馏分；另一种是石油工业副产品的混合烯烃经过“羰基合成”制成的。

高醇油为淡蓝色液体，密度为0.83g/cm^3，可代替松醇油，用于有色金属硫化矿浮选，其用量较松醇油低。

（3）甲基戊醇（甲基异丁基甲醇MIBC）。其结构式为：

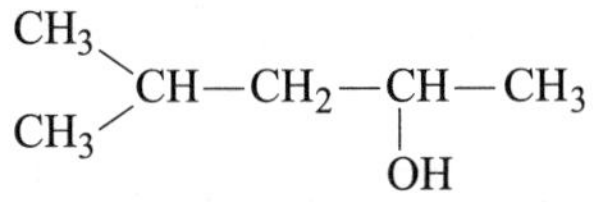

$$\begin{array}{l} CH_3\diagdown \\ \quad\quad CH-CH_2-\underset{\displaystyle OH}{\underset{|}{C}H}-CH_3 \\ CH_3\diagup \end{array}$$

纯品为无色液体，可用丙酮为原料合成制得。它是目前国内外广泛应用的起泡剂，泡沫性能好，对提高精矿量有利。

用丙酮合成时，第一步反应生成的二酮醇，结构式为：

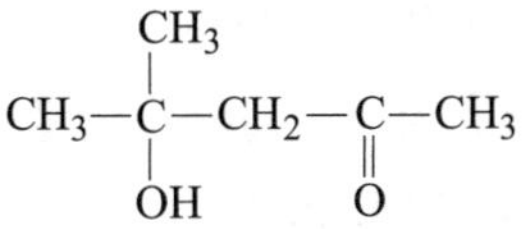

$$CH_3-\underset{\displaystyle OH}{\underset{|}{\overset{\displaystyle CH_3}{\overset{|}{C}}}}-CH_2-\underset{\displaystyle O}{\underset{\|}{C}}-CH_3$$

它是所谓“非表面活性型起泡剂”，虽不能形成大量两相泡沫，但能与黄药类捕收剂吸附于矿物表面形成三相泡沫。

G　醚醇油（聚丙二醇烷基醚）

醚醇油，其结构式为：

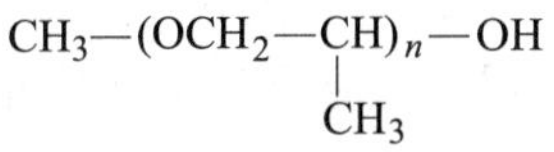

$$CH_3-(OCH_2-\underset{\displaystyle CH_3}{\underset{|}{C}H})_n-OH \qquad n=1,2,3,\cdots$$

醚醇油类起泡剂的水溶性好，能形成大量适宜于浮选的小气泡，生成的泡沫不黏，消泡快，不会形成“跑槽”现象。

这类起泡剂的起泡能力随分子式中n值的增加而加大。烃链增长使起泡能力增大，但过长时会产生消泡现象。其用量较松油、松醇油少。醚醇类起泡剂的原料来自石油工业副产品，又便于使用，因而，可用它代替松醇油。

H　脂肪酸乙酯（$RCOOC_2H_5$）

脂肪酸乙酯，是含$C_4 \sim C_5$和$C_4 \sim C_8$的烷基脂肪酸和乙醇在硫酸作用下得到的产物，微溶于水，溶于醇、醚。它的泡沫稳定，黏性低于松醇油。铅锌硫化矿和铜钴黄铁矿选厂的工业试验结果表明，其浮选性质比松醇油好，用量为10~15g/t。

I　丁醚油（1,1,3-三乙氧丁烷，TEB）

其结构式为：

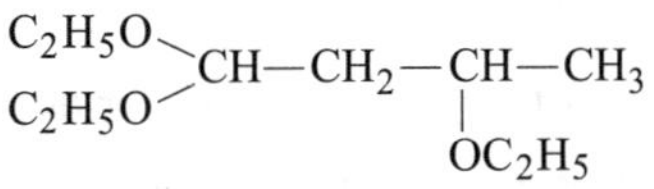

$$\begin{array}{l} C_2H_5O\diagdown \\ \quad\quad\quad CH-CH_2-\underset{\displaystyle OC_2H_5}{\underset{|}{C}H}-CH_3 \\ C_2H_5O\diagup \end{array}$$

它的纯品为无色透明油状液体，工业品由于含有杂质呈棕黄色。丁醚油起泡能力强，泡沫脆易于破灭。丁醚油易水解，可减轻对水质的污染。其缺点是，虽然用量很低，但产生泡沫量太大，精选时不易控制。它可单独使用，也可和其他起泡剂配合使用。

J 硫酸酯和磺酸盐

一些烷基芳基磺酸盐、烷基磺酸盐、烷基硫酸盐是典型的表面活性剂。如十六烷基硫酸钠、十二烷基磺酸钠等。一般而言，烃链含碳 12 个以上的多用作捕收剂；含碳 8~12 个的才用作起泡剂。

这类药剂的磺酸基或硫酸基有润湿、洗涤作用，有强的起泡能力，也有弱的捕收能力。

用煤油制成的十五烷基磺酸钠，易溶于水，无毒，无臭，可以代替松醇油，其缺点是对脉石矿物有一定捕收能力，选择性差。

K 730 系列起泡剂

730 系列起泡剂，其主要成分有 2,2,4-三甲基 3-环己烯-1-甲醇、1,3,3-三甲基双环［2,2,1］庚-2-醇、樟脑、C_6~C_8醇和醚酮等。产品为淡黄色油状液体，密度（20℃）为 0.90~0.94g/cm^3，微溶于水，与多种有机溶剂互溶。毒性、用量低于 2 号油，指标优于 2 号油。

2.3.2.2 起泡过程及起泡剂的作用机理

泡沫是浮选的重要组成部分，泡沫浮选就是由矿物、溶液和泡沫三部分组成的。泡沫可分为：

（1）两相泡沫，由气、液两相组成，如常见的皂泡等。

（2）三相泡沫，由气、液、固三相组成，如固相为矿物，加的就是浮选矿化泡沫。

过去用两相泡沫理论推广到三相泡沫，认为起泡剂就是在液-气界面起活性作用，凡能产生大量泡沫的条件就有利于浮选。但对浮选三相泡沫的研究证明，矿粒对泡沫起很大影响，有的非表面活性物，由于它影响矿粒向气泡附着，却是三相泡沫的良好起泡剂。因此，浮选用的起泡剂与其他两相泡沫的起泡剂不完全相同。浮选起泡剂分类见表 2-8。

表 2-8 浮选起泡剂分类

类别	溶液特性	在浮选用量范围内对液-气界面的交互作用	形成泡沫
表面活性剂	分子溶液（醇）	降低表面张力	两相泡沫及三相泡沫
	胶体溶液（脂肪酸、胺类）	引起表面张力的巨大变化	两相泡沫及三相泡沫
非表面活性剂	分子溶液（双丙酮醇、缩醛）	对表面张力无影响	只形成三相泡沫
	无机电解质	增加溶液表面张力	两相泡沫很差，但对疏水性矿物形成很好的三相泡沫

A 泡沫的稳定和破灭

气泡汇集到液面成为泡沫，该泡沫是不稳定系统，一般会逐渐兼并破灭。

a 泡沫破灭

首先是气泡间水层变薄，小气泡兼并成大气泡，这是自发的过程。气泡在静水中上升时，静水压力逐渐减少，气泡不断增大。上升至液面时，气泡上层的水受到上浮气泡的挤压及水本身的重力作用，不断向下渗流，泡壁逐渐变薄而破裂。在水中运动的气泡，还会因碰撞而兼并。

其次是由于气泡水膜的蒸发，当气泡上升至空气层界面时，由于水分子的蒸发使水膜变薄而导致泡沫的破灭。

第三是许多气泡间形成三角形地区的抽吸力，如图 2-5（a）所示。许多气泡靠近时，会排列成规则的形状，在气泡间形成三角形地带。在气泡内部对气泡有拉力，即毛细压力 $p=2\gamma/R$（γ 为表面张力，R 为气泡曲率半径）。在三角形地带，因曲率半径小，故 p_1 大；在气泡相邻界面，曲率半径大，故 p_2 小，于是在三角形地区形成负压，从而产生抽吸力，促使气泡水膜薄化终于合并。

b 泡沫的稳定

两相泡沫的稳定，主要靠表面活性起泡剂的作用，如图 2-5（b）所示。由于表面活性起泡剂吸附于气泡表面，起泡剂分子的极性端朝外，对水偶极有引力，使水膜稳定而不易流失。有些离子型表面活性起泡剂，带有电荷，于是各个气泡因为同名电荷而相互排斥阻止兼并，增加了稳定性。

矿粒的存在，形成三相泡沫，如图 2-5（c）所示。三相泡沫比较稳定，这是由于：

（1）矿粒附着于气泡表面，成为防止气泡兼并及阻止水膜流失的障碍；

（2）矿粒表面吸附的捕收剂与起泡剂分子相互作用，它们在气泡表面像编织成的篱笆一样，因而增加了气泡壁的机械强度。

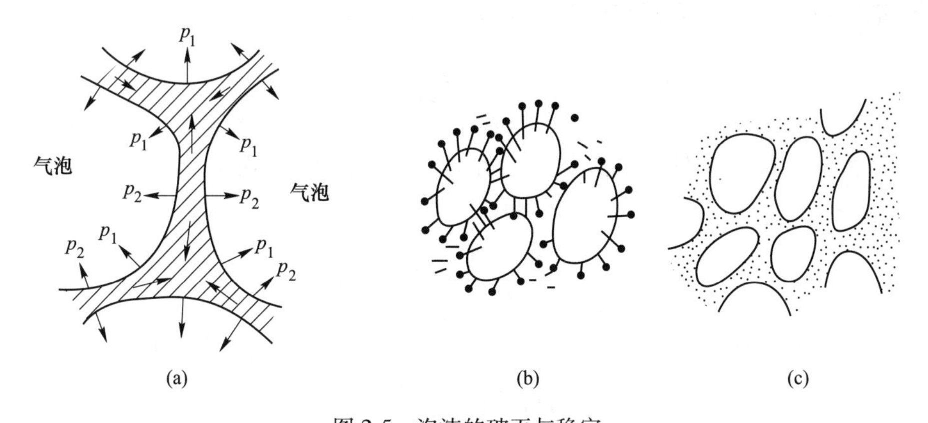

图 2-5 泡沫的破灭与稳定

（a）泡沫的破灭；（b）两相泡沫的稳定；（c）三相泡沫的稳定、矿粒的作用

在浮选泡沫中，凡矿粒的疏水性越强，捕收剂相互作用越强，矿粒越细（表面能大），矿泥罩盖于气泡表面越密，则泡沫越稳定。

浮选时，泡沫的稳定性要适当，不稳定易破灭的泡沫易使矿粒脱落，影响回收率；过分稳定的泡沫会使泡沫的运输及产品浓缩发生困难。泡沫量也要适当，泡沫量不足则矿物失去黏附机会且不易刮出；过量泡沫会引起“跑槽”。

B 起泡剂的作用

起泡剂在起泡过程中的作用如下：

（1）起泡剂分子防止气泡的兼并。各种起泡剂分子具有防止气泡兼并的作用，由强至弱顺序为：聚乙烯乙二醇醚 > 三乙氧基丁烷 > 辛醇 > $C_3 \sim C_6$ 混合醇 > 环己醇 > 甲酚。

（2）起泡剂降低气泡上升运动速度。试验测知，加入起泡剂后气泡上升速度变慢。浮选剂对气泡上升速度的影响，如以丁黄药为100%，则其他起泡剂的气泡上升速度相对百分数为：酚93.4%，甲酚90.8%，松油88.3%，环乙醇88.2%，二甲基苯二酸80.7%，庚醇76.8%，辛醇75.8%，乙醇76.2%，四丙烯乙二醇甲醚72.9%，三乙氧基丁烷72.3%。

起泡剂使气泡上升速度变慢的可能原因，是起泡剂分子在气泡表面形成“装甲层”。该层对水偶极有吸引力，同时又不如水膜那样易于随阻力变形，因而阻滞上升运动。

（3）起泡剂影响气泡的大小及分散状态。气泡粒径的大小组成，对浮选指标有直接影响，一般机械搅拌式浮选机在纯水中生成的气泡的平均直径为4~5mm。添加起泡剂后，平均直径缩小为0.8~1mm。气泡越小，浮选界面积越大，故有利于矿粒的黏附。但是，气泡要携带矿粒上浮，必须有充分的上浮力及适当的上浮速度。因此也不是气泡越小越好，而是要有适当的大小及粒度分布。

设气泡直径为Dcm，气泡表面积$A=\pi D^2$，在面积A上附有粒度为$d$cm的矿粒，矿粒在气泡表面的罩盖系数为a（以小数表示）。如不计空气质量，则附有矿粒的气泡总重（P）为：

$$P=\pi D^2 d\delta_{矿} a$$

式中 $\delta_{矿}$——矿粒密度，g/cm^3。

因气泡体积$V=\dfrac{\pi D^3}{6}$，则附有矿粒的气泡密度$\delta_{泡}$为：

$$\delta_{泡}=\frac{P}{V}=\frac{6d\delta_{矿} a}{D}$$

设矿浆密度为$\delta_{浆}$。要使附有矿粒的气泡在矿浆中上升，其密度$\delta_{泡}$应小于矿浆的密度$\delta_{浆}$，即

$$\frac{6d\delta_{矿} a}{D}<\delta_{浆}$$

因而气泡的最小直径应为：

$$D_{最小}\geqslant\frac{6d\delta_{矿} a}{\delta_{浆}}$$

例如，设矿粒粒度为50μm（$d=0.05$cm），对于方铅矿$\delta_{矿}=7.5$，假定罩盖系数$a=1$，矿浆密度$\delta_{浆}=1.2$g/cm^3，求得气泡$D\geqslant 0.187$cm。这是要求的最小气泡直径。如考虑要有上浮速度，则气泡直径还应增加。据测定，一般浮选要求的气泡上升速度为10~15cm/s。由此计算气泡直径约为2.1mm。而对5μm的矿粒，气泡直径则为1.5mm。

在实际浮选时，气泡的粒度分布，随所加起泡剂的种类而不同。为了评估起泡剂的强弱，有人建议以直径为0.2mm的气泡为“工作气泡”，凡-0.2mm气泡占整个泡沫表面积70%以上的，名为强起泡剂，占50%~70%的为中起泡剂，小于50%的为弱起泡剂。由此分类：

（1）强起泡剂。其中有聚丁烷乙醇醚、三乙氧基丁烷和四丙烯乙二醇单甲醚等。

（2）中等起泡剂。它们有乙醇、辛醇、C_4~C_6混合醇、庚醇和戊醇等。

（3）弱起泡剂。二甲基苯二甲酸、环乙醇、松油、甲酚和酚属此类。

C 起泡剂的表面活性

过去认为起泡剂必须有表面活性，这是两相泡沫常用起泡剂的基本性质。常用起泡剂对水的表面张力的影响，可分为两类：

（1）对水的表面张力影响很显著的，如萜醇、松油和浮选油。

（2）对水的表面张力影响不显著的，如甲酚、重吡啶。

从发生的泡沫体积来度量起泡能力，可分为：

（1）发泡能力较强的，如萜醇、松油、甲酚。

（2）发泡能力较弱的，如重吡啶。

可见表面张力与发泡能力两者之间并没有完全对应关系，其原因可能是，表面张力的测定是在静止平衡状态下进行的，而发泡过程是搅动、压缩、扩张及蒸发等动力过程，两者状态不同。

浮选泡沫是三相泡沫。有人对黄铁矿、闪锌矿的三相泡沫进行过试验，测定其表面张力变化与浮选回收率关系。测定结果表明，表面张力很小的变化，就会引起浮选回收率很大变化，并且各个体系各不相同。这说明两相泡沫的性质与三相泡沫有较大差别。

在浮选矿浆中，起泡剂受到矿浆 pH 值、各种难免离子，以及加入的各种捕收剂和调整剂的影响。以松油为例，松油的起泡性能与介质 pH 值及调整剂 NaCN、Na_2S 有关系。松油起泡能力随 pH 值升高而加强，可见松油在碱性介质中，表面活性较强，而 NaCN 及 Na_2S 均会使松油起泡能力降低。

D 起泡剂与捕收剂的相互作用

在浮选过程中，起泡剂与捕收剂的相互作用，对浮选有很重要的意义。有些起泡剂本身就兼有捕收性能，如烷基苯磺酸钠、甲苯酚和重吡啶等，而有些捕收剂则兼有起泡性能，如塔尔油、氧化石蜡皂等。

值得注意的是，一些本身并无起泡性能的捕收剂，却对起泡剂的起泡状态产生影响。例如，黄药本身是捕收剂，对水的表面张力很少影响，单用黄药并不会起泡。但是，黄药与醇一起使用，就比单用醇时的起泡量大得多。这种作用，高级黄药比低级黄药还要显著，说明捕收剂与起泡剂在气泡界面有联合作用。

捕收剂与起泡剂不仅在气泡表面（液-气界面）有联合作用，而且在矿物表面（固-液界面）也有联合作用。这种联合作用名为“共吸附”现象。由于气泡表面与矿粒表面都有捕收剂与起泡剂的共吸附，因而产生共吸附的界面“互相穿插”，这是矿粒向气泡附着的机理之一。

非表面活性物可作为起泡剂，是较新的概念。老概念认为起泡剂必须是液-气界面的表面活性物。试验表明，有些本身没有表面活性的药剂，如双丙酮醇，本身并不起泡，但如与捕收剂一起作用，可以造成很好的泡沫，提高精矿品位及回收率，但是它本身又不是捕收剂。双丙酮醇与黄药联合作用对黄铜矿浮选的影响：只有捕收剂（乙黄药）与起泡剂（双丙酮醇）的适当配合，发生共吸附的联合作用，才能提高回收率及精矿品位。

根据共吸附及互相穿插理论，当表面活性及非表面活性起泡剂与捕收剂有相互作用时，矿粒向气泡附着的示意图如图 2-6 所示。图中表示，非表面活性起泡剂有两个极性基，易溶于水，在液-气界面没有吸附活性，因而不会产生两相泡沫，但能吸附于矿物表面（固-液界面）。在浮选用量范围内，它并不能使矿物表面疏水化，所以不是捕收剂。然而，它们确实与捕收剂共同造成很好的矿化泡沫。因此可以认为，这类起泡剂与捕收剂在矿粒与气泡表面共吸附，并且在矿粒向气泡附着时互相穿插，形成良好的浮选泡沫。

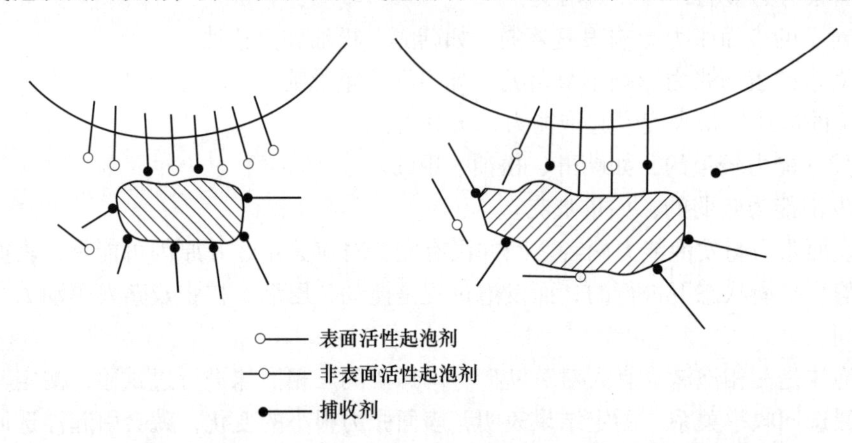

图 2-6　表面活性及非表面活性起泡剂与捕收剂共吸附及互相穿插机理

2.4 调整剂

调整剂按其在浮选过程中的作用可分为抑制剂、活化剂、介质 pH 调节剂等。

调整剂包括各种无机化合物（如盐、碱和酸）、有机化合物。同一种药剂，在不同的浮选条件下，往往起不同的作用。

2.4.1 抑制剂

抑制剂的作用是削弱捕收剂与矿物表面的作用，恶化矿物可浮性的一种药剂。它通过以下三种方式抑制矿物：（1）从溶液中消除活化离子作用；（2）消除矿物表面的活化薄膜；（3）在矿物表面形成亲水薄膜。目前，在浮选生产实践中，常用的抑制剂有以下几种。

2.4.1.1　*石灰*

石灰（CaO）是黄铁矿、磁黄铁矿、硫砷铁矿（如毒砂）等硫化矿物廉价而有效的抑制剂。在抑制黄铁矿时，石灰在矿物表面生成亲水的氢氧化铁薄膜，增加了黄铁矿表面的润湿性而引起抑制作用。石灰加水解离出 OH^-，表现出较强的碱性，有调整矿浆 pH 值的作用。石灰生成的碱性介质，还可消除矿浆中一些有害离子（如 Cu^{2+}、Fe^{3+}）的影响，使之沉淀为 $Cu(OH)_2$ 与 $Fe(OH)_3$。

石灰对起泡剂的起泡能力有影响，如松醇油类起泡剂的起泡能力，随 pH 值的升高而增大，酚类起泡剂的起泡能力，则随 pH 值的升高而降低。

石灰本身又是一种凝结剂，能使矿浆中微细颗粒凝结。因而，当石灰用量适当时，浮选泡沫可保持一定的黏度；当用量过大时，将促使微细矿粒凝结，而使泡沫黏结膨胀，影响浮选过程的正常进行。

使用脂肪酸类捕收剂时，不能用石灰来调节 pH 值（一般常用 NaOH 或 Na_2CO_3）。因为这时会生成溶解度很低的脂肪酸钙盐，消耗掉大量的脂肪酸，并且会使过程的选择性变坏。在实际应用中，石灰可调成石灰乳或以干粉添加。

2.4.1.2 氰化物

氰化物（NaCN 或 KCN）是某些硫化矿物有效的抑制剂。它在水中能解离出 CN^-。起抑制作用的主要是 CN^-，它能够沉淀和络合矿浆中的有害离子 Cu^{2+} 与 Fe^{3+}，消除这些离子对浮选的有害影响。在生产实践中，多用来抑制闪锌矿、黄铁矿等，当用量过大时，也会对黄铜矿产生抑制作用。

氰化物是强碱弱酸生成的盐，它在矿浆中水解，生成 HCN 和 CN^-。因此使用氰化物，必须保持矿浆的碱性。

氰化钾（钠）属于剧毒药品，在生产过程与尾矿废水排放过程中，稍有不慎，就会对环境卫生造成极大的危害。其价格也较贵，又会溶解矿石中伴生的贵重金属（如金、银等），给矿产资源的综合回收造成不利影响。因此，国内外对于无氰浮选的研究越来越重视。硫酸盐、亚硫酸及其盐、二氧化硫等，可以代替氰化钾（钠）抑制某些硫化矿物。

由于氰化物易溶于水，使用时配成1%~2%的水溶液加入。

2.4.1.3 重铬酸盐

重铬酸盐（$K_2Cr_2O_7$或 $Na_2Cr_2O_7$）是方铅矿有效抑制剂，对黄铁矿也有抑制作用。

重铬酸盐在酸性介质中为强氧化剂；在弱碱性矿浆中生成铬酸离子 CrO_4^{2-}，会使方铅矿表面氧化成 $PbSO_4$，及生成难溶而亲水的 $PbCrO_4$ 薄膜，从而使方铅矿受到抑制。为了促进重铬酸盐对方铅矿的抑制，矿浆需要长时间的搅拌（30min~1h）。矿浆 pH 值保持在7.4~8 为好。

在多金属硫化矿分离浮选时，重铬酸盐主要用来分离铜、铅混合精矿，抑制铅矿物，浮选铜矿物。这是铜、铅分离最常用的方法之一。

重铬酸钾对方铅矿的抑制作用很强，抑制以后难于活化。一般在生产中对方铅矿抑制以后就不再活化了。若需要再活化，就要加大量的亚硫酸钠、盐酸或硫酸亚铁等还原剂。

2.4.1.4 硫酸锌

硫酸锌（$ZnSO_4 \cdot 7H_2O$）俗称皓矾。其纯品为白色晶体，易溶于水，与碱配合使用，是闪锌矿的抑制剂。其抑制机理是：与 OH^-生成氢氧化锌的亲水胶粒，吸附在闪锌矿表面，阻碍矿物表面与捕收剂相互作用，使闪锌矿受到抑制。

硫酸锌单独使用时，其抑制效果很差，通常与氰化物、硫化钠、亚硫酸盐或硫代硫酸盐、碳酸钠等配合使用。硫酸锌与氰化钾（钠）配合使用也是闪锌矿、次生硫化铜矿物的抑制剂；与亚硫酸钠或硫代硫酸钠配合使用，也能抑制闪锌矿；与硫化钠或碳酸钠配合使用时，据报道也能有效地抑制闪锌矿。

硫酸锌和氰化物联合使用，可加强抑制效果，其抑制硫化矿的递减顺序大致为闪锌矿、黄铁矿、黄铜矿、白铁矿、斑铜矿、黝铜矿、铜蓝、辉铜矿等。

从上述顺序看出，在多金属硫化矿浮选分离时，应严格控制抑制剂用量。如用量过大，上述硫化矿都可能被抑制。

2.4.1.5 硫化钠

硫化钠（Na_2S）是大多数硫化矿物的抑制剂。其抑制作用是，硫化钠水解生成 HS^-或 S^{2-}，能够吸附在硫化矿物表面上，阻碍矿物对捕收剂阴离子吸附，从而使矿物受到抑制。

在浮选实践中，硫化钠的作用是多方面的，它可作为硫化矿的抑制剂、有色金属氧化矿的活化剂、矿浆 pH 值调整剂、硫化矿混合精矿的脱药剂等。

用硫化钠抑制方铅矿时，最适宜的 pH 值是 7~11（9.5 左右最有效）。此时 HS^- 浓度最大，HS^- 一方面排挤吸附在方铅矿表面的黄药，另一方面其本身又吸附在矿物表面，使矿物表面亲水。

硫化钠用量大时，绝大多数硫化矿都会受到抑制。硫化钠抑制硫化矿的递减顺序大致为方铅矿、闪锌矿、黄铜矿、斑铜矿、铜蓝、黄铁矿、辉铜矿等。

硫化钠常用于辉钼矿浮选，用它抑制其他硫化矿。因为辉钼矿天然可浮性很好，不受硫化钠的抑制。

在有色金属氧化矿的浮选方面，可用 Na_2S 将矿物表面硫化后，用黄药类捕收剂浮选。

氧化铜矿如孔雀石，氧化铅矿如白铅矿，经硫化反应一般认为是：

$$\underset{\text{(白铅矿)表面}}{PbCO_3]PbCO_3} + Na_2S = \underset{\text{(白铅矿)硫化表面}}{PbCO_3]PbS} + 2NaCO_3$$

硫化钠的作用和浓度、搅拌时间、矿浆 pH 值及矿浆温度等因素有密切的关系。用量过小，不足以使矿物得到充分硫化；用量过大，引起抑制作用。在需要较高的硫化钠用量时，为避免 pH 值过高，可采取用 NaHS 代替 Na_2S，或在硫化时适当添加 $FeSO_4$、H_2SO_4 或 $(NH_4)_2SO_4$。硫化时间长，矿物表面形成的硫化物薄膜厚，对浮选有利。但时间过长，Na_2S 会分解失效，强烈搅拌会造成硫化膜的脱落，因此应当尽量避免。

硫化钠用量大时，会解吸附于矿物表面的黄药类捕收剂，所以硫化钠可作为混合精矿分离前的脱药剂。如铅锌混合精矿或铜铅混合精矿分选前，往往将矿浆浓缩，加大量硫化钠脱药。然后洗涤，重新加入新鲜水调浆后，进行分离浮选。

由于硫化钠在矿浆中很易氧化，其浓度不易控制，因此采取分段添加的方法。

2.4.1.6　亚硫酸、亚硫酸盐、SO_2 气体等

这类药剂包括二氧化硫（SO_2）、亚硫酸（H_2SO_3）、亚硫酸钠（Na_2SO_3）和硫代硫酸钠（$Na_2S_2O_3 \cdot 5H_2O$）等。

二氧化硫溶于水生成亚硫酸，但二氧化硫在水中的溶解度随温度的升高而降低，18℃时，用水吸收，其中亚硫酸的浓度为 1.2%；温度升高到 30℃时，亚硫酸的浓度为 0.6%。

亚硫酸及其盐具有强还原性，故不稳定。亚硫酸可以和很多金属离子形成酸式盐（亚硫酸氢盐）或正盐（亚硫酸盐），除碱金属亚硫酸正盐易溶于水外，其他金属的正盐均微溶于水。

亚硫酸在水中分两步解离，溶液中 H_2SO_3、HSO_3^- 和 SO_3^{2-} 的浓度，取决于溶液的 pH 值。使用亚硫酸盐浮选时，矿浆 pH 值常控制在 5~7 的范围内。此时，起抑制作用的主要是 HSO_3^-。

二氧化硫及亚硫酸（盐）主要用于抑制黄铁矿、闪锌矿。用溶解有二氧化硫的石灰造成的弱酸性矿浆（pH 值为 5~7），或者使用二氧化硫与硫酸锌、硫酸亚铁、硫酸铁等联合作抑制剂。此时方铅矿、黄铁矿、闪锌矿受到抑制，而黄铜矿不但不受抑制，反而被活化。为了加强对方铅矿的抑制，可与铬酸盐或淀粉配合使用。被抑制的闪锌矿，用少量硫酸铜即可活化。

还可以用硫代硫酸钠、焦亚硫酸钠（$Na_2S_2O_3$）代替亚硫酸（盐），抑制闪锌矿和黄

铁矿。对于被铜离子强烈活化的闪锌矿，只用亚硫酸盐，其抑制效果较差。此时，如果同时添加硫酸锌，硫化钠或氰化物，则能够增强抑制效果。

亚硫酸盐在矿浆中易于氧化失效，因而，其抑制有时间性。为使过程稳定，通常采用分段添加的方法。

2.4.1.7 水玻璃

非硫化矿浮选时，广泛使用水玻璃作抑制剂，同时也常用它作矿泥分散剂。

水玻璃的化学组成通常以 $Na_2O \cdot mSiO_2$ 表示，是各种硅酸钠（如偏硅酸钠 Na_2SiO_3，二硅酸钠 $Na_2Si_2O_5$，原硅酸钠 Na_4SiO_4，经过水合作用的 SiO_2 胶粒等）的混合物，成分常不固定。m 为硅酸钠的"模数"(或称硅钠比)，不同用途的水玻璃，其模数相差很大。模数低，碱性强，抑制作用较弱；模数高（例如大于 3 时）不易溶解，分散不好。浮选的水玻璃模数是 2.0~3.0。纯的水玻璃为白色晶体，工业用水玻璃为暗灰色的结块，加水呈糊状。

水玻璃是石英、硅酸盐、铝硅酸盐类矿物的抑制剂。

水玻璃在水中水解，如模数为 1 时，解离后水溶液中除含有单体的硅酸离子外，还有聚硅酸离子和胶状的硅酸粒子胶粒。水玻璃的模数大于 2 时，主要呈单体硅酸离子存在，在组成为 $NaO \cdot 3SiO_2$ 的水玻璃溶液中，当溶液 pH 值小于 8 时，未解离的硅酸占优势，pH 值等于 10 时，主要是 $HSiO_3^-$ 离子，pH 值大于 13 以后，主要是 SiO_3^{2-} 占优势。

水玻璃与酸作用析出硅酸，硅酸在水溶液中溶解度很小，产生的硅酸，经过一定时间后发生絮凝作用。因此，水玻璃水溶液在空气中不能放置过久，否则受空气中二氧化碳作用，析出硅酸，其抑制作用降低。

水玻璃在水溶液中的性质随 pH 值、模数、金属离子以及温度而变。如在酸性介质中能够抑制磷灰石，而在碱性介质中，磷灰石几乎不受其抑制。

添加少量水玻璃，有时可提高某些矿物（如萤石、赤铁矿等）的浮选活性，同时又可强烈地抑制某些矿物的浮选（如方解石等）。水玻璃的用量增加，这种选择性降低。

实践中，为了提高水玻璃的选择性，可采取下列措施：

（1）水玻璃与金属盐(如 $Al_2(SO_4)_3$、$MgSO_4$、$FeSO_4$、$ZnSO_4$ 等)配合使用。如单加水玻璃，萤石和磷灰石的浮选回收率分别为 97.8%和 95.5%。当水玻璃与 $FeSO_4$ 配合使用时，萤石的回收率为 95.5%。而磷灰石的回收率则下降到 57.3%，说明在此条件下抑制作用有选择性。

（2）水玻璃与碳酸钠配合使用。如抑制石英浮磷灰石用此法。

（3）矿浆加温。用于白钨矿、方解石和萤石的浮选分离。用油酸和其他羧酸类捕收剂浮选得到混合精矿经浓缩后加温到 60~80℃，加入水玻璃搅拌，然后浮选，结果方解石受到抑制，白钨矿仍可浮。

水玻璃对矿泥有分散作用，添加水玻璃可以减弱矿泥对浮选的有害影响，但用量不宜过大。

由于水玻璃用途不同，所以其用量范围变化很大，从 0.2kg/t 到 15kg/t，通常用量为 0.2~2.0kg/t，配成 5%~10%溶液添加。

2.4.1.8 磷酸盐

用于浮选调整剂的磷酸盐有磷酸三钠、磷酸钾（钠）、焦磷酸钠和偏磷酸钠等。

（1）磷酸三钠（$Na_3PO_4 \cdot 12H_2O$）。多金属硫化矿分选时，可用磷酸三钠来抑制方铅矿，如用硫酸铜活化闪锌矿，用磷酸三钠抑制方铅矿，进行锌精矿脱铅。

（2）磷酸钾（钠）（$K_3PO_4 \cdot 12H_2O$）。硫化铜矿物和硫化铁矿物（黄铁矿、磁黄铁矿）分离时，可在石灰介质中，用磷酸钾（钠）加强对硫化铁矿物的抑制作用。

（3）焦磷酸钠（$Na_4P_2O_7$）。浮选氧化铅矿时用焦磷酸钠来抑制方解石、磷灰石、重晶石。浮选含重晶石的复杂硫化矿时，用其抑制重晶石，并消除硅酸盐类脉石的影响。

（4）偏磷酸钠（$(NaPO_3)_n$）。常用的是六偏磷酸钠（$(NaPO_3)_6$）。它能够和 Ca^{2+}、Mg^{2+} 及其多价金属离子生成络合物（如 $NaCaP_6O_{13}$ 等），从而使得含这些离子的矿物得到抑制。此外，它能分散矿泥，消除 Ca^{2+}、Mg^{2+} 的影响。

硫化矿物浮选时，加入六偏磷酸钠，有助于加强辅助捕收剂烃油的作用。

用油酸浮选锡石时，用六偏磷酸钠抑制含钙、铁的矿物。

钾盐浮选时，六偏磷酸钠可以防止难溶的钙盐从饱和溶液中析出。

2.4.1.9　含氟化合物

浮选中使用的氟化物有氢氟酸、氟化钠、氟化铵及硅氟酸钠等。

（1）氢氟酸（HF）。它是吸湿性很强的无色液体，在空气中能发烟，其蒸气具有强烈的腐蚀性和毒性。氢氟酸是硅酸盐类矿物的抑制剂，是含铬、铌矿物的活化剂，也可抑制铯榴石。

（2）氟化钠（NaF）。它能溶于水，水溶液呈碱性。用阳离子捕收剂浮选长石时，氟化钠可作为长石的活化剂，是石英和硅酸盐类矿物的抑制剂。

（3）硅氟酸钠（Na_2SiF_6）。它是白色结晶，微溶于水，与强碱作用分解为硅酸和氟化钠，若碱过量则生成硅酸盐。常用来抑制石英、长石、蛇纹石、电气石等硅酸盐类矿物。在硫化矿物浮选中，硅氟酸钠能活化被氧化钙抑制过的黄铁矿。它还可作为磷灰石的抑制剂。

2.4.1.10　有机抑制剂

A　淀粉

植物中谷类含淀粉较多，例如，大米中含淀粉 62%～82%。淀粉是一种由葡萄糖单元构成的高分子聚合物，分子式可简化为（$(C_6H_{10}O_5)_n$）。

淀粉分子有两种不同的结构：一种是含有直链的链淀粉，另一种是含支链的胶淀粉。淀粉颗粒中后者占 75%左右，前者占 25%左右。链淀粉能溶于热水，胶淀粉不溶于水，但能在水中膨润。

由于原料不同，淀粉的性能亦有所不同。

用阳离子捕收剂浮选石英时，用淀粉抑制赤铁矿；铜钼精矿分离时，用淀粉抑制辉钼矿，它还可作为细粒赤铁矿的选择性絮凝剂。

糊精。淀粉加热到 200℃时，会分解成为较小的分子，这就是糊精。它是一种胶状物质，可溶于冷水，主要用作石英、滑石、绢云母等的抑制剂。

B　纤维素的衍生物

一般的纤维素是不溶于水的，但是纤维素经化学处理后可以变成为水溶性的衍生物，如羟乙基纤维素、羧甲基纤维素。在浮选中用它们作抑制剂。

羟乙基纤维素（3号纤维素 $C_5H_5O_2(OH)_2 \cdot CH_2OCH_2CH_2OH$）。纤维素用环氧乙烷处理，可制得羟乙纤维素。用阳离子捕收剂浮选石英时，羟乙纤维素可作为赤铁矿的选择性絮凝剂，它也是含钙、镁碱性脉石的选择性抑制剂。工业品的羟乙基纤维素有两种：一种溶于氢氧化钠溶液，不溶于水；另一种为水溶性的。

羧甲基纤维素（1号纤维素 CMC，$[C_6H_7O_2(OH)_2OCH_2COOH]_n$）。它是一种应用较广的水溶性纤维素，由于所用原料不同，所得的产品性能有所差别。

用芦苇作原料制得的羧甲基纤维素，用于硫化镍矿浮选，作为含钙、镁矿物抑制剂。

用稻草作原料制得的羧甲基纤维素，可抑制磁铁矿、赤铁矿、方解石以及被 Ca^{2+}、Fe^{3+}活化了的石英、钠辉石等硅酸盐类矿物。

C 单宁

单宁，又称植物鞣质。单宁是从植物中提取的高分子量的无定形物质。在多数情况下它们呈胶态物，可溶于水。粗制单宁，国内称为栲胶，如落叶松树皮栲胶和五倍子栲胶等。

单宁是多种成分的混合物，常用其来抑制含钙、镁的矿物，如方解石、白云石等。

各种单宁的成分差别很大，但组成单宁的基本结构单元，都是各种多烃基酚类，通过各种方式彼此连结成较大的分子，相对分子质量一般在600~2000范围内。除天然单宁外，还有所谓人工合成的单宁。通常是用苯酚或多环的萘、菲等经过磺化、氯化等缩合而成。例如，磺化粗菲和甲醛的缩合物，或磺化苯酚与甲醛的缩合物。这些产品都是固体，胶磷矿浮选时，它们作为脉石矿物白云石、方解石、石英等的抑制剂。它们的结构与天然单宁不相似，只是浮选用途和性质相近。

D 腐植酸钠（铵）

腐植酸是一种高分子量的聚电解质化合物。作为浮选抑制剂的是褐煤用氢氧化钠处理后得到的腐植酸钠溶液。

在含褐铁矿、赤铁矿、碳酸铁的铁矿石反浮选时，用石灰、氢氧化钠和粗硫酸盐皂等药剂浮选石英，此时用腐植酸钠抑制铁矿物。

E 木质素类

它们是存在于木材、芦苇等天然植物中的高分子量的聚合物。木质素经过磺化、硫化、氯化、碱处理等加工，可以得到水溶液的磺化木素、氯化木素等产品。

木质素抑制剂的主要用途是抑制硅酸盐矿物、稀土矿物。木质素磺酸盐可作为铁矿物的抑制剂。浮选钾盐矿时，它可作为脱泥剂，脱除不溶解的矿泥。

2.4.2 活化剂

活化剂是用来提高被抑制矿物的浮游活性。活化剂一般通过以下方式使矿物得到活化：（1）在矿物表面形成难溶的活化薄膜；（2）在矿物表面吸附活化离子；（3）清洗矿物表面的抑制性亲水薄膜；（4）消除矿浆中有害离子的影响。

按活化剂的化学性质，可分为以下几类：

（1）各种金属离子。用黄药类捕收剂时，能与黄原酸形成难溶性盐的金属阳离子，如 Cu^{2+}、Ag^{+}、Pb^{2+}等。使用的药剂如硫酸铜、硝酸银、硝酸铅等。

用脂肪酸类捕收剂时，能与羧酸形成难溶性盐的碱土金属阳离子，如 Ca^{2+}、Ba^{2+} 等。氯化钙、氧化钙、氯化钡等可作为活化剂使用。

（2）无机酸、碱。它们主要用于清洗欲浮矿物表面的氧化物污染膜或黏附的矿泥。如盐酸、硫酸、氢氟酸、氢氧化钠等。

某些硅酸盐矿物，其所含金属阳离子被硅酸骨架所包围，使用酸或碱将矿物表面溶蚀，可以暴露出金属离子，增强矿物表面与捕收剂作用的活性。此时，多采用溶蚀性较强的氢氟酸。

（3）有机活化剂。这是一类比较新的活化剂，择要介绍如下。

聚乙烯二醇或醚，可作脉石矿物的活化剂，如在多金属硫化矿物浮选时，将其与起泡剂一起添加，可选出大量脉石，然后再进行铜铅锌的混合浮选。

工业草酸（HOOC—COOH），用于活化被石灰抑制的黄铁矿和磁黄铁矿。

乙二胺磷酸盐，其结构式如下：

$$\begin{array}{l}CH_2-NH_3 \\ | \qquad\qquad\quad \rangle HPO_4 \\ CH_2-NH_3\end{array}$$

是氧化铜矿的活化剂，对结合氧化铜和游离氧化铜都有良好的活化作用，能改善泡沫状况，降低硫化钠和丁黄药用量。

2,5-二硫酚-1,3,4-硫代二唑（2,5-Dimercapto-1,3,4-thiodiazole 或 DMTDA）简称 D_2。浮选活化剂 D_2 为外观橘红色到暗紫色的液体。密度为 $1.35g/cm^3$，pH 值大于 13。能与水混溶，使用时可不经稀释直接滴加。用 D_2 作活化剂，黄药作捕收剂，可浮选氧化铜矿石。能明显提高氧化铜矿石的浮选速率，可改善产品质量，提高金属回收率。活化剂 D_2 用量 0.5~2.5kg/t 矿石，一般为 0.5~1.5kg/t 矿石。

在生产实践中，例如，闪锌矿在优先浮选中受到抑制作用，在下一步要浮选闪锌矿时，通常用硫酸铜来活化它。此时，在闪锌矿表面形成了硫化铜薄膜，硫化铜矿物易于与黄药作用，生成疏水性表面使闪锌矿又能够附着于气泡上。从而使闪锌矿活化。硫酸铜也是黄铁矿、毒砂的活化剂。在浮选有色金属氧化矿（如白铅矿、孔雀石等）时硫化钠是常用的活化剂。因为硫化钠与这些氧化矿物的表面作用后，产生硫化物，使黄药类捕收剂能与这种硫化物表面作用，从而使这些氧化矿物浮起。

2.4.3 介质 pH 值调整剂

介质调整剂主要是用来调整矿浆的性质，造成有利于浮选分离的介质条件，改善矿物表面状况和矿浆离子组成。其主要作用是调整矿浆的酸碱度（即 pH 值）。

矿浆的酸碱度的调节：浮选时，矿浆中的氢离子浓度对浮选影响很大。它影响矿物表面的润湿性、捕收剂分子的解离度及其在矿物表面上的吸附、许多浮选药剂的稳定性及其效果、气泡的稳定性等。因此，调节矿浆中的离子浓度对提高浮选过程的选择性非常重要。

提高矿浆的碱度常用石灰或碳酸盐，有时用苛性钠或硫化钠。提高矿浆的酸度，常用硫酸，其次如盐酸、硝酸、磷酸等。

向矿浆中通入 CO_2 或 SO_2 等废气来调整矿浆的 pH 值和强化浮选过程，也得到较好的效果。实质上，就是碳酸与硫酸的作用。这不仅节省了硫酸等化工原料，还减少了有害气体对大气的污染。

由于石灰对方铅矿有抑制作用，浮选方铅矿时，多采用碳酸钠来调节矿浆的 pH 值。

用脂肪酸类捕收剂浮选非硫化矿时，常用碳酸钠调节矿浆 pH 值，因为碳酸钠能消除 Ca^{2+}、Mg^{2+} 等的有害作用，同时还可以减轻矿泥对浮选的不良影响。

碳酸钠还被用作黄铁矿的活化剂。

2.5 絮凝剂及其他类药剂

2.5.1 絮凝剂

促使矿浆中细粒联合变成较大团粒的药剂称为絮凝剂。近年来，选择性絮凝——浮选法作为处理细粒物料的浮选技术，受到了国内外的普遍重视。其实质是，微粒有用矿物颗粒，在絮凝剂分子中极性基的“桥联”下，发生絮凝，而不能絮凝的脉石矿物，则呈悬浮状态被分离出来，沉淀物再用浮选法加以回收。

所谓絮凝剂是一些高分子有机化合物，其分子中带有数量较多的极性基（如羟基—OH，羧基—COOH，氨基—HN_2 等），且极性基普遍分布于整个分子中；同时，其相对分子质量较大，分子较粗，在与矿物颗粒作用时，在不同条件下具有絮凝及对矿物的抑制作用。

有机絮凝剂与抑制剂的化学成分是多种多样的。其中，如淀粉、糊精、单宁、纤维素以及木质素的衍生物等。它们不能在溶液中电离，常以胶体颗粒覆盖在矿粒表面实现对某些矿物（滑石、石墨、辉铜矿、方解石）的抑制。它们对矿物抑制的选择性要比电解质抑制剂差些。

矿泥的分散与团聚：在浮选工艺中，矿泥通常指-0.01mm 不易被浮选的细粒。矿泥的来源有二，一是原生矿泥，即选矿前，矿区原有的矿泥（如页岩碎屑、滑石、高岭土、褐铁矿等都能产生矿泥）；二是次生矿泥，即由采矿场运往选矿厂的矿石经破碎、磨矿、运输、搅拌等过程新形成的矿泥。矿泥的存在常使浮选指标变坏。如回收率降低，精矿质量降低，药剂消耗量增加，浮选速度变慢以及影响沉淀过滤等脱水工艺过程。为防止上述有害后果，根据需要添加分散剂或团聚剂。分散剂吸附在矿泥颗粒表面，增加了表面亲水性及相互团聚的阻力，从而防止有用矿物和脉石细泥相互黏附，有利于提高回收率与精矿质量，改善浮选工艺过程。而当浓缩过滤时加入团聚剂，又可使矿泥团聚加快沉降速度，回收极细矿粒，防止尾矿水“跑浑”，提高回收率。常用的矿泥分散剂有水玻璃、氢氧化钠、六聚偏磷酸钠。团聚剂有石灰、明矾、硫酸等。

矿泥分散及团聚的机理是改变矿粒表面的电荷性质，当加入不同电解质后，如果使矿泥微粒表面都带有同名电荷，因为同性相斥，矿泥就分散悬浮；如果使矿粒表面的电荷中和——电荷为零，则细粒彼此失去相斥力，由于表面相互之间的自然作用而团聚下沉。

有时，这类药剂常与抑制剂或活化剂交叉，难以分清。

絮凝剂按其作用机理及药剂结构特性，可以大致分为四种类型。

2.5.1.1 高分子有机絮凝剂

目前，已经试用作为选择性絮凝剂的有聚丙烯腈的衍生物（聚丙烯酰胺，水解聚丙烯酰胺，非离子型聚丙烯酰胺等）、聚氧乙烯、羧甲基纤维素、木薯淀粉、玉米淀粉、海藻酸铵、纤维素黄药、腐植酸盐等。用选择性絮凝法处理的矿物很多，如氧化铁矿物、方铅矿、锡石、重晶石、一水铝石、硅孔雀石等。

聚丙烯酰胺（3 号凝聚剂）。它属于非离子型絮凝剂，是以丙烯腈为原料经水解聚合而成的，其代表式为：

$$\left[\begin{array}{c} CH - CH \\ \quad\ | \\ \quad\ C{=}O \\ \quad\ | \\ \quad\ NH_2 \end{array} \right]_n$$

工业产品为含聚丙烯酰胺 8%的透明胶状体，也有粉状固体产品，可溶于水，使用时配成 0.1%~0.5%的水溶液，用量为 $2 \sim 50 g/m^3$。

同类型聚丙烯酰胺，由于其聚合或水解条件不同，所以化学活性有很大差别。相对分子质量越大絮凝沉降作用越快，但选择性差，相对分子质量为 $5\times10^6 \sim 12\times10^6$。

聚丙烯酰胺的活性基为$—CONH_2$，在碱性及弱酸性介质中有非离子的特性，在强酸介质中具有弱的阳离子特性，经适当的水解，引入少量离子基团（如带—COOH 基的聚合物），可以促进其选择性絮凝作用。

使用聚丙烯酰胺时，其用量应适当，用量很少（每吨矿石用量约几克药剂）时，显示有选择性，超过一定用量，就失去了选择性，而成为无选择性的全絮凝，用量再大，将呈现保护溶胶作用而不能絮凝。

2.5.1.2 天然高分子化合物

石青粉、白胶粉、芭蕉芋淀粉等天然高分子化合物，都可以用作选择性絮凝剂。

2.5.1.3 无机凝结剂

用作凝结剂的无机物，有时称为“助沉剂”。这类药剂常用的为无机电解质，主要有：

（1）无机盐类，如硫酸铝、硫酸铁、硫酸亚铁、铝酸钠、氯化铁、氯化锌、四氯化钛等。

（2）酸类，如硫酸、盐酸等。

（3）碱类，如氢氧化钙、氧化钙等。

2.5.1.4 固体混合物

固体混合物，如高岭土、膨润土、酸性白土和活性二氧化硅。

2.5.2 其他类浮选剂

浮选过程中还有一些难以包括在上述分类之内的药剂。例如，实践中常用的脱药剂及一些起特殊作用的“反起泡剂”等。

2.5.2.1 脱药剂

实践中常用的脱药剂有：

（1）酸和碱。用来造成一定的 pH 值，使捕收剂失效或从矿物表面脱落。

（2）硫化钠。解吸矿物表面的捕收剂薄膜，脱药效果较好。

（3）活性炭。利用活性炭的巨大吸附性能，吸附矿浆中的过剩药剂，促使药剂从矿物表面解吸。使用时，应控制用量，特别是混合精矿分离之前的脱药，用量过大往往会造成分离浮选时的药量不足。

2.5.2.2 反起泡剂

由于某些捕收剂如烷基硫酸盐、丁二酸磺酸盐、烃基氨基乙磺酸等的起泡能力很强，故影响分选效果和泡沫的输送。采用有反起泡作用的高级脂肪醇或高级脂肪酸、酯、烃类，可以消除过多泡沫的有害影响。

烷基硫酸盐溶液中，以单原子脂肪醇和高级醇组成的醇类及 C_{16} ~ C_{18} 的脂肪酸的反起泡性能最好。

油酸钠溶液中，以饱和脂肪酸为最好。

烷基酰胺基磺酸盐中，以 C_{12} 以上的饱和脂肪酸及高级醇为最好。

2.6 浮选剂使用技术

在浮选实践上同时使用两种或两种以上的药剂作为捕收剂，已引起了各国广泛的兴趣与注意。就一般来说，无论在捕收剂、起泡剂、抑制剂以及絮凝剂等方面，使用不同结构的混合药剂，常常比单独使用任何一种药剂效果好。关于这方面的问题，可以从下面几个方面加以介绍。

2.6.1 不同黄药或黄药与其他药剂的混合使用

20 世纪 50 年代以来，连续出现了一系列的有关黄药、黑药油酸钠的混合使用浮选硫化矿的报道。当时，除了在铜、铅、锌矿使用外，在黄铁矿浮选上也证实了使用混合捕收剂较单独使用一种捕收剂的效果好。例如，浮选硫化铅锌矿时（含锌 12.16%），所得的最好浮选结果是用乙基、丁基及戊基黄药的混合物作捕收剂，锌的回收率是 86.7%。用乙基与丁基黄药的混合物，锌回收率是 82%。用乙基与戊基或丁基与戊基混合黄药，锌的回收率都是 84.9%。对于硫化铜矿的浮选结果（原矿含铜 0.45%），最好是用乙基、丁基及戊基黄药混合物再加上黑药，铜精矿回收率是 65.1%；如果只用乙基黄药与黑药（1∶1）的混合捕收剂，铜精矿回收率只有 36.5%。对于含有硫化铁的白云石矿来说（含硫量为 11.03%），使用多种黄药为混合捕收剂，硫的回收率超过 91%；如果单独使用一种黄药，最高的回收率也只有 53%。

这就是说，同时使用两种黄药或两种以上较单独使用一种有更好的效果。一种效力强的捕收剂，配合另一种弱的捕收剂，不但不削弱反而增强了它的作用。两种捕收剂的混合，从它的作用来看，不只是单纯的混合，而是有互相协同的作用。

为什么混合药剂较单一药剂效果好？这可以从多方面求得解释。试验证明：使用混合捕收剂的时候，矿物表面吸附的药剂层比较密致，但是其中效力较强药剂的吸附量比单独应用时的吸附量反而相应的变低；除此以外，混合捕收剂可以使矿物表面的疏水层的形成加快，颗粒的絮凝作用较大，与气泡的黏附时间也因而缩短。

目前广泛使用的粒状黄药在我国已生产应用多年，并有大量出口。其制造原理和工艺是：用黄药合成品作原料，加进模数为 3.3 的水玻璃溶液作黏结剂，与合成黄药调匀成含水 25%的物料，助剂与黄药的配比：黄药∶黏合剂∶填料∶稀释剂 = 1∶0.015∶0.01∶0.125（质量比），混合均匀即可压出外观好，硬度高的合成产品颗粒，通过减压、加热、干燥，即得粒状黄药。可减轻黄药的水解和氧化作用，延长其保值期。

2.6.2　脂肪酸类捕收剂的混合使用

在浮选工业上，从开始使用塔尔油作捕收剂，首先遇到的问题就是塔尔油中脂肪酸与松脂酸的配比关系对浮选效果的影响。由磁选及重选所得的氧化铁尾矿，用塔尔油作捕收剂，当塔尔油中松脂酸的含量大于40%时，铁回收率显著下降。松脂酸含量达到80%，浮选速度及选择性都降低。单独使用松脂酸时，效果最差。塔尔油是脂肪酸与松脂酸的自然混合物，使用不同组成的塔尔油作浮选捕收剂已经在浮选工艺实践上取得了不少成绩，从而也给予浮选药剂工作者以一种启示，即有意识地在一般动植物油脂肪酸中，人工地混合一定比例的松脂酸，在不影响浮选效果条件下达到节约脂肪酸用量，降低药剂成本的目的。

油酸或油酸钠在浮选研究及浮选实践上是一种最常见的氧化矿捕收剂，但由于油酸本身是一种很不容易精制成纯品的药剂，常说的油酸捕收剂，严格而论，都不是纯油酸而是含有相当多的（最高达25%左右）其他脂肪酸的混合物。

随着近年来对浮选理论研究工作的深入，开始注意到浮选中所使用的脂肪酸纯度问题。例如，在研究浮选低品位铀矿的时候，发现使用一种商品脂肪酸皂（主要成分为软脂酸、硬脂酸及5%左右的油酸）的效果比在此前使用的其他药剂都好。通过试验证明，浮选最好条件是用六偏磷酸钠为调整剂，十四碳脂肪酸钠或软脂酸钠为捕收剂，同时加油酸作为起泡剂。

用脂肪酸皂浮选硫化铜及氧化铜混合矿时，用油酸钠与硫化钠为浮选剂，曾获得良好效果，氧化矿与硫化矿的回收率都有提高。但是油酸钠有一个缺点，熔点较高（16℃），凝固点10℃，在冬季使用的时候乳化作用及浮选速度都低。如果在油酸皂中掺入一定比例的石油环烷酸，由于后者在-80℃时仍能保持液体状态，混合使用时就克服了单用油酸钠的上述缺点。

浮选磷矿也可以用油酸钠与油酸按1∶1比例配比为捕收剂。原矿含五氧化二磷27.20%、铁17.42%、石英6.12%，先经重选去铁，再浮选，精矿含五氧化二磷38.1%，回收率85.2%。

从物理化学方面来看，使用混合药剂改善了金属回收率的因素可能是由于几方面的原因：混合药剂的不同比例，影响了药剂的吸附；混合药剂的各种分子与矿物的作用有不同的结合方式；由于混合药剂中参与作用的分子，有着不同长度的碳链，长短相配合，从而改善了气泡和矿粒之间的黏附强度。

2.6.3　脂肪酸与矿物油的混合使用

在浮选工艺中，脂肪酸类捕收剂常常与矿物油一起混合使用，已经是常见的事实。例如：浮选磷灰石时，先用电磁选脱除磁铁矿，再用碳酸钠、油酸及1∶1油酸与柴油的混合物作浮选剂，经过一次粗选两次精选，产品中$Ca_3P_2O_8$含量达90.2%，氧化铁杂质1.04%。用干脂肪酸皂与煤油混合剂为捕收剂，水玻璃为调整剂，浮选砂质磷矿。用含88%的塔尔油与12%煤油的混合剂也可浮选磷灰石。

用油酸及煤油混合剂，氟硅酸钠为分散剂，可分离金红石与锆英石精矿。用油酸与柴油浮选萤石，或用油酸与燃料油浮选萤石。

用脂肪酸与燃料油的混合捕收剂浮选硅酸铍石-似晶石矿。原矿含氧化铍 0.49%，精矿含氧化铍 14%，回收率 82%。单独浮选含氧化铍 5%的似晶石矿时，精矿中氧化铍品位达 34%，回收率 85%。

用脂肪酸与燃料油的混合剂浮选氧化铁矿，效果比单独使用脂肪酸好。回收率 83%～93%，用一般浮选方法铁回收率只有 60%左右。药剂用量为脂肪酸 0.45～2.2kg/t，燃料油 0.45～9kg/t。为了提高铁矿矿泥浮选效率，使用一种石油产品白精油与酸渣或 30%油酸与 70%白精油的混合剂为捕收剂，在碱性介质中增加矿浆浓度，可提高回收率 28.7%，并且缩短了浮选时间。用松脂钠皂或塔尔油皂与燃料油作混合捕收剂在碱性矿浆中浮选脱泥后的氧化铁矿。油酸钠或氧化石蜡皂与煤油混合捕收赤铁矿，可以使回收率提高。

除矿物油以外，脂肪酸皂也可以与动植物油一起作为混合捕收剂。例如，用鱼油及其脂肪酸皂混合，可以作为钨矿、铀矿、萤石、重晶石及磷矿的捕收剂。

近年来在物理化学领域内，有关脂肪酸皂类与油类相互作用及影响的研究是相当多的。例如：在烷烃油与水界面间脂肪酸钠皂溶液的性能；在钠皂与矿物油系统中的润湿能力；钠皂对油类助溶作用的光谱研究；有油类存在时，钾皂胶团的膨胀现象；在饱和脂肪酸钠皂溶液中，烃类分子结构与其溶解度的影响；游离脂肪酸、过量碱及电解质对于烃类在钾皂溶液中溶解度的影响；带有示踪原子的正十八烷与硬脂酸在金属表面的共吸附作用等，对于研究脂肪酸油类混合捕收剂的作用机理问题有一定的参考价值。

2.6.4 脂肪酸与烷基磺酸盐或烷基硫酸盐的混合使用

用油酸与磺酸盐的混合物作为捕收剂，这种混合物可以部分地溶解在水内，甚至当温度在 5℃时仍然可以完全在水内分散成稳定的乳剂。其药剂的制备方法是用 1 份石油磺酸钠或石油磺酸分散在 2.5～5 份水内加热煮沸，然后与含 0.33～8 份的水玻璃溶液混合，再加水，水的总量相当于 8～50 份，最后逐渐加入油酸 2～50 份，在不低于 50℃时强烈振摇，直至混合物的颜色由棕色变为乳白色为止，检查时可取一滴与水混合，如果反应完全时，乳液很快即溶解。必要时也可以加入一些调整剂，如甲酚油、松油、水玻璃或单宁，用量相当于油酸质量的 5%。此种混合捕收剂曾试用于萤石、白铅矿、钒铅矿、钒铅锌矿、菱锌矿、锡石、孔雀石、磷灰石等的浮选；或重介质分选铁矿时，用于硅铁中分离磁铁矿。

处理铀矿时，应用分散在油溶性石油磺酸中的脂肪酸为捕收剂，可以提高氧化铀的回收率。矿浆含固体 60%，所用铀矿为-48 目，不含硫化物。浮选时加油酸 1.193kg/t，石油磺酸 408g/t，煤油 95g/t 及丁基-戊基醇 36g/t，矿浆 pH 值为 7.6，用水稀释至固体含量为 20%，浮选 4min，泡沫为暗褐色。U_3O_8的回收率为 95.6%，富集比为 5。如果有硫化矿存在时，磨矿至 74μm（200 目），浮选铀矿前，须先用黄药浮去硫化矿。

用油酸与烷基硫酸钠混合捕收剂浮选重晶石。过去处理重晶石的条件是 pH 值为 9.5～10，粒度-0.074mm 占 75%～80%，矿浆中固体含量为 23%～26%，药剂消耗量为水玻璃 3kg/t、油酸 0.2kg/t。由于水介质中含可溶性钙盐多，选择性浮选受到相当大的影响；精矿中硫酸钡回收率只有 12%～14%，精矿密度只有 3.7～3.8g/cm^3。试验室试验证明，如果在上述药剂用量下再加入 0.6kg/t 烷基硫酸钠，硫酸钡的回收率由 23%提高到 80%，硫酸钡品位由 57%增至 77%。

2.6.5　脂肪酸与酚类混合使用

酚类在浮选工艺中是使用比较广泛的起泡剂，对某些矿物有一定的捕收能力，但是很弱。脂肪酸是强的捕收剂，同时也兼有起泡性。

用油酸与甲酚浮选萤石矿，原矿含萤石55%，云母35%、石英2%，经过一次粗选、三次扫选、四次精选，萤石回收率达87%~90%，品位大于95%。油酸总耗量为280g/t，甲酚460g/t。

脂肪酸与几种高分子量的酚类的混合物是浮选菱锌矿的有效捕收剂。

利用酚油与氧化石蜡皂的混合捕收剂浮选赤铁矿时，酚油与氧化石蜡皂的混合比例以20∶1，15∶1，10∶1的选矿指标较好，1∶1或1∶4不好，7∶1或4∶1更不好。

α-萘酚的偶氮化合物与脂肪酸或其皂类混合时，可以作为菱镁矿浮选捕收剂。例如，用含有10%白云石杂质的菱镁矿，破碎至-0.3mm粒度，用1.5kg/t的脂肪酸与0.5kg/t的六偏磷酸钠，精矿中氧化钙杂质为0.73%；处理同样矿石，加脂肪酸0.75kg/t，六偏磷酸钠0.5kg/t及对-硝基苯基偶-1-萘酚0.09kg/t，每吨矿石可以产出精矿72.7kg，含氧化钙杂质只有0.47%。

2.6.6　阳离子型胺类捕收剂与其他药剂混合使用

2.6.6.1　不同碳链的混合胺

阳离子捕收剂脂肪胺类在浮选工艺中一般都是用一系列的混合物，制造原料可以从塔尔油、大豆油、椰子油的混合脂肪酸出发，不经过分离、真空分馏等精制手续，从而可以大大降低成本。不同长度碳链的混合脂肪胺，其浮选效果比单独使用一种脂肪胺好。这种情况基本上与黄药的混合使用效果相类似。其解释为：在矿粒与气泡之间，长碳链脂肪胺与短碳链脂肪胺互相结合，正好可以改善气泡和矿粒间的黏附强度，因而有利于提高浮选效果。在工业实践上，甚至蒸馏脂肪胺（$C_{8\sim20}$）的残渣也可以与沸点较低的脂肪胺按一定比例混合使用。

2.6.6.2　脂肪胺与煤油混合使用

用浮选法回收-20+65目磷矿石的选矿厂，先用燃料油、粗塔尔油及苛性钠进行粗选，所得粗精矿用硫酸处理，再用一种胺类阳离子捕收剂与煤油按1∶4比例使用，有选择性地浮去粗精矿中的石英，提高磷精矿的品位。例如，处理含0.1%以下的重金属矿物的磷灰石矿，先用362g/t塔尔油（其中含煤油12%）及907g/t燃料油浮选得出粗精矿（含磷酸钙60%，石英30%及重矿物1%），再用硫酸处理，用苛性钠调整pH值为7.5~8，加煤油453g/t及脂肪胺醋酸盐（含73%十八碳胺及24%十六碳胺）进行第二次浮选，浮去石英，所得尾矿加次氯酸钠脱药，最后用重选法回收重金属矿物，重金属矿物回收率93.7%，尾矿含磷酸钙16.53%。在浮选石英的过程中，在一系列的阳离子捕收剂中，由庚胺到月硅胺分别加入煤油进行比较，证明脂肪胺与煤油的混合捕收剂比纯脂肪胺具有相当高的捕收能力。其中，最适宜的比例为1∶1。值得注意的是，使用这样的混合捕收剂不仅提高了石英的产率，最重要的是降低了药剂成本，因为煤油远比胺类便宜。

2.6.6.3 胺类捕收剂与其他药剂的混合使用

一方面，最引人注意的是胺类阳离子捕收剂与脂肪酸类阴离子捕收剂的混合使用问题。用脂肪酸与胺类先后添加，作为含钛矿物的有效捕收剂，增强了选择性，改善了精矿质量。单独使用油酸（25g/t）时精矿中金红石品位只有23.5%，但先加油酸再加仲环己胺联合使用时，精矿中金红石的品位达47.3%。单独使用油酸并且要求达到较高的回收率时，油酸的用量必须增大，但精矿品位相应下降，与仲环己胺一起使用时，无论回收率与精矿品位都可以保持较高水平。同时，在使用仲环己胺时，部分油酸可以用成本较低的肥皂代替，并不影响二氧化钛的品位及回收率。其解释是：仲环己胺作用在于它与已经为脂肪酸捕收剂所覆盖的矿物表面相结合，增加了矿物表面的疏水性。另一方面，在其他矿物表面上，由于脂肪酸捕收剂只起物理吸附作用，加入仲环己胺并不能增强疏水性，反而更加亲水。由于这种双重作用的结果才使浮选的选择性提高。值得注意的是，上述药剂的使用不是事前混合均匀，而是加药次序有先有后。

同时混合使用阳离子型与阴离子型捕收剂，它们之间的作用很类似于电子的给予体、接受体之间的性质，并且通过氢键的作用在它们之间形成了另有一定组成的“分子配合物”。使用阳离子型与阴离子型混合捕收剂后，其所以能够使浮选效果增加，是由于这些药剂在矿物表面上吸附作用的不均匀性的关系，并且很可能是在矿物表面上形成了“分子配合物”，而这种配合物具有高度的疏水性所致。

2.6.7 其他类型的混合药剂

2.6.7.1 起泡剂的混合使用

在国外，有不少的浮选厂混合使用两种或两种以上的起泡剂。在美国的铜矿浮选厂有50%以上同时使用两种起泡剂。在加拿大某选厂同时使用己醇与其他起泡剂。在赞比亚某选厂使用三乙氧基丁烷与甲基戊醇混合剂。两种起泡剂混合使用常会得到较好的浮选效果。有学者对各种起泡剂与三聚丙二醇丁醚按不同比例混合使用时，对钼矿与铜矿的回收率的影响进行了比较，常常获得比较好的回收率。

一般来说，混合使用两种起泡剂的时候，可以调节浮选过程中泡沫层的体积和泡沫的稳定性，以及空气泡的上升速度。

聚乙二醇单丁基醚与非极性油混合使用，还可以降低起泡剂的成本。

用煤油浮选煤时，添加起泡剂己醇的作用就在于己醇可以增强煤表面的疏水性，从而增强了煤油的吸附作用。

2.6.7.2 配合试剂混合物的浮选效果

为了浮选含钛矿石，过去曾试验了一系列的与钛离子可以生成难溶性配合物的有机试剂，发现用“铜铁试剂”为捕收剂在弱酸性介质中可以产生捕收作用。在有起泡剂存在下，“铜铁试剂”可以浮选钛磁铁矿、钛铁矿，但浮选速度慢，较粗的颗粒不易捕收仍然停留在尾矿里。为了增强“铜铁试剂”的捕收能力，又加入了煤油及脂肪酸皂，在有草酸存在下，在pH值为6左右时，浮选效果很好。“铜铁试剂”与石脑油混合使用，浮选赤铁矿。α-亚硝基-β-萘酚试剂与石脑油混合使用，浮选辉钴矿。丁二酮二肟试剂与石脑油混合使用，浮选镍矿。8-羟基喹啉与石脑油混合使用，浮选烧绿石，也可获得较好效果。用“铜铁试剂”与茜素的混合捕收剂浮选石英-锡石人工混合矿也获得了良好效果。用210~75μm的锡石1.5g组成人工混合配料。用正辛醇为起泡剂，30mg/L，单独使用“铜铁试剂”或茜素在任何情况下，结果均不好；但是当“铜铁试剂”（500mg/L）与茜素（200mg/L）混合使用时，精矿中锡回收率最高74%。但浮选时pH值范围很窄，少量硫酸或苛性钠，会使结果显著下降。

用羟肟酸作捕收剂浮选黑钨矿时，添加非极性矿物油可以使羟肟酸用量大为降低，并且使精矿品位和回收率都有提高。

2.6.7.3 无机调整剂或抑制剂的混合使用

一种铝盐（硝酸铝或硫酸铝）与水玻璃及碱的混合剂可作为石灰石的有效抑制剂。这种混合物还可以作为黏土、石英、石髓、燧石、针铁矿及褐铁矿的有效抑制剂。

用水玻璃加硫酸铝（比例为3（或2）：1）药剂可以分选萤石及方解石，并且分选比较完全。使用时在矿浆中先加水玻璃，然后再加硫酸铝。

用苛性钠与碳酸钠的混合物为调整剂从硫化矿中浮选金矿，也获得良好效果。用硫化钠与硫化钾的混合药剂作为白铅矿的硫化剂，同样也获得良好效果。

2.6.7.4 含高分子絮凝剂的混合药剂

某些混合絮凝剂也比单独使用一种时效果好。用褐铁矿（20μm）为试验对象，研究了淀粉、聚丙烯酰胺、聚5-甲基-2-乙烯吡啶衍生物、石灰及氯化钙单独使用或混合使用的效果。试验证明：一种非离子性絮凝剂（淀粉或聚丙烯酰胺）与一种无机电解质（氧化钙或氯化钙）混合使用时，沉降物中的固体含量降低了，与此同时悬浮物的沉降速度也降低了，特别是当有机絮凝剂的用量小时，更是如此。但是当聚丙烯酰胺与聚5-甲基-2-乙烯吡啶盐混合使用时，沉降物中固体含量下降，沉降速度却增大了。

所用褐铁矿悬浮液，不加絮凝剂时，48h才能完全沉降。当有阳离子聚电解质存在时，聚丙烯酰胺的用量可以显著减少，用聚丙烯酰胺5mg/L加聚5-甲基-2-乙烯吡啶5mg/L，无论在沉降速度及澄清度方面都达到了用10mg/L聚丙烯酰胺所达到的要求。10mg/L聚丙烯酰胺加4mg/L聚5-甲基-2-乙烯吡啶就达到了20mg/L聚丙烯酰胺所达到的结果。单独使用聚丙烯酰胺（最高值需要20mg/L）时，最后澄清度不小于1g/L，沉降速度为600mm/min，单独使用聚5-甲基-2-乙烯吡啶的最高效果还要小，但是当聚丙烯酰胺与聚5-甲基-2-乙烯吡啶混合使用时（各为10mg/L），澄清度达到零，其沉降速度增高至800mg/L。

用混合絮凝剂使氧化铁精矿脱水，也得到了类似的效果。铁精矿过滤时，加入10~20g/t的聚丙烯酰胺或聚丙烯酰胺与硫酸钠的混合物可以提高精矿矿浆过滤速度2~3倍。如果混合加入一些其他物质，包括环烷酸皂、煤油或类似的物质如合成$C_{6\sim8}$混合醇、石油炼制厂生产异辛烷的蒸馏副产物，滤饼水分还可以大大降低。在聚丙烯酰胺及其衍生物中加入了这样的成分，可使聚丙烯酰胺的用量降低到5~10g/t。这可能是在聚丙烯酰胺中加入其他药剂后，改变了悬浮物的物理化学性质，增加了疏水性的缘故。

总之，混合药剂的出现，给浮选药剂的利用方面提出了新的课题。对混合药剂研究的关切，反映了对浮选作用机理研究的深入。例如，在过去把起泡剂与捕收剂的作用简单地加以区别，认为起泡剂并不参与矿物表面上的吸附作用，经过试验证明起泡剂与捕收剂同样参与吸附作用过程。过去对药剂中杂质的影响注意不多，现在也注意到了这个问题，研究使用混合药剂，正是在这样一系列基础上产生出来的。

有关使用混合药剂成功的例子很多，但是有关混合药剂作用机理的研究与解释，还是比较肤浅，有待今后更深入的研究。目前的注意力，大多集中在药剂与矿物之间的相互作用。认为混合药剂可以使矿物表面上的吸附量增加；由于混合药剂中药剂的捕收作用有强有弱，同时在矿物颗粒上吸附区也有强有弱，其结果使矿粒上吸附的药剂更加均匀；或者是由于捕收剂碳链长短不同，相互补足，加强了矿粒与气泡之间的黏附力。通过混合药剂的捕收选择性能、溶液的表面张力、界面张力测量、电动电位、润湿作用、胶团影响、分散度、疏水性等，对混合药剂的作用机理设法加以解释。

混合药剂的研究，越来越引起更多的关注。在作用机理方面需要做的工作还很多，但是在工艺实践上，由于混合药剂的使用，已经给浮选工业带来很多好处，在我国已经有不少的选矿厂采用了这种方法，增强了捕收力，改善了选择性，减少了药剂用量，降低了浮选成本。

2.7 国内外常用浮选药剂

2.7.1 药剂种类

国内外用于浮选的选矿药剂很多，但常用的选矿药剂及其分类见表 2-9。

表 2-9 常用选矿药剂及其分类

工艺类型		化学成分或结构特点		实例	主要用途	药剂配制	贮存及包装
捕收剂	阴离子捕收剂	键合原子①为二价硫原子的化合物	烃基二硫代碳酸（盐） R—O—C(=S)—SH(Na, K)	乙黄药，异丙黄药，丁黄药等	硫化矿及有色金属氧化矿的捕收剂	配成 10% 水溶液使用	贮存于阴凉干燥处
			二烃基二硫代磷酸（盐） (R—O)₂P(=S)—SH(Na, K, NH_4)	甲酚黑药，铵黑药等	硫化矿及有色金属氧化矿的捕收剂	直接加入球磨机或搅拌槽使用	桶装
			二烃基二硫代氨基甲酸（盐） R_2N—C(=S)—SH(Na, K)	硫氮 9 号	硫化矿及有色金属氧化矿的捕收剂	配成 5%～10% 水溶液使用	桶装
			硫代二苯脲 C_6H_5—NH—C(=S)—NH—C_6H_5	白药，硫脲，N,N′-丙硫脲，二苯硫腙	硫化矿及有色金属氧化矿的捕收剂	直接加入球磨机或搅拌槽使用	桶装
			其他带—SH 基的化合物	巯基苯骈噻唑	硫化矿及有色金属氧化矿的捕收剂	直接加入球磨机或搅拌槽使用	桶装

续表 2-9

工艺类型			化学成分或结构特点	实例	主要用途	药剂配制	贮存及包装
捕收剂	阴离子捕收剂	键合原子为氧原子的化合物	羧酸（皂） $R-\underset{\underset{O}{\parallel}}{C}-OH(Na, K)$	油酸，油酸钠，米糠油脂酸，氧化石蜡皂，塔尔油，环烷酸	非硫化矿捕收剂	加温配成 5% ~ 10% 的水溶液	桶装
			黄酸（盐） $R-\overset{\overset{O}{\parallel}}{\underset{\underset{O}{\parallel}}{S}}-OH(Na, K)$	磺化石油，烷基苯基磺酸盐	非硫化矿捕收剂兼起泡剂	配成 5%的水溶液	桶装
			烷基硫酸酯（盐） $R-O-\overset{\overset{O}{\parallel}}{\underset{\underset{O}{\parallel}}{S}}-OH(Na, K)$	16 烷基硫酸酯（钠）	非硫化矿捕收剂	直接使用	桶装
			烷基磷酸酯（盐） $R-O-\underset{\underset{O}{\parallel}}{P}(OH(Na, K))_2$	$C_{12\sim16}$烷基磷酸酯（钠）	非硫化矿捕收剂	直接使用	桶装
			胂酸 $R-\underset{\underset{O}{\parallel}}{As}(OH)_2$	甲苯胂酸，苄基胂酸	非硫化矿捕收剂	用碱性溶液配制	用玻璃纤维袋包装，内衬塑料袋
			其他	烷基异羟肟酸钠，苯异羟肟酸	非硫化矿捕收剂	直接加入或用柴油稀释	贮存干燥处，桶装
	阳离子捕收剂	胺类	脂肪胺 $R-NH_2$	月桂胺，18 胺，$C_{10\sim20}$脂胺	非硫化矿捕收剂	用盐酸溶液配制	铁桶包装，贮存于通风、阴凉处
			季胺盐（四代胺盐） $[RR'R''R'''N]^+Cl^-(Br^-)$	三甲基十六烷基溴化胺	非硫化矿捕收剂	用盐酸溶液配制	铁桶包装，贮存于通风、阴凉处
		吡啶盐类	R—(吡啶环)—NHCl	盐酸烷基吡啶	非硫化矿捕收剂	直接使用	铁桶包装，贮存于通风、阴凉处

续表 2-9

工艺类型			化学成分或结构特点	实例	主要用途	药剂配制	贮存及包装
捕收剂	非离子型捕收剂	酯类	黄氰酯 $RO{-}C(=S){-}S(CH_2)_nCN$ R 为烷基	丁基黄原酸氰乙酯，乙基黄原酸氰乙酯	硫化矿物的捕收剂	直接使用	桶装
			硫氮氰酯 $R_2NCSS(CH_2)_nCN$	43 硫氮氰酯	硫化矿捕收剂兼起泡剂	直接使用	桶装
			烷基硫代氨基甲酸酯 $R'{-}NH{-}C(=S){-}O{-}R$ R′，R 为烷基	烷基氨基硫逐甲酸酯	硫化矿物的捕收剂	直接使用	桶装
		多硫化合物	二黄原酸 $RO{-}C(=S){-}S{-}S{-}C(=S){-}OR$	复黄药	硫化矿物的捕收剂	配成 5%～10% 水溶液使用	贮存在阴凉干燥处
	油类捕收剂	非极性的烃类油	主要成分烃类 RH	石油产品：煤油，柴油等；焦油产品：中油，重油等	非极性矿物：煤，石墨，硫，辉钼矿等的捕收剂，也可用作极性矿物的辅助捕收剂	直接使用	贮存在阴凉干燥处
起泡剂		羟基化合物	脂肪醇 ROH，R 为脂肪烃	甲基戊醇，混合脂肪醇	起泡剂	直接使用	桶装
			脂环醇	2 号浮选油，松节油	起泡剂，对滑石、硫黄、石墨、辉钼矿、辉铋矿、煤等有一定的捕收作用	直接使用	桶装
			酚 $C_6H_5{-}OH$	甲酚，杂酚油	起泡剂	直接使用	桶装
		醚类	脂肪醚 $R'(OR)_n$	4 号浮选油（3 乙氧基丁烷）	起泡剂	直接使用	桶装
			醚醇 $R'(OR)_nOH$	三聚丙二醇丁醚	起泡剂	直接使用	桶装
			环醚	樟油、桉树油	起泡剂	直接使用	桶装
		吡啶类	吡啶 C_5H_5N；喹啉 C_9H_7N	重吡啶	起泡剂	直接使用	桶装

续表 2-9

工艺类型	化学成分或结构特点			实例	主要用途	药剂配制	贮存及包装
调整剂	无机物	酸		硫酸、氢氟酸、亚硫酸、二氧化硫、碳酸、二氧化碳	pH 值调整剂、活化剂、抑制剂	配成 5%~20% 水溶液使用	耐酸陶瓷坛装
		碱		氢氧化钠（钾、铵）、石灰	pH 值调整剂、活化剂、抑制剂	配成水溶液使用	存放于通风干燥处，铁桶装
		盐	阴离子调整剂	碳酸钠	pH 值调整剂	配成 10% 水溶液使用	麻袋包装，存放于干燥处
				氰化钠(钾)及其氰化物，亚硫酸盐，硫代硫酸盐，重铬酸钠(钾)，氟化钠	硫化矿物的抑制剂	配成 5% 的水溶液使用	桶装、内衬塑料袋包装
				硫化钠	抑制剂，活化剂	配成 5%~20% 水溶液使用	桶装
			阳离子调整剂	硫酸钠、硝酸铅、氯化钙	硫化矿物的活化剂	配成 5%~20% 水溶液使用	内衬塑料袋，桶装
				硫酸锌、硫酸亚铁、硫酸铁	硫化矿物的抑制剂	配成 5%~20% 水溶液使用	内衬塑料袋，桶装
				氯化钙、氯化钡、三氯化铁、硝酸铝	非硫化矿的调整剂，抑制剂	配成 5%~20% 水溶液使用	内衬塑料袋，桶装
		其他		五硫化二磷	抑制剂		
				活性炭	脱药剂		
	有机物	淀粉类——多羟基化合物		淀粉，糊精	非硫化矿的调整剂，石英、滑石、绢云母等矿物的抑制剂	配成水溶液使用	袋装
		单宁类——多羟芳酸		栲胶、单宁、合成单宁	非硫化矿的调整剂，方解石、白云石等矿物的抑制剂	配成 5%~10%的水溶液	

续表 2-9

工艺类型	化学成分或结构特点		实例	主要用途	药剂配制	贮存及包装
调整剂	有机物	木质素类 松柏醇；芥子醇；p-香豆醇 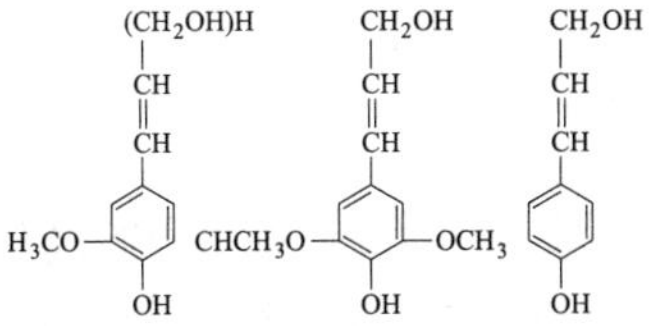	木质素磺酸（盐），氯化木素	非硫化矿的调整剂，硅酸盐矿物，稀土矿物，铁矿物的抑制剂	用碱性水溶液配制，或直接加在磨矿机中	袋装、桶装
		纤维素类	1号纤维素，3号纤维素	钙、镁碳酸盐矿物的抑制剂	用碱性水溶液配制	袋装
		腐殖酸类	腐殖酸(钠)，腐殖酸铵等盐	钙、镁、铁等矿物的抑制剂	直接使用	袋装
		聚丙烯酰胺类	3号絮凝剂	抑制剂	配成 0.5%~1%水溶液	桶装
絮凝剂	无机电解质		硫酸、明矾	促进细泥沉降	配成5%水溶液	
	有机物		3号絮凝剂及其磺化物、F691（石青粉）、F703（白胶粉）	促进细泥沉降	配成水溶液	桶装
			1号纤维素、3号纤维素	促进细泥沉降	用碱性水溶液配制	袋装
			腐殖酸(钠)、腐殖酸铵等	选择性絮凝剂	直接使用	袋装
			淀粉、糊精	赤铁矿浮选的选择性絮凝剂	配成水溶液	袋装

①极性基末段与金属结合的原子称键合原子。

2.7.2 药剂设施

2.7.2.1 药剂的储存

药剂的储存方式，根据药剂的性质、种类及包装形式的不同而异。对于散装的液体药剂需设储液槽，对于袋装或桶装的药剂则应设置仓库储存。

药剂仓库一般靠近药剂制备室，并有公路相通。同时还应具有良好的通风条件，有效的防火、防潮、防晒、防酸碱措施，以免药剂变质。

药剂储存时间，根据药剂供应点的远近、交通运输和用药量的多少等条件决定。

不同品种的药剂应分别堆放。剧毒药剂、强酸、强碱等应单独存放，以确保安全。

2.7.2.2 药剂制备

药剂制备是浮选厂生产的重要环节。

对药剂品种多、用量大的选矿厂，把药剂制备室设在靠近主厂房的高位置处，让药剂自流至给药室或使药剂制备室靠近给药室，从而缩短输药管线，便于操作管理和相互联系。

药剂制备的浓度，以方便给药、储存及计量为准则，对用药量小的可采用低浓度制备，而用药量大的采用高浓度制备。一般制备浓度在5%～20%。而剧毒的氰化物则配成1%为宜。

药剂制备量的确定，对于加水溶解的药剂，一般采用药剂搅拌槽。不需溶解的药剂如煤油、2号油等设置药剂储存槽。药剂溶解量的大小，由用药量、药剂配制浓度及储药容器等因素决定，一般每班溶解一次，对用药量大的可每班溶解两次。对剧毒药剂可采取专人配制，并应与其他药剂制备室分开。

几种常用药剂的制备方法：

（1）水玻璃。块状时，经人工破碎后，放在搅拌槽中加温溶解，若用量大时，可设高压釜通蒸汽溶解；液状时，则放至搅拌槽中加水稀释即可。

（2）硫化钠。用量小时可人工破碎，用量大时可用机械破碎，然后放入搅拌槽中加水溶解。亦可将整桶的硫化钠去掉桶皮放入搅拌槽中用泵构成闭路循环进行溶解。冬季时要用温水或通入蒸汽加温溶解直至完全溶解后送入储存槽中。

（3）氧化石蜡皂。连同包装桶一起倒置于溶解槽内，通入蒸汽待药剂溶解后将桶取出，然后将溶液送到搅拌槽中加水稀释到所需浓度，送至给药室。

（4）凝固点高的药剂。如油酸、脂肪酸等必须加高温溶解，同时在给药机、输送管道及搅拌槽等处设置加温和保温等措施。

（5）黄药、碳酸钠、硫酸锌、硫酸铜及氰化物等易溶于水的药剂。直接按量倒入搅拌槽中加入适量的水配成需要的浓度即可。

（6）石灰。若来料为粉状，可用小型带式输送机或圆盘给料机加到系统中去。若为块状，当用量不大时，可在料堆上加少量水进行预消化后，加入搅拌槽进行消化；当用量较大时，可采用磨矿分级等工序制成石灰乳添加到系统中去。

2.7.2.3 药剂添加

给药方式，根据选矿厂规模的大小、药剂品种的多少以及药剂性质等特点可分为集中给药或分散给药。对小型选矿厂当浮选系统不多时，可采取集中给药方式。集中给药便于操作管理。对于多系统的大型选矿厂，多采用分散给药的方式。对于使用剧毒药剂的，应单独设置给药室以确保安全。

给药装置，目前除少数老选矿厂仍使用斗式给药机、杯式给药机和轮式给药机外，已普遍采用了虹吸给药机。由于在虹吸给药机前添加不同的装置，又称为微机控制加药装置、负压加药装置等。此外，还有采用小型定量泵进行加药的。随着科学技术的发展与进步，数控加药系统在大型选矿厂已得到推广应用，并显示出强大的生命力。

本章小结

在浮选过程中，浮选药剂起着主要作用。就其主要用途，可分为捕收剂、起泡剂、调整剂三大类。根据浮选药剂的理论，系统研究浮选药剂结构与性能的关系，阐述浮选药剂作用机理，为合理用药及按特定用途研制新药提供依据。一般情况下，优良的浮选药剂必须符合以下条件：(1) 原料来源充足；(2) 成本低廉；(3) 浮选活性强；(4) 便于使用；(5) 毒性低或无毒等。

复习思考题

2-1 浮选药剂按在浮选中起的作用，可分为哪几大类，每类又分为几种，每种举出一个具体药剂。

2-2 简述黄药的制造方法及分子结构，黄药有哪些主要的性质?

2-3 简述硫化矿捕收剂的作用机理。

2-4 非硫化矿捕收剂分为哪几类，每类举出 1~2 个具体的药剂。

2-5 起泡剂在浮选过程中的作用是什么，选择起泡剂的原则有哪些?

2-6 调整剂包括哪些内容，并说明在浮选过程中的作用?

2-7 简述混合用药及其协同效应在浮选过程中的作用?

3 浮选设备

3.1 概 述

浮选机是实现浮选过程的重要装置。矿石经过湿式磨矿后，已基本单体解离的矿物被调成一定浓度的矿浆，在搅拌槽内与浮选药剂充分调和后，送入浮选机，在其中通过充气与搅拌，使欲浮的目的矿物向气泡附着，在矿浆面上形成矿化泡沫层，用刮板刮出或以自溢方式溢出，即泡沫产品（精矿），而非泡沫产品自槽底排出。浮选机性能是影响浮选技术指标的一个重要因素。

3.1.1 浮选机的基本原理

浮选设备主要包括浮选机和辅助设备（搅拌槽、给药机等）。一般而言，浮选机大多属标准设备，浮选辅助设备大多属非标准设备。而浮选机是直接完成浮选过程的设备，其工作原理如图 3-1 所示，自下而上大体划分为搅拌区、分离区和泡沫区。其中，分离区是矿粒向气泡附着，形成矿化气泡的关键过程。此区应保证足够的容积和高度，并与搅拌区和泡沫区形成明显的界限，以利于矿物分选。

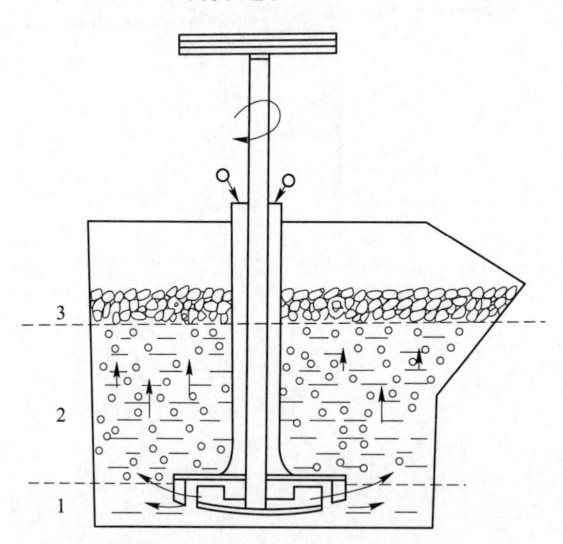

图 3-1 气泡在机械搅拌式浮选机内运动示意图

1—搅拌区；2—分离区；3—泡沫区

3.1.2 浮选机的基本功能和要求

浮选机和普通机器一样，除了要保证工作连续可靠、耐磨、省电、结构简单等良好的机械性能外，还要满足浮选工艺的特殊需要。因此，对浮选机有以下基本工艺要求：

（1）良好的充气作用。浮选机必须保证能向矿浆中吸入（或压入）足量的空气，产生大量尺寸适宜的气泡，并使这些气泡尽量分散在整个槽内，空气弥散越细越好，气泡分布越均匀，则矿粒与气泡接触的机会就越多，这种浮选机的工艺性能越好，浮选的效率也越高。浮选机的充气程度用充气量来表示，即每分钟每平方米槽面积通过的空气量（$m^3/(m^2 \cdot min)$）或每立方米矿浆中含有的空气量（m^3/m^3）。

（2）搅拌作用。浮选机要保证对矿浆有良好的搅拌作用，使矿粒不至于沉淀而呈悬浮状态并能均匀地分布在槽内，保持矿粒与气泡在槽内充分接触和碰撞。同时促使某些难溶性药剂的溶解和分散，以利于药剂和矿粒的充分作用。

（3）循环流动作用。浮选机具有调节矿浆面、矿浆循环量、充气量的作用，可增加矿粒与气泡的接触机会。能保持泡沫区平稳和一定厚度，既能滞留目的矿物，又能使夹杂的脉石脱落，产生“二次富集作用”。

（4）能连续工作及便于调节。在浮选过程中，有时需要调节整个泡沫层的厚度及矿浆流量。在实际生产应用中，从给矿到浮出精矿及尾矿的排出，都是连续进行的过程，均需方便调节。

在现代浮选过程中，还有一些新的要求，如选矿厂的自动控制，要求浮选机工作可靠，零部件使用寿命长；便于操作、控制等。

总之，无论哪种浮选机都由如下基本部分组成：（1）槽体，它有进浆孔和排矿孔，以及调节液面的闸门装置；（2）充气装置；（3）搅拌装置；（4）排出矿化泡沫装置。

3.1.3 浮选机的分类、结构及其发展

浮选机的分类

目前，国内外浮选设备多达数十种，其分类方法也不一致，但实际生产中使用的浮选机按充气和搅拌方式不同，可分为四种基本类型：

（1）机械搅拌式浮选机，这类浮选机是靠机械搅拌器（转子和定子组）来实现对矿浆的充气和搅拌。

（2）充气机械式浮选机，这类浮选机是靠机械搅拌器旋转来搅拌矿浆，外部压入空气充气。

（3）充气式浮选机，这类浮选机的特点是既没有机械搅拌器也没有传动机构，它是靠外部风源送入压缩空气对矿浆进行充气和搅拌。可细分为单纯充气式和气升式两类。

（4）气体析出式（变压式）浮选机，这类浮选机是通过改变矿浆内气体压力的方法，使气体从矿浆内析出大量微泡，并使矿浆搅拌。可细分为抽气降压式和加压式两类。

浮选机的类型，按其槽体结构，可分为深槽和浅槽式浮选机；按泡沫产品的排出方式又可分为刮板式、自溢式浮选机。

现将国内外使用普通浮选机加以归类，列入表 3-1 中。

表 3-1　浮选机分类

<table>
<tr><th rowspan="2">类别</th><th rowspan="2" colspan="2">充气方式</th><th colspan="2">浮选机名称</th><th rowspan="2">特　点</th></tr>
<tr><th>国内</th><th>国外</th></tr>
<tr><td rowspan="2">机械式</td><td colspan="2">机械搅拌式</td><td>XJK 型（A 型）、JJF 型、XJQ 型、SF 型、JQ 型、棒型及环射式浮选机等</td><td>FW 型（法连瓦尔德）、WEMCO 型（威姆科）、ΦMP 型（米哈诺布尔）、WN 型（瓦尔曼）等</td><td>优点：自吸空气和矿浆，不需外加空气装置；中矿返回时易实现自流，易配置和操作等。
缺点：充气量小、能耗高、磨损较大等</td></tr>
<tr><td colspan="2">充气搅拌式</td><td>CHF-X14m^3 型、XJC 型、XJCQ 型、LCH-X 型、KYF 型、JX 型等</td><td>AG 型（阿基泰尔）、MX 型（马克思韦尔）、丹佛 D-R 型、BFP（萨拉）等</td><td>优点：充气量大，气量可调节，磨损小，电耗低。
缺点：无吸气和吸浆能力，配置不方便，需增加压风机和矿浆返回泵</td></tr>
<tr><td rowspan="4">空气式</td><td rowspan="2">充气式</td><td>单纯充气式</td><td>浮选柱</td><td>CALLOW 型（卡洛）、MACLNTOSH 型（马格伦托什）等</td><td rowspan="2">优点：结构简单、易制作、能耗低、单位容积处理量大。
缺点：充气器易结垢，不利于空气弥散；设有搅拌器，浮选指标受到一定影响</td></tr>
<tr><td>充气式</td><td></td><td>SW 型（浅槽气升）、EKOF 型（埃柯夫）等</td></tr>
<tr><td rowspan="2">气体析出式</td><td>真空式</td><td></td><td>ELMORE（埃尔莫尔）、COPPEe 型（科坡）等</td><td rowspan="2">充气量大，浮选速度快，处理量大，能耗低，占地面积小</td></tr>
<tr><td>加压式</td><td>XPM 型（喷射旋流式）</td><td>WEDAG 型（维达格）、DAVCRA 型（达夫克勒）等</td></tr>
</table>

随着浮选理论研究和浮选设备技术的不断进步，根据工作原理，现有浮选设备可分为三类，即机械搅拌式浮选设备、浮选柱和反应器/分离器式浮选设备。机械式浮选机根据充气方式可分为自吸气浮选机和充分机械搅拌式浮选机，此类浮选设备的共同特点是均带有机械搅拌器，由于发展最早、应用最广，针对这两种浮选设备的研究也比较深入，故其种类规格齐全、发展较快；浮选柱属于无机械搅拌器浮选设备，近年来，随着浮选理论研究的深入和新型充气材料、方式的出现，浮选柱的研究再度成为关注的热点，国内外对浮选柱的研究很多，取得了一定的成果；而反应器/分离器式浮选设备的基本工作原理同浮选柱相似，充气器置于柱体外部，柱体则单独作为分离器，充分利用综合力场，这种浮选设备的浮选速度快、性能较好，具有较好的发展前景。

3.2　浮选机的充气及搅拌原理

矿浆充气和气泡矿化是评定浮选机工作效率的主要因素，这些指标越好，浮选进行得越完善。浮选机中的矿浆的充气程度取决于单位容积矿浆中的气泡含量，气泡在矿浆中分散程度及分布均匀程度。气泡矿化的可能性，矿化速度及矿化程度，除与矿粒和药剂的物理化学性质有关外，也与浮选机中矿粒和气泡接触碰撞的条件相关。

3.2.1　气泡的形成

吸入或由外部风机压入浮选机的空气，通过不同的方法和途径形成气泡。

3.2.1.1 浮选机充气的途径和方法

（1）靠机械搅拌在混合区造成低于大气压的负压区，经管道吸入空气。

（2）经管道从外部压入压缩空气（如浮选柱），压入空气通过带有细小多孔气泡发生器，在矿浆中产生气泡。

（3）同时利用机械搅拌的真空抽吸作用和压气管道送入空气。

3.2.1.2 气泡的形成

（1）机械搅拌浮选机的气泡形成。由于机械搅拌，使矿浆产生了强烈的旋涡运动，导致矿浆的流速及方向不同而产生剪切作用，使吸入或压入的空气被“粉碎”成气泡。

（2）压气式浮选机的气泡形成。靠多孔介质将压入空气分割成气泡，其泡径与介质孔隙半径的平方根成比例。孔径大小要适宜，才能达到好的效果。多孔介质一般由塑料、陶瓷、金属、床石或帆布等特制。

3.2.2 气泡的升浮

浮选过程

浮选机中一面有大量的空气被“粉碎”成小气泡，另一面也有小气泡兼并成大气泡，影响着气泡的负载能力、浮升速度和寿命。气泡在矿浆中是曲折上升的，且呈不规则的形状，当有表面活性物质（如起泡剂）存在时，气泡的升浮速度会降低。

气泡在矿浆中受浮力作用上升，其升浮速度影响着它在矿浆中的停留时间、气泡和矿粒碰撞的机会以及矿化气泡被尾矿带走的可能性。一般来说，气泡直径大，矿化气泡平均密度小，气泡上方静水压力小，矿浆浓度小，气泡上升速度就快。但是研究表明矿浆浓度由35%增加到50%时，气泡上升速度不是减小反而增大，因为大泡在高浓度矿浆中上升时形成的通道，短时间内难以填充矿浆，其后的气泡上升速度增加。气泡运动到泡沫层下部附近时，速度减慢，它受到上部泡沫层的阻碍。气泡在机械搅拌式浮选机内的运动，大体分为三区，如图3-1所示。

第一区是充气搅拌区。此区的主要作用是：对矿浆空气混合物进行激烈搅拌，粉碎气流，使气泡弥散；避免矿粒沉淀；增加矿粒和气泡的接触机会等。在搅拌区气泡跟随叶轮甩出的矿浆流做紊乱运动，所以，气泡升浮运动的速度较慢。

第二区是分离区。在此区间内气泡随矿浆流一起上浮，并且矿粒向气泡附着，成为矿化气泡上浮。随着静水压力的减小，矿化气泡升浮速度也逐渐加大。

第三区是泡沫区。带有矿粒的矿化气泡上升至此区形成泡沫层。在泡沫层中，由于大量气泡的聚集，气泡升浮速度减慢。泡沫层上层的气泡会不断自发兼并，具有“二次富集”作用。

3.2.3 浮选机内矿浆的充气程度

3.2.3.1 矿浆的充气程度

矿浆的充气程度与许多因素有关，如浮选机的类型、充气器的结构、分散气流所采用的方法、搅拌强度、浮选槽的几何形状及尺寸、矿浆浓度和起泡剂种类及用量等，而且它们之间大部分是互相联系的。矿浆充气程度直接影响气泡的矿化过程、浮选速度、工艺指标和浮选药剂的用量。强化充气，可以使浮选速度加快，增加浮选机的生产能力，还可以在一定程度上降低药剂，特别是起泡剂的用量。进入浮选机的空气量以机械搅拌式为最少，充气搅拌式次之，而充气式最多。

3.2.3.2　空气在矿浆中的弥散程度

当充气量一定时，空气弥散越好，即气泡越小，所能提供的气泡总表面积也越大，矿粒与气泡接触碰撞的机会也越多，有利于浮选。但气泡又不能过小，以致不能携带矿粒上浮或升浮速度太慢。添加起泡剂可以改善气泡的弥散程度，加强搅拌可促进空气在矿浆中的弥散和在浮选机内的均匀分布，矿浆浓度对空气弥散程度也有一定影响。

3.2.3.3　气泡在矿浆中分布的均匀性

在机械搅拌式浮选机和充气搅拌式浮选机内，提高搅拌强度可以改善气泡分布的均匀性和弥散程度。试验表明，在机械搅拌式浮选机内，当矿浆浓度在25%~35%范围内时，气泡弥散程度及分布的均匀性最好，浮选效率最高。气泡在矿浆中分布的均匀程度会影响浮选机槽体的“有效容积”（或称“容积有效利用系数”）。在浮选槽内的矿浆中，并不是所有的容积部分都存有气泡，只有在存有气泡的那部分容积内，矿粒和气泡才有接触碰撞和矿化的机会，故含有气泡的那部分容积，称为“充气容积”或“有效容积”。浮选机的容积有效利用系数越大，其生产能力越大。所以，气泡在矿浆中分布的均匀性，直接影响到浮选机的工作效率。

3.3 机械搅拌式浮选机

机械搅拌式浮选机，发展最早、应用最广，研究也比较深入，其规格齐全，发展较快，在国内外的浮选生产实践中大量使用。在我国浮选厂中，使用的机械搅拌式浮选机有XJK型浮选机、米哈诺布尔型浮选机（称A型）、棒型浮选机等。下面着重介绍XJK型浮选机、棒型浮选机和大型维姆科浮选机三种机械搅拌式浮选机。

3.3.1 XJK型浮选机

XJK型（又称A型、XJ型）浮选机，又名矿用机械搅拌式浮选机，它属于一种带辐射叶轮的空气自吸式机械搅拌浮选机，该机型是1950年从苏联引进的，形式较老，虽经改进，但基本结构没变，近年已被一些新型浮选机取代，由于历史原因，其应用较早，目前国内仍在广泛应用，并早已形成系列产品。

3.3.1.1　结构及工作原理

图3-2所示为XJK型浮选机的结构。该浮选机每两槽构成一个机组，第一槽带有进浆管以抽吸矿浆，亦称抽吸槽或吸入槽；第二槽为自流槽或直流槽。在第一槽与第二槽之间设有中间室，矿浆在下面是相连的。叶轮安装在主轴下端，主轴上端有皮带轮，用电机带动旋转。空气由进气管吸入，每组浮选槽的矿浆水平面由闸门调节，叶轮上方装有盖板和空气筒（又称竖管）。空气筒上开有孔，用来安装进浆管，中矿返回管或用作矿浆循环，孔的大小可通过拉杆调节。

工作时电机通过三角皮带轮19和13带动主轴3旋转，叶轮5随主轴3一起旋转，于是在盖板7和叶轮5之间形成局部真空区（负压区），空气由吸气管11经空气筒2吸入。

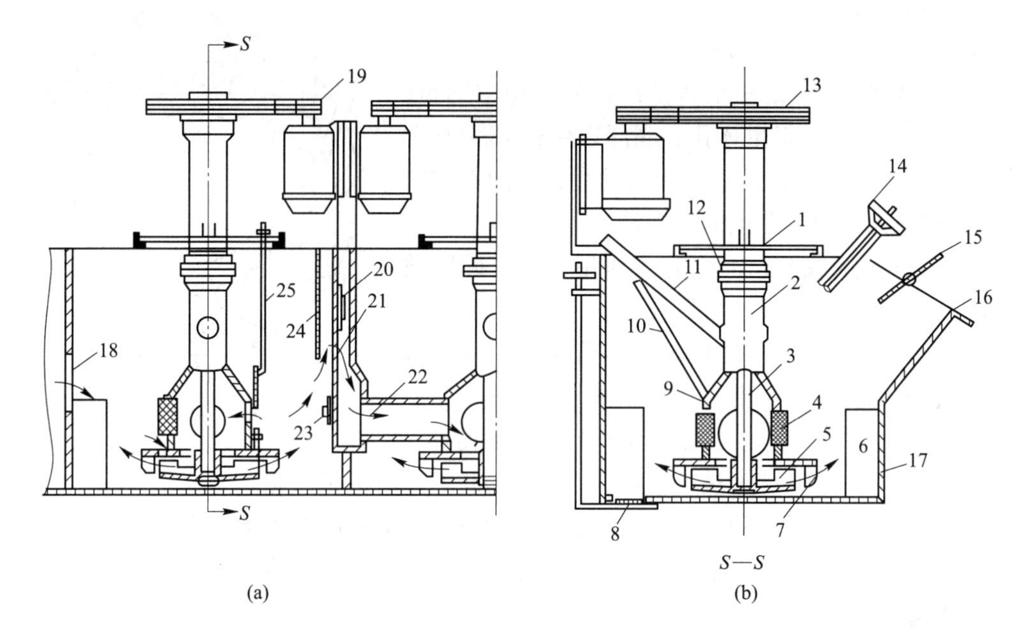

图 3-2　XJK 型浮选机结构示意图

（a）主视图；（b）*S*—*S* 剖视图

1—座板；2—空气筒；3—主轴；4—矿浆循环孔塞；5—叶轮；6—稳流板；7—盖板（导向叶片）；8—事故放矿闸门；9—连接管；10—砂孔闸门调节杆；11—吸气管；12—轴承套；13—主轴皮带轮；14—尾矿闸门丝杆及手轮；15—刮板；16—泡沫溢流唇；17—槽体；18—直流槽进浆口（空窗）；19—电动机皮带轮；20—尾矿溢流堰闸门；21—尾矿溢流堰；22—给矿管（吸浆管）；23—砂孔闸门；24—中间室隔板；25—内部矿浆循环孔闸门调节杆

同时矿浆经吸浆管 22 被吸入，二者混合后借叶轮旋转产生的离心力经盖板边缘的导向叶片 7 被甩至槽中。叶轮的强烈搅拌使矿浆中的空气弥散成气泡并均匀分布于矿浆中，当悬浮的矿粒与气泡碰撞接触时，可浮矿粒就附着在气泡上并被气泡带至液面形成矿化泡沫层，然后由刮板 15 刮出作为精矿，未附着在气泡上的矿粒作为尾矿排入下一槽。

叶轮和盖板是这种浮选机的关键部件，决定着矿浆充气程度。叶轮（见图 3-3）的底板 3 是一个圆盘，它上面有六块沿径向伸展的矩形叶片 2，中心有可套于传动轴上的轮毂 1，中心衬有巴氏合金。叶轮有铸铁的也有铁芯外面衬橡胶或聚氨酯等。叶轮用螺帽紧固在主轴下端。它的作用是：

（1）与盖板组成类似于泵的真空室形成负压区，使矿浆自流、空气自吸并使槽内矿浆循环运动。

（2）靠叶轮的旋转将空气碎散成气泡并使其均匀地分散于矿浆中。叶轮的搅拌又使矿粒悬浮并充分和气泡接触。

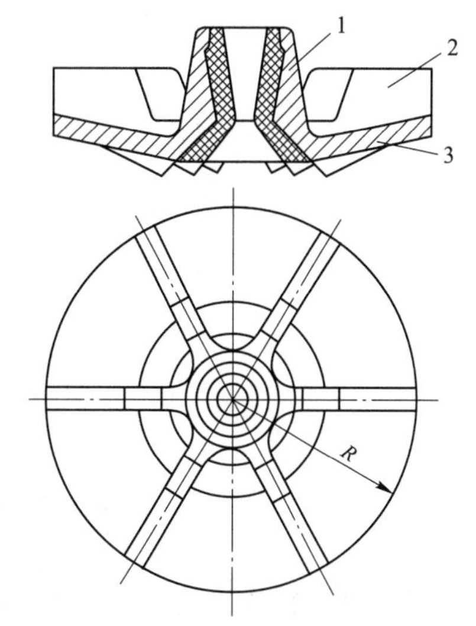

图 3-3　叶轮构造

1—轮毂；2—叶片；3—底板

（3）造成矿粒悬浮。

（4）使药剂充分溶解和分散。

盖板（见图3-4）是一个铸铁或衬胶的中空圆盘，上面开有18~20个矿浆循环孔。底部边缘有18~20个与半径呈60°交角、斜向排列的导向叶片，其倾斜方向与叶轮旋转方向一致。盖板的作用是：

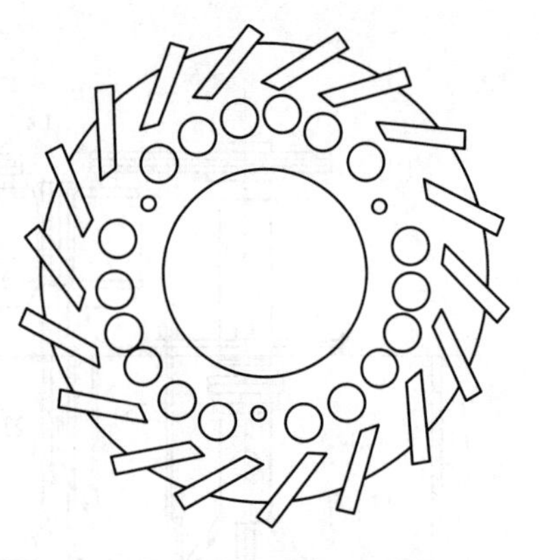

图3-4 盖板仰视图

（1）与叶轮组成泵，产生充气作用，即当矿浆被叶轮甩出时，在盖板下形成负压吸气。

（2）导向叶片对甩出的矿浆起导流作用，减少涡流，即减少水力损失，起到一些稳流作用。

（3）调节进入叶轮的矿浆量，增加矿浆内部循环。

（4）保证停车时叶轮不被矿砂埋住，从而防止开车时电机过载。

为了检修方便并保证叶轮盖板同心装配间隙准确，常将叶轮盖板、主轴和空气筒等装成一体，以便作为部件吊出槽外检修。为防止矿浆产出旋涡，在槽底四周装有直立的稳流板6（见图3-2）。

通过旋转手轮14（见图3-2）和升高或下降尾矿溢流闸门20来调节液面高低。设在尾矿溢流堰下的砂孔（图3-2中23右侧）能使沉到槽底的粗粒和大比重矿粒直接排入吸入槽。为了调节经砂孔排出的矿浆量，设有砂孔闸门23。

实践和理论研究都证明，提高充气量可大大提高浮选机的生产能力，改善浮选指标。影响浮选机充气量的因素较多，主要有如下几个方面：

（1）叶轮与盖板的间隙。间隙大小直接影响充气量，间隙过大，矿浆会从叶片前侧翻至叶片后侧，降低叶片后面的真空度，使充气量减少；间隙过小，叶轮和盖板易发生撞击和摩擦，并使充气量下降（见图3-5）。试验指出，合适的间隙为5~8mm。

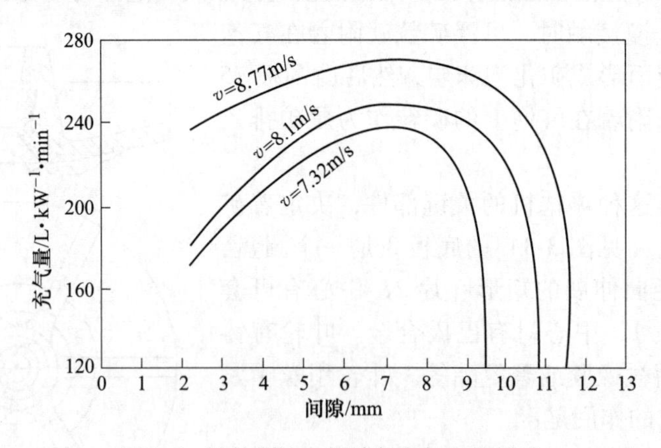

图3-5 叶轮周速、间隙与充气量的关系

（2）叶轮转数。在一定的范围内叶轮的转速（或周速）越大，充气量也大（见图3-5）。但转速过大，叶轮盖板磨损快，电耗增加而且矿浆面不稳定。

（3）进浆量。进入叶轮中心的矿浆量最适当时，充气量最大。因为进浆量大，造成空气与矿浆混合物的密度大，产生的离心力也大，容易被叶轮甩出而形成真空度高的负压区，使充气量增大；但进浆量过大，超过叶轮的生产能力时，矿浆会使叶轮上方的空气筒堵塞，造成吸气困难，充气量反而降低。从盖板上的循环孔中返回到叶轮腔内的所谓内部矿浆循环量也影响充气量。这部分循环量越大，充气量也大，但电耗将随之增加（见图3-6）。

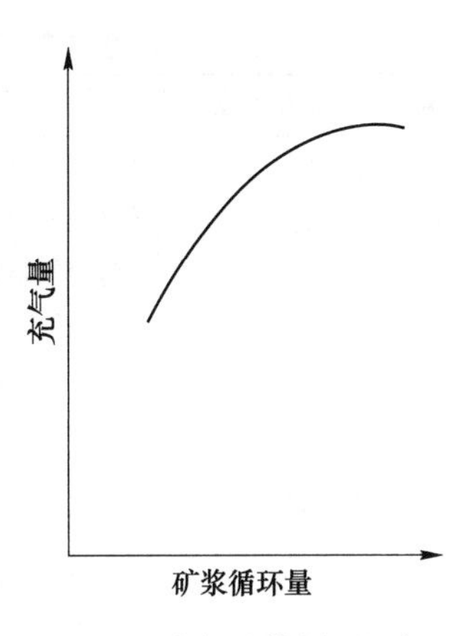

图3-6 内部矿浆循环量与充气量的关系

（4）叶轮上部矿浆深度。其值越大作用于叶轮上的静压力也大，叶轮旋转的阻力增加，充气量变小。一切导致矿浆静压力增大的因素，如槽子深度大，矿浆浓度大（浆气混合物密度大）都会使充气量减少。

在我国的一些老选厂中还可见到一种称为“法连瓦尔德”型的浮选机。它与XJK型的主要区别是它的盖板上的导向叶片是与半径重合而不是斜着排列的。二者的主要构造基本相同。

3.3.1.2 主要特点

该型浮选机具有搅拌力强、药剂耗量较少，可以处理粗粒和较大密度的矿石、能适应复杂流程、应用广泛、指标稳定等优点。

XJK型浮选机主要结构与工作特点：

（1）盖板上装有18~20个导向叶片（又称定子）。这些叶片倾斜排列，与半径呈60°交角，它们对叶轮甩出的矿浆流具有导向作用。在盖板上的两导向叶片之间开有18~20个循环孔，供矿浆循环用，由此可增大充气量。

（2）叶轮与盖板导向叶片间的间隙一般为5~8mm，过大会对吸气量和电耗产生不利影响。通常将叶轮、盖板、主轴、进气管和空气筒等充气搅拌零件组装成一个整体部件，可使叶轮和盖板同心装配，以保证叶轮与盖板导向叶片之间的间隙符合要求，且便于检修和更换。

（3）在空气筒下部，有一个调节矿浆循环量的循环孔，并用闸板控制循环量。

3.3.1.3 存在问题

XJK型浮选机型式较老，尚存在以下问题：

（1）空气弥散不佳，泡沫不够，易产生“翻花”现象，不利实现液面自动控制。

（2）浮选槽为间隔式，矿浆流速受闸门控制，使矿浆流速减低，浮选速度慢，粗而重的矿粒易于沉槽。

（3）充气量不易调节，难以适应矿石性质的变化，分选指标不稳定。

（4）构造复杂，功耗大，叶轮、盖板装配要求严格，叶轮、盖板磨损后充气量较小。

3.3.1.4 常见故障及处理方法

XJK型浮选机的常见故障及其处理方法列于表3-2中，供参考。

表3-2 XJK型（A型）浮选机常见故障及其处理方法

机械故障引起的现象	发生故障原因	处理方法
局部液面翻花	（1）叶轮盖板间隙一边大、一边小； （2）盖板局部被叶轮撞坏； （3）稳流板残缺； （4）管子接头松脱	（1）调整间隙； （2）更换； （3）修复稳流板； （4）紧固
充气不足或沉槽	（1）叶轮盖板磨损厉害，间隙太大； （2）叶轮盖板安装间隙大； （3）电机转速不够，搅拌吸气均弱； （4）充气管堵塞或管口闸阀关闭； （5）矿浆循环量过大或过小（管子接头石棉绳腐烂，接头松脱）	（1）更换； （2）重新调整； （3）检查电机转速； （4）清理或打开； （5）关小或打开循环孔
吸力不够或前槽跑水	（1）进浆管磨损破漏； （2）给矿管过大，进浆量小； （3）中间室被粗砂堵塞； （4）给矿管与槽壁接触不好（垫片损坏，螺钉松脱）	（1）更换； （2）局部堵起给矿管； （3）水管冲洗； （4）修理
中间室或排矿箱排不出矿浆	（1）槽壁磨漏； （2）给矿管堵塞或松脱； （3）叶轮盖板损坏	（1）修补； （2）检修； （3）更换
液面调不起来	（1）闸门丝杆脱扣；闸门底部穿孔或是锈死； （2）闸门调节过头（反向误调）	（1）更换，修理； （2）闸门复位
抽吸槽刮泡量大，直流槽刮不出	多半因直流槽没打开循环孔闸门	打开
精矿槽跑槽	如果药量适当，就是管道堵塞	疏通
主轴上、下音响不正常	（1）滚珠轴承损坏； （2）叶轮质量不平衡，主轴摆动，使叶轮盖板相碰撞； （3）盖板破损； （4）槽中掉进异物； （5）主轴顶端压盖松动； （6）叶轮盖板间隙过小	（1）更换； （2）检修； （3）更换； （4）取出； （5）紧固； （6）重调
轴承发热	（1）轴承损坏、滚珠破裂； （2）缺少润滑油或油质不好	（1）更换； （2）补加，换油
主轴皮带轮摆动及支架摆动	（1）皮带轮安装不平； （2）支架螺栓松动； （3）座板没垫平； （4）叶轮铸造时厚度不对称，一边重，一边轻	（1）重装，调整； （2）紧固； （3）垫平； （4）加工薄、重的一侧
电机发热，相电流增大	（1）槽内积砂过多； （2）轴损坏； （3）盖板及给矿管松脱； （4）给矿管磨漏，循环量过大； （5）空气筒磨穿，循环量过大； （6）检修后主轴皮带轮与电机安装高低不平； （7）电机单相运转	（1）加药，放砂； （2）更换； （3）上紧； （4）更换； （5）更换； （6）调整； （7）检修

3.3.2 棒型浮选机

3.3.2.1 棒型浮选机的结构及工作原理

棒型浮选机的搅拌充气器，是由若干根倾斜圆棒所构成，故称为棒型浮选机。其结构如图 3-7 所示。

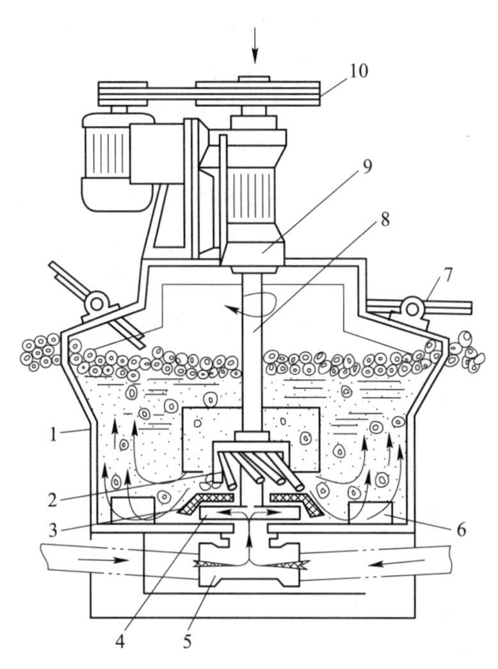

图 3-7 $1m^3$ 棒型浮选机结构示意图

1—槽体；2—斜棒叶轮；3—凸台；4—吸浆叶轮（提升叶轮）；5—吸浆管；6—稳流板；7—刮（泡）板；8—空心主轴；9—轴承体；10—皮带轮

棒型浮选机由金属制的长方形槽子组成，槽体间由螺栓连接。棒型浮选机的槽子，在结构上分吸入槽（抽吸槽）和直流槽（浮选槽），选用何种结构的浮选槽及槽数，取决于选别工艺流程、处理量和该种矿石的浮选时间。

在直流槽内安装有中空轴（主轴）、棒型轮、凸台（压盖）、稳流器等主要部件。吸入槽与直流槽主要区别，是在棒型轮的下部装有一个吸浆叶轮，吸浆叶轮具有离心泵的作用，能从底部或槽外将矿浆吸入。在粗选、精选和扫选等各作业的进浆点，均需要安装吸入槽，以保证流程的自流连接。

棒型浮选机的工作原理与叶轮式浮选机相似。利用叶轮或棒轮回转时所产生的负压，经中空轴吸入空气，并弥散形成气泡。靠叶轮或棒轮强烈搅拌与抛射作用，使空气气泡与矿浆充分混合。经捕收剂作用的有用矿物颗粒，选择性地附着于气泡上，上浮至矿浆面，由刮板刮入精矿槽内，从而完成分选作业。

3.3.2.2 主要特点

棒型浮选机最突出的特点，是用扩散型的斜棒轮作为搅拌器，并配以凸台作为导向装置以及独特的弧形稳流板等充气搅拌器组。

(1) 斜棒轮（也称棒型轮），其结构如图 3-8 所示。图中斜棒 2 上端固定于圆盘 1 上，下端均与棒轮旋转相反方向后倾 45°，同时自上而下又向外扩张成 15°锥角。这种结构使棒轮旋转时棒的下端比上端旋转线速度大，越靠近槽底搅拌力就越强，有减少槽底死区和稳定矿浆面的作用，因此能较好地克服密度较大，粒度较粗的矿物在槽内出现的“沉槽”现象。

由于这种搅拌器能防止“沉槽”，死角很小，故浮选槽的容积能得到充分利用。由于充气矿浆呈 W 形运动轨迹，增强了下部搅拌区的混合搅拌作用，造成上部分离区及泡沫富集区稳定分选的条件，且棒轮的安装深度可减小，有利于停车后的启动和提高充气量，减少电耗。

(2) 凸台及弧形稳流板。凸台结构如图 3-8 所示，棒型轮下面一个倒置的凸台起导向作用，防止矿浆在棒轮下方形成旋涡，有利于浆气混合物沿着它的表面呈 W 形轨迹向四周分散，增大棒轮区的真空度，提高吸气量，保证槽子的有效容积。

弧形稳流板是由曲率半径不同的弧形叶片焊接在槽底衬板上而构成的（见图 3-9）。它的作用是使浆气混合物具有良好的整合作用，故能使其均匀分布于槽内各处并防止矿浆在槽内回转，稳流作用好，适应浅槽的要求。

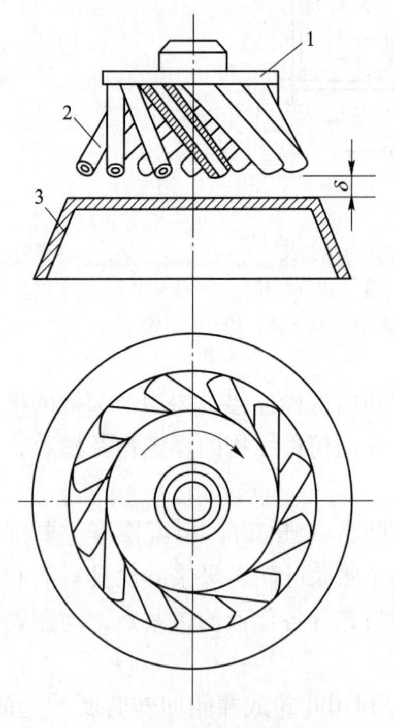

图 3-8　斜棒叶轮及凸台构造

1—圆盘；2—斜棒；3—凸台

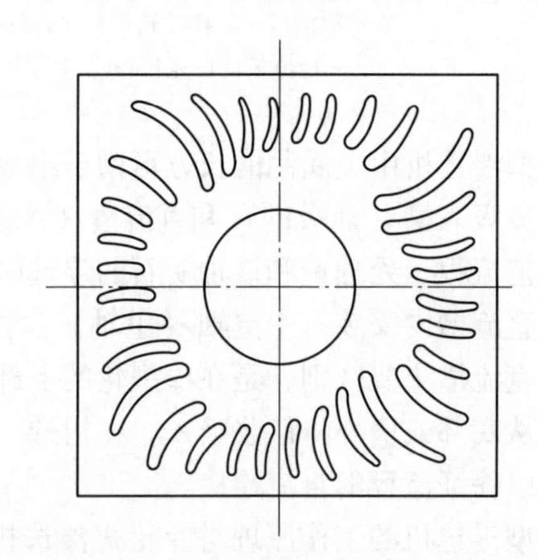

图 3-9　弧形稳流板排列方式（俯视）

(3) 槽子浅。由于采用扩散状叶轮，可在槽内造成 W 形的矿浆运动方式，不仅可获得较平稳的矿浆液面，还可保证气泡有足够长的矿化路程，实现浅槽作业。

(4) 吸浆轮（提升轮）。用来吸入矿浆，这是国产棒型浮选机与国外同类的瓦曼型浮选机的主要差别之处。

由于棒型浮选机属于浅槽式的，浮选速度快，吸气量大，搅拌力强，适用于矿浆浓度大、密度大、粒度较粗的矿物浮选。但是它的吸入槽结构复杂，棒轮磨损较快，槽身浅，变更流程较麻烦。

3.3.3 大型维姆科浮选机

维姆科浮选机是由美国 Wemco 公司制造的。目前最大型 Wemcon 浮选机单槽容积 127.5m^3。它属于机械搅拌式浮选机。

3.3.3.1 结构和工作原理

维姆科型浮选机的结构如图 3-10 所示，它由带放射状的星形转子、定子组成。它由带放射状的星形转子、定子和供矿浆环用的假底等组成。定子是周边有许多椭圆形的圆筒（扩散器），定子内部有突出筋条，定子上部还有一个锥形罩。

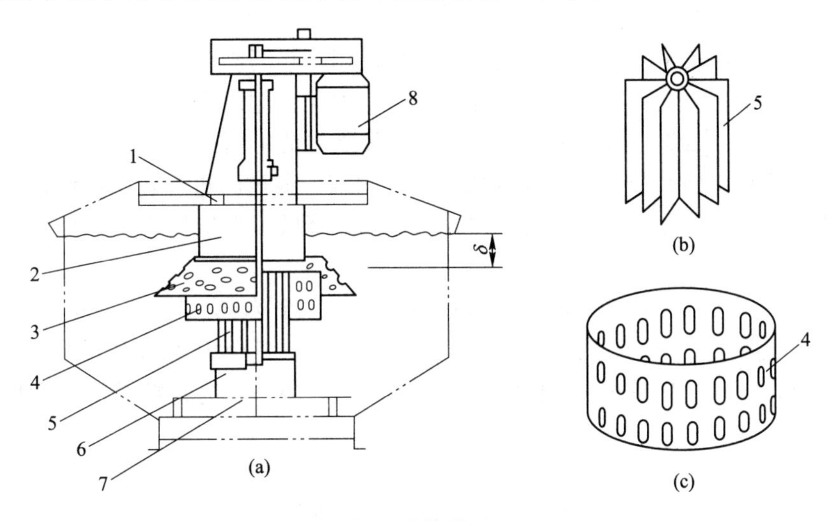

图 3-10 维姆科浮选机

（a）槽子总图；（b）转子；（c）定子

1—进气口；2—竖管；3—锥形罩；4—定子（扩散器）；5—转子；6—导管；7—假底；8—电动机；δ—浸没深度

该机工作时，星形转子将内部的矿浆甩出，矿浆经扩散器和锥形罩（部分矿浆）的孔隙水平地射向四周，液面比较平稳，转子内部产生真空，从下部经导管吸入矿浆，从上部经竖管吸入空气。矿浆在转子内壁上至竖管、下至导管的范围产生激烈的旋涡和紊流，故使其本身能与空气均匀混合，并把空气碎散成泡上浮，自流溢出即为泡沫产品，这种浮选机槽体较浅，电耗低，常用于大型铜矿浮选厂。

3.3.3.2 主要特点

维姆科浮选机的转子和定子组成一个整体，故又称之为维姆科（1+1）。其主要特点有：

（1）采用了新型充气搅拌器及圆锥形泡沫罩。定子具有较好的变向和扩散作用，使浆气混合流不是以切线，而是呈径向运动向槽子周边扩散，形成较为稳定的矿化气泡。而圆锥形泡沫罩则将转子产生的涡流与泡沫层隔离开来，从而保持液面平稳。

（2）设有假底、套筒，增强了搅拌力并形成矿浆的大循环。叶轮的安装浸入矿浆中深度较浅，可使充气量增大，避免粗粒“沉槽”，减少动力消耗。

（3）矿浆按一定径向流到外部，形成以竖轴为中心的旋流，使矿浆的充气量加大，提高了充气效率，故转子转速可以降低，转子与定子间隙较大（约200mm），磨损减少，维修方便。

（4）由于不能自吸矿浆，安装时需设置液面差200~300mm。

3.3.4 机械搅拌式浮选机的发展趋势

19世纪末期，泡沫浮选开始作为一种工业规模的方式在选矿实践中应用。从此，浮选工业获得了迅速发展，至今已有一个世纪历史。泡沫浮选法已成为世界上选别矿物原料的最主要的方法，据粗略统计，世界上有色金属矿物的回收约有90%是采用浮选法，在黑色金属矿物选别领域也约占50%的比例。作为实现矿物浮选的关键性设备——浮选设备发挥着极其重要的作用。

目前，机械搅拌式浮选机在生产实际中大量使用，它们仍存在需要改进的方面，其性能优劣直接影响应用单位的生产效率和经济效益。因此，对该类浮选机进行研究更具有现实意义和实际效果。因此，机械搅拌式浮选机的发展趋势可概括为以下两点：

（1）节能降耗仍将是今后一段时期内的研究热点，通过改进叶轮结构设计、完善充气方式以及设备大型化、自动化，提高浮选效率，同时降低浮选机的单位能耗、减轻浮选设备零部件的磨损。

（2）研究适用于不同粒度矿物的浮选设备将成为一个热点，其中，细粒浮选设备主要研究点集中在增强浮选机对不同粒级矿物浮选的适应性、复合力场的引入方式，提高细粒和微细粒矿物的分选效率等方面。粗粒浮选设备则主要集中在为粗粒矿物提供理想的悬浮条件上。

3.4 充气搅拌式浮选机

充气搅拌式浮选机是机械搅拌和从外部压入空气并用的一种型式。特点是叶轮用作搅拌矿浆和分散气泡，所需空气由外部鼓风机来提供。其结构有很多优点，已在众多选厂应用。国内目前使用的主要有CHF-X14m^{3}浮选机、XJC型、BS-X等浮选机，它们的结构和工作原理基本相同，均类似美国丹佛D-R型浮选机。国外使用的有丹佛D-R、萨拉（BFP）、阿基泰尔（AG）、马克思韦尔（MX）型等。

3.4.1 CHF-X14m^{3}充气搅拌式浮选机

3.4.1.1 结构及工作原理

CHF-X14m^{3}浮选机是国内20世纪70年代后期研制成功的。主要由槽体、叶轮、盖板、钟形物、循环筒、主轴、中心筒及总气筒等组成。它是由两槽组成一个机组，每槽容积7m^3，两槽体背靠背连接，故称为充气机械搅拌式（双机构）浮选机。其结构如图3-11所示。

叶轮上有8个辐射状叶片。盖板由4块拼成，下有24个导向叶片。叶片轮与盖板的轴向间隙为15~20mm，径向间隙为20~40mm。中心筒上部的充气管与总风管相连，中心

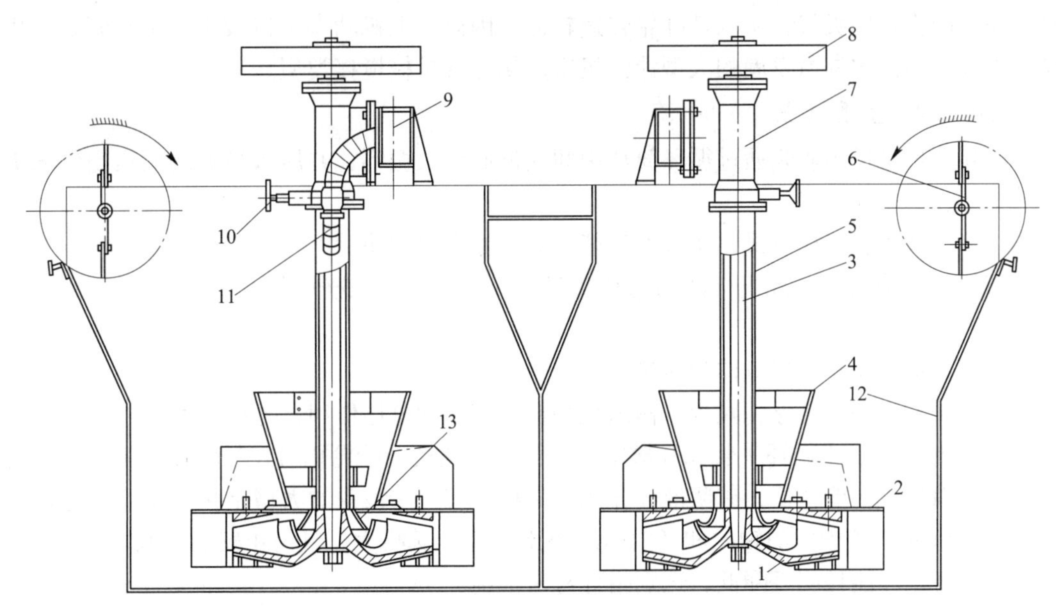

图 3-11 CHF-X14m^3 充气搅拌式浮选机结构图

1—叶轮；2—盖板；3—主轴；4—循环筒；5—中心筒；6—刮泡装置；7—轴承座；8—皮带轮；9—总气筒；10—调节阀；11—充气管；12—槽体；13—钟形物

筒下部与循环筒相连。钟形物安装在中心筒下端。盖板与循环筒相连，循环筒与钟形物之间的环形空间供循环矿浆用，钟形物具有导流作用。

这种浮选机的工作原理主要是：应用了矿浆垂直循环和充入足够的低压空气来提高选别效率。浮选槽内矿浆的垂直循环产生上升流，消除了矿浆在浮选机内出现的分层和沉砂现象，增加了粗粒、重矿物选别的可能性。同时增加了矿粒与气泡的互相碰撞的机会。浮选槽内矿浆的运动方式如图 3-12 所示，当叶轮旋转时，叶轮腔中的矿浆与空气混合后被甩出，使叶轮叶片背面 *A* 区变成负压区，循环矿浆经循环筒与钟形物之间的环形孔进入负压区。低压空气经中心筒与钟形物进入被循环矿浆封住的叶轮腔，促进空气与矿浆在叶轮腔内充分混合，混合物由于旋转叶轮产生离心力的作用，被甩撞在盖板叶片上并进一步使空气泡细分而分散于矿浆中。在垂直循环上升流的作用下，由整个槽底底部向上扩散。矿泥泡沫在槽子上部的平静区与脉石矿物分离，有用矿物被选入泡沫产品。

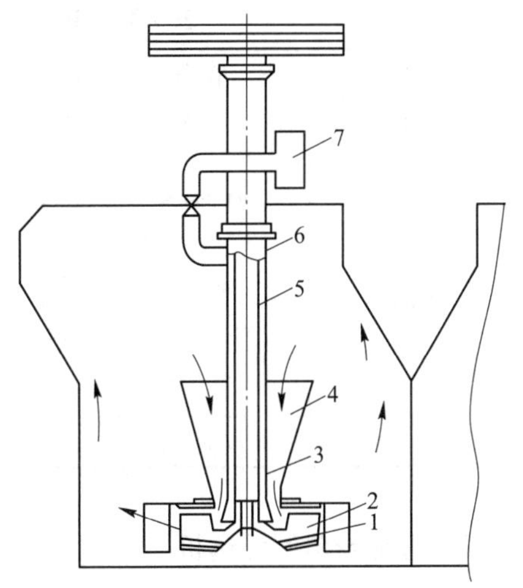

图 3-12 浮选槽内矿浆运动方式示意图

1—叶轮；2—盖板；3—钟形物；4—循环筒；5—主轴部件；6—中心筒；7—风筒

这种浮选机的充气作用不是靠旋转叶轮产生的负压区向槽中吸气的，而是用鼓风机经中心筒向叶轮腔供气。其充气效率主要与充气量及通过叶轮循环矿浆量有关。充气量的大小可以根据需要进行调节，其最大充气量可达 1.5~1.8m^3/(m^2 · min)。正因为这种浮选机不需要产生负压吸气，所以其叶轮转速较低。因此，电机功率可以较小，电耗降低，机械磨损减少。国内外所发展的大型浮选机很多属充气机械搅拌类型。

3.4.1.2 主要特点

该浮选机是运用矿浆通过循环筒从中间向槽底做大循环，并压入足够的低压空气来提高效率。它的主要特点：

(1) 设计为直流槽形式，矿浆通过能力大，浮选速度快。

(2) 采用离心式鼓风机（压力为0.245kg/cm^2）供气，充气量大小根据工艺要求在一定范围内调节。

(3) 占地面积小，单位体积质量轻。

(4) 矿粒在槽内悬浮，减少了槽内粗颗粒的沉积和分层作用，可提高可浮粒级上限。

(5) 叶轮只用于循环矿浆和弥散空气，深槽浮选机的叶轮仍可在低转速下工作，故备件磨损及消耗少，能耗低，矿浆液面亦比较平稳。有利于设备的大型化和提高生产能力。

(6) 叶轮与盖板间的轴向和径向间隙都比A型浮选机大，且易于安装和调整。

(7) 药剂和能耗明显降低，选别指标有所提高。

这种浮选机的缺点是泡沫（中矿）不能自返，尚需配置泡沫泵（也可设置吸入槽来解决）。并且在配置上不能在同一平面，需要阶梯式的配置。该机适用于大、中型浮选厂的粗、扫选作业。

CHF-X14m^3 浮选机的主要技术参数列于表3-3中，其叶轮与盖板安装的轴向间隙为10~15mm，径向间隙为20~40mm。

表3-3 CHF-X14m^3 浮选机技术参数（直流槽）

项 目	单 位	技术参数	项 目	单 位	技术参数
槽体容积	m^3	14	叶轮直径	mm	φ900
槽体尺寸（长×宽×高）	mm×mm×mm	2000×4000×1800	叶轮转速	r/min	150
生产能力（按矿浆计）	m^3/min	6~15	叶轮周速	r/min	7
矿浆循环量	m^3/min	60	主轴电机	kW	18.5 Y225S-8
最大充气量	m^3/(m^2·min)	1.5~1.8	充气压力	kPa	24.5

3.4.2 阿基泰尔型浮选机

3.4.2.1 结构及工作原理

阿基泰尔（Agitair）型浮选机与其他机械搅拌式浮选机相似，也是由叶轮、稳流板、中空轴和槽体几个基本部件组成，其结构如图3-13所示，但在结构和工作上有其独特之处。

工作原理：利用棒式梳子叶轮搅拌矿浆，并使气流分散成均匀细小的气泡，空气由低压风源压入，矿浆与气泡流由叶轮抛甩至稳流板（定子）上经充分混匀后进入分离区，泡沫产品自溢流堰溢出，矿浆自流至下一槽中。

3.4.2.2　主要特点

阿基泰尔型浮选机属于压气机械搅拌式浮选机，由美国加利格（Galigher）公司1932年研制成功，国外应用较广，近年来已日趋大型化，目前最大的单槽容积达33.6m³。它的主要特点：

（1）叶轮是一个圆盘形或圆锥形的钢板，在圆周上均匀、垂直安装棒条，棒条的形状和数量依据规格及负荷不同而不同，称为棒式梳子叶轮，如图3-14所示。叶轮可在较低的转速下工作，足以保持较好的矿浆循环和空气分散。工作时可以正反旋转，其叶轮使用耐磨材料，寿命长。叶轮对矿浆粒度和浓度的变化均有较强的适应性，可用于不同的矿物和不同的选别作业。

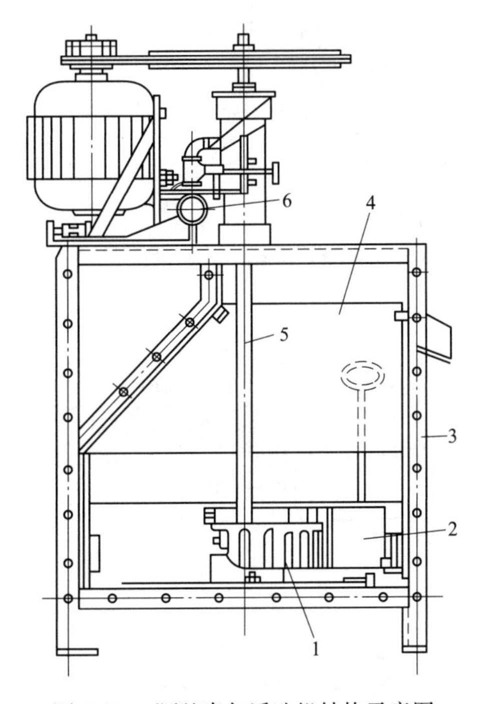

图3-13　阿基泰尔浮选机结构示意图

1—叶轮；2—径向板；3—槽体；
4—可取下的槽间隔板；5—空心轴；6—空气总管

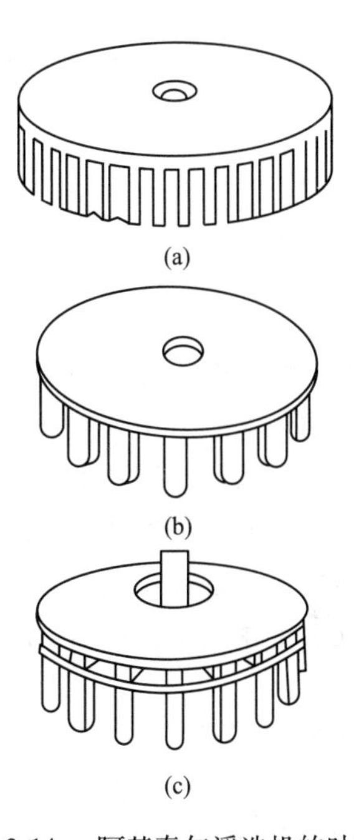

图3-14　阿基泰尔浮选机的叶轮

（a）标准型；（b）奇尔-X型；（c）皮普萨型

（2）叶轮与稳流板共同作用，可造成矿浆在槽内的大循环，消除槽内矿粒的分层和沉积现象，同时也强化气泡的分散作用。

（3）稳流板可翻转使用，故设备磨损小，使用寿命长。

（4）采用直流方形槽，一般由六槽、四槽或二槽组成机组，采用阶梯直流配置。中矿返回需用泵扬送。

3.4.3　BFP型浮选机

气搅式（BFP）浮选机是同时利用机械和压缩空气两种作用进行工作的浮选机。它是由瑞典萨拉（SALA）公司制造，故也称萨拉（BFP）型浮选机。其结构如图3-15所示。它由槽体、叶轮、盖板、主轴和进气筒等几个部件组成。

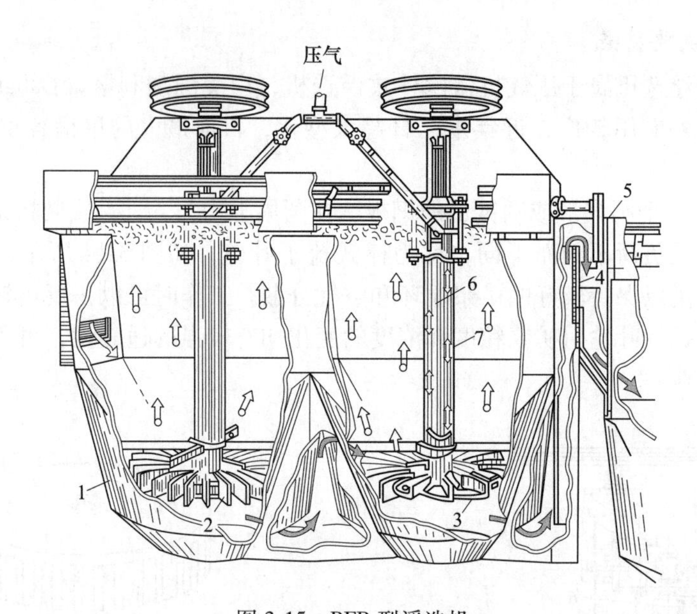

图 3-15　BFP 型浮选机

1—槽体；2—定子；3—叶轮；4—尾矿闸门；5—刮板装置；6—主轴；7—进气筒

工作时，低压的压缩空气通过轴外的导管给入叶轮 3（见图 3-15）中心。叶轮的作用只限于分散压缩空气和防止矿粒沉积。由于不需要造成真空来吸入空气，可采用较低的转速，这样不仅可以减少叶轮磨损，而且由于减弱了搅拌作用，有利于提高产品质量。

盖板（见图 3-16）上有与径向呈 10°的辐射状叶片，其倾斜方向与叶轮旋转方向相反。它能使运动着的矿浆改变方向，由旋转变为垂直上升，以达到稳流的目的。叶轮和盖板都是铁芯衬胶的。

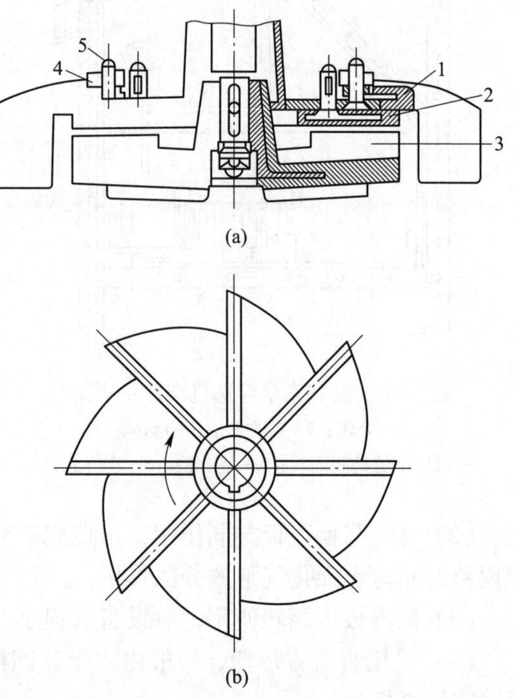

图 3-16　BFP 叶轮盖板构造图

（a）主视图；（b）俯视图

1—盖板；2—护板；3—叶轮；4—楔板；5—销钉

截头圆锥形的槽底（见图 3-15）可消除“死区”，防止矿砂在槽底沉积。矿浆给在距叶轮较远的槽子中部，在本槽中受到选别后，由叶轮下部的排矿口经连通管排至下一槽中。这种浮选机两槽制成一组，可串联亦可并联。由于转速低没有抽吸力，矿浆自流是靠两组槽子的高差实现的。由于槽体中部给入的矿浆向下流动并与叶轮边缘升浮的气泡互相对流，两者能充分接触，有利于气泡的矿化。叶轮边缘的三角形缺口能加速矿浆往低压区流动。

这种浮选机的优点是转速低、耗电少、矿浆面稳定、充气量大、机件磨损小。其缺点是输送泡沫中矿必须用专门的泡沫泵；为保证自流联结需要阶梯式配置，使操作和改变流程均不甚方便（操作台可以做成一个斜面）。

3.5 充气式浮选机

充气式浮选机，属于外部供气的无机械搅拌器类浮选机。是通过多孔的筛板和喷嘴把压缩空气由浮选槽（机）外部充入矿浆中。最常用的是浮选柱，它分为充填式浮选柱、搅拌式浮选柱、电解浮选柱、旋流浮选柱、多产品浮选柱及接触式浮选柱等。

3.5.1 浮选柱的结构及工作原理

浮选柱结构简单，它是一个柱体，内装充气器（气泡发生器），此外还有给矿器、泡沫槽以及管网等，其结构如图 3-17 所示。

在浮选柱底部，由环形供气管供入压缩空气，通过微孔介质充气器（气泡发生器）压入，气泡在柱中由下向上缓慢升起；经药剂处理的矿浆则由柱体上部矿浆分配管从上部均匀给入，向下流动；在矿浆与气泡的对流运动中实现气泡矿化。矿化气泡升浮至矿液面后形成泡沫层，溢出或刮出，非泡沫产品则从柱体底部排出，达到分选目的。

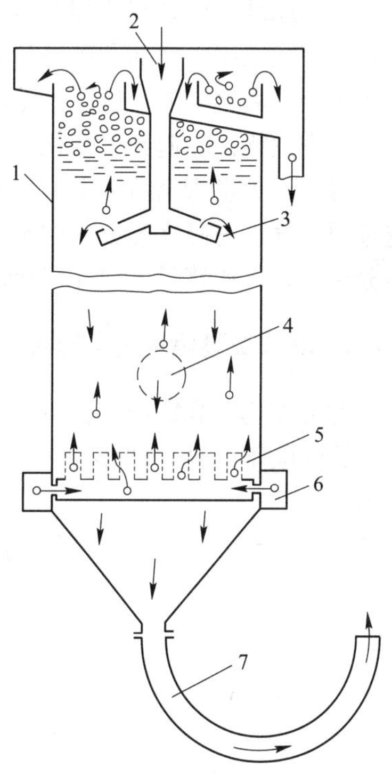

图 3-17 自溢式浮选柱示意图
1—柱体；2—给矿槽；3—矿浆分配管；4—人孔；5—充气器；6—环形供气管道；7—尾矿管

3.5.2 浮选柱的主要特点

浮选柱的主要特点：

（1）结构简单，制造与维护方便，投资小，运行费用低。

（2）创造适宜的气泡和颗粒动态碰撞以及气泡、颗粒结合体静态分离环境，有利于微细粒级选别。

（3）可引入其他力场，强化分选，泡沫厚度、气泡大小和数量调节方便。

（4）浮选速度快，流程简化（一次作业相当于浮选机几次作业效果）。

（5）富集比大，回收率高，处理量大，特别适合于处理微细粒级及易于自控和大型化。

浮选柱的缺点是颗粒难以悬浮、气泡与颗粒接触几率小，为达到提高品位损失回收率，一般用于粗选、扫选作业，自流配置复杂。工业生产中应用好坏主要取决于其关键部件气泡发生器是否成功。气泡发生器有外置和内置方式，在高碱度矿浆中气泡发生器易结垢堵塞且不便更换。

3.6 气体析出式浮选机

气体析出式浮选机属无机械搅拌器类浮选机，它是通过改变矿浆内气体压力的方法，使气体从矿浆内析出弥散气泡，并用矿浆搅拌混合方式进行浮选。它可分为真空式（减压式）和矿浆加压式两种，而矿浆加压式还可细分为空气自吸式（如国内的喷射旋流式浮选机）和压气式（如国外的达夫克勒浮选机、气升式离心浮选机）两类。

3.6.1 喷射旋流式浮选机

工作原理：矿浆与药剂在搅拌桶内，经充分搅拌接触后，加压给入搅拌器喷嘴，使矿浆呈螺旋状喷出，增加了矿浆与空气接触面积和夹带空气能力，充气量大，被高速喷射出的矿浆处于混合室的负压区，呈过饱和状态溶解于矿浆的空气以微泡形式有选择性地在疏水矿物表面析出，起到了强化气泡矿化，捕集细粒矿物的作用。

特点：大量析出活性微泡，强化气泡的矿化过程；充气搅拌器可乳化药剂，强化了浮选过程；气泡粉碎度高；气泡与矿粒的接触机会多，强化气泡的矿化过程；充气量大，气泡分布均匀，矿浆呈 W 形运动轨迹，矿浆液面平稳。

3.6.2 达夫克勒喷射式浮选机

达夫克勒（DAVCRA）喷射式浮选机，属于矿浆加压和空气吹入式浮选机，它由槽体、旋流喷嘴（两个或多个）、泡沫溢流槽、挡板和尾矿导管等组成，其结构如图 3-18 所示。

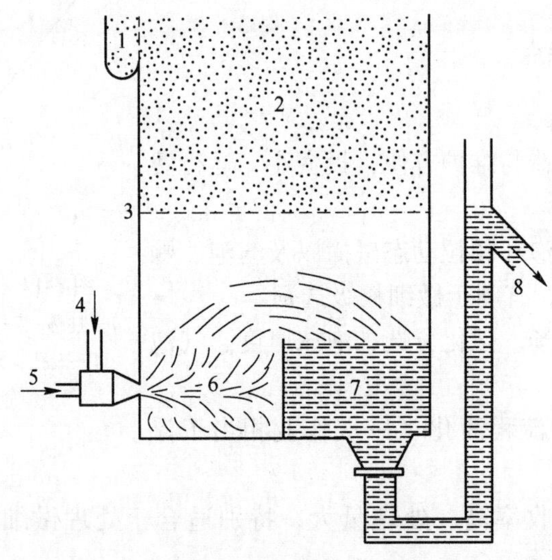

图 3-18　达夫克勒喷射式浮选机

1—泡沫溢流槽；2—泡沫层；3—矿浆液面；4—给矿管；5—空气导管；
6—空气弥散混合与气泡矿化带；7—外充气区；8—尾矿排出管

工作原理：加压矿浆沿切线方向进入旋流喷嘴充气器，并沿其内壁旋转，然后通过喷嘴孔喷入浮选机；压缩空气通过安装在旋流喷嘴中心的空气导管进入，在喷嘴孔稍后之处喷出，以同中心的旋涡射流喷入浮选机；由旋流喷嘴喷出的矿浆和空气旋流，射向一块隔板，扩散能量并使矿浆向上流动，然后向下流入脱气室。脱气室内无搅动，使矿化气泡聚集起来，上浮从泡沫槽溢出，从而使其在矿浆流进尾矿管前达到分离目的。

特点：矿浆与空气一起加压送入浮选机进行浮选，该型浮选机浮选速度快，处理量大，动力消耗少，占地面积小。

3.7　辅 助 设 备

浮选前矿浆必须事先经过准备并用浮选药剂处理。而在浮选过程中，药剂需连续均匀地加入矿浆中，矿浆与药剂需充分作用，这是一项必须且重要的准备工序。它主要由搅拌桶（槽）以及给药机来完成。

3.7.1　搅拌桶（槽）

3.7.1.1　结构及工作原理

矿浆预先准备通常是在搅拌桶（槽）中进行。搅拌桶是用钢板制作的圆筒形槽；圆桶上部安装传动机构，圆桶中央的垂直轴下端有搅拌叶轮（片）。在垂直轴的外围有接收矿浆的套管，套管上设有分管，矿浆在搅拌作用下，经过这些分管循环，搅拌后的矿浆由溢流口溢出至浮选机进行浮选。搅拌桶结构如图 3-19 所示。搅拌工作原理如图 3-20 所示。

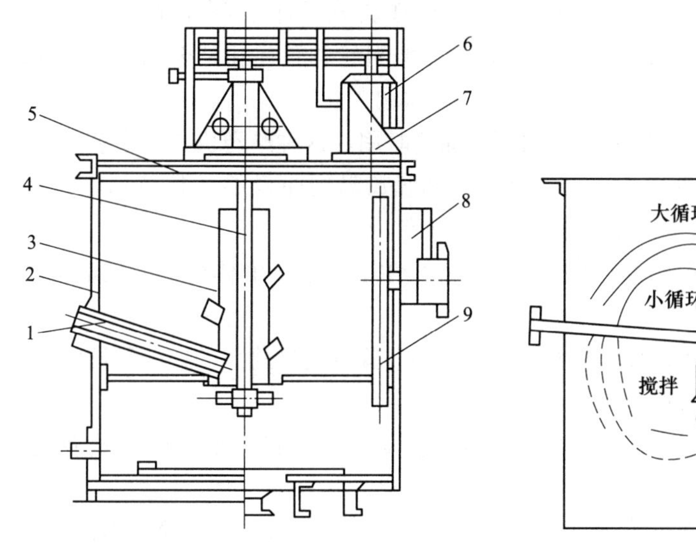

图 3-19　XB 型搅拌桶（槽）

1—给矿管；2—桶（槽）体；3—循环筒；4—传动轴；5—横梁；6—电动机；7—电动机支架；8—溢流口；9—粗砂管

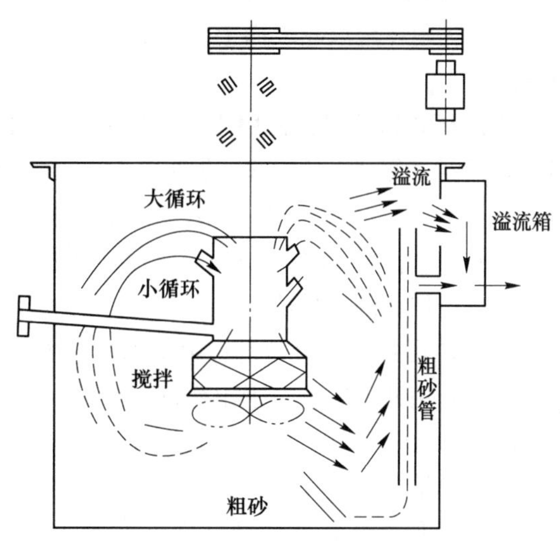

图 3-20　XB 型搅拌桶工作原理

搅拌桶主要作用是保证矿浆与药剂有足够的接触与作用时间，同时还起到缓冲、分配、搅拌或提升矿浆的作用。它的生产能力由桶体容积、矿浆浓度以及矿粒与药剂所需接触搅拌时间所决定。

3.7.1.2 分类

搅拌槽是浮选生产工艺中不可缺少的设备，根据用途不同可分为矿浆搅拌槽、搅拌储槽、提升搅拌槽和药剂搅拌槽四种：

（1）矿浆搅拌槽：用于浮选作业前的矿浆搅拌，使矿粒悬浮并与药剂充分接触、混匀，为选别作业创造条件。

（2）搅拌储槽：用于矿浆搅拌和储存，不仅在选厂应用，其他行业也使用。在黑色、有色金属精矿及煤浆采用管道输送时，也需采用大型搅拌储槽；

（3）提升搅拌槽：既有搅拌又有提升作用，提升高度可达 1.2m。用于配置矿浆自流高差不足，或者矿浆量少不适宜泵送时搅拌和提升矿浆。

（4）药剂搅拌槽：用于浮选厂配制各种药剂。

矿浆搅拌槽在浮选厂使用最多且广泛。根据搅拌矿浆性质及要求悬浮程度不同，其结构上略有差异。如一般强度的搅拌常采用单叶轮无循环筒结构，叶轮转速较低；需高强度搅拌的矿浆则采用循环筒结构或多叶轮结构，叶轮转速高；高浓度矿浆的搅拌则采用大直径或大循环筒式搅拌槽。

3.7.2 给药机

给药机是为浮选加药用的，一般干粉药剂用带式或盘式给药机。液体或需溶解于水的药剂的给药机有各种不同的构造，而其中最常用的有以下几种：

（1）轮式给药机：常用于油类或油状药剂，给药轮在装满药剂的容器内慢慢旋转，药剂成薄层黏附在金属轮表面上，然后被刮板刮下。调节给料轮的转速和刮板宽度可调整给药量。

（2）杯式给药机：常用于计量要求不高的药剂加给时用。这种给药机在一个装满药剂溶液的容器（箱子）里旋转的圆盘上安装给药杯，圆盘旋转时带动给药杯装药（下部）和排药（下部），给药量靠调节药杯的倾斜或大小来确定。

（3）箕斗式给药机：类似于小型斗式提升给料机，斗子在浸入液体药剂时装满药剂，上升至一定位置倾斜排药。

（4）恒压虹吸式给药机：用于添加液体药剂，它是在保持定量药剂的盛药容器中插入虹吸管，利用虹吸原理，吸出药剂。

（5）自动给药机：准备好的药剂给入容器，借助自动调节装置（如阀门）或专设机构进行计量给药。

（6）其他给药装置：选厂在实际生产中，自制或改进了很多给药装置，满足生产需要。

3.8 浮选机的安装、运行、维护、工作指标以及测定

3.8.1 浮选机的安装

浮选机本身具有良好的稳定性，所以安装时不需要特殊的基础，但必须保证溢流堰的

水平。浮选机的安装通常按下述步骤进行（以 A 型浮选机为例）：

（1）安装前的检查。浮选机安装前将包装时的保证物及防腐油去掉，对照装箱单仔细检查各部件及零件，若发现某种缺陷应该设法消除。必要时应拆卸清洗、校正和调整，并检查所有零件是否完整。

（2）成套性部件的检查。浮选机安装前应检查部件套数，确定所需左式和右式装机方案。根据浮选机总图检查零、部件的数量等。

（3）浮选机安装偏差检查：1）安装纵、横中心极限偏差为±3mm，且安装在同一条中心线上的浮选机，其中心直线度公差为 3mm；2）安装标高极限偏差为±5mm，且安装在同一条中心线上的浮选机，相对标高差不大于 3mm；3）安装纵、横向水平度公差为 0.30/1000。

（4）槽体的装配和安装：1）槽体在机体长度方向应保持水平；2）成排安装的浮选机，在槽体连成后溢流堰应水平，高差不大于 5mm；3）成排安装的浮选机，在槽体连成后各槽相对位置差不大于 5mm；4）各槽体的连接采用焊接；5）槽体定位后应与安装垫板、平台或预埋件焊接在一起。

（5）竖轴部分检查及传动装配：1）转子（叶轮）与定子（盖板）间的径向与轴向间隙符合图纸要求，保证叶轮空转时的灵活性；2）竖轴传动装置安装时必须校正电动机中心线的垂直度，电动机三角皮带轮和主轴上三角皮带轮高度是否相符及成套三角皮带轮的张紧程度。

（6）泡沫刮板的安装：1）校正泡沫刮板的直线性及水平性；2）检查刮板轴承安装是否正确以防卡轴，刮板回转轴各轴承同轴度公差为 ϕ2mm；3）刮板回转轴与溢流堰应平行，平行度公差为 3mm；4）刮板叶片和溢流堰之间的间隙为 4~6mm。

（7）中间室的要求：1）安装时中间室与槽体及闸门与中间室之间的接触，应紧密，互相无间隙；2）矿浆液面调整闸板安装后保证灵活。

3.8.2 浮选机的运行

在无负荷运转前及试车注意事项：

（1）转动竖轴，检查是否有异物被卡。

（2）检查矿浆液面调整装置是否灵活。

（3）检查各润滑点油量。

（4）检查竖轴及刮板转数是否符合设计要求。

（5）槽体装水试漏。

（6）装满清水试车，连续运转 2h，无卡碰；轴承温升不超过 40~50℃。

负荷试运转 4h，矿浆浓度、给矿量、空气量，以及药剂的匹配均应符合工艺要求。

正常运转。

3.8.3 浮选机的维护

（1）调整矿浆量：通过拉杆来调整砂门的开启度，保证矿浆平衡，避免粗砂浆沉积在工作室中。

（2）调节液面高度：调节液面调整器来调整液面高度，保证刮板有效刮取泡沫，避免矿浆溢流到泡沫槽中。

（3）调节空气吸入量：根据矿浆量、叶轮和盖板的磨损程度，调整进入叶轮的矿量来调整空气吸入量。

（4）检查空气吸入量：空气吸入量对浮选机性能指标影响较大，而空气吸入量随叶轮和盖板的磨损而减少，故在生产中常用风速计经常检查浮选机空气吸入量。

（5）更换易损件：适时更换易损件。当更换叶轮和盖板时，保证轴向间隙和装配质量。

（6）浮选机常见故障及处理方法见表3-2。

3.8.4 浮选机的使用与工作指标

3.8.4.1 浮选机的使用

浮选通常由几槽、几十槽浮选机连接组成一个连续过程，有粗选、扫选、精选等作业。使用浮选机应满足设备和工艺要求，即设备方面要求零部件齐全、完好，运转正常；工艺上按作业要求达到规定的充气量。

3.8.4.2 浮选机开停车

开车时先启动浮选机，后送入矿浆。待矿浆在快接近槽顶液面产生泡沫层时再开启刮泡装置。开车时应先提高尾矿闸门，待矿浆量正常后再恢复至正常位置。

停车时，待磨机停车且无矿浆进入时，再停浮选机。

3.8.4.3 浮选机的工作指标

浮选机的工作指标即浮选机的质量、数量、经济指标，分别用充气系数α、生产率Q、效率E表示。

（1）充气系数（α）：给入浮选机的空气体积与总矿浆体积之比：

$$\alpha = \frac{V_{气}}{V_{浆} + V_{气}} \tag{3-1}$$

式中 α——充气系数，要求在35%左右范围；

$V_{气}$——给入浮选机的空气体积；

$V_{浆}$——矿浆体积。

（2）浮选机工作的产量指标，用浮选机的固体处理量（Q）表示，其计算公式如下：

$$Q = \frac{1440 V_{槽} K \delta n}{(1 + \delta R)\, t} \tag{3-2}$$

式中 Q——处理量，t/d；

t——浮选时间，min；

δ——矿石比重，t/m^3；

R——矿浆液固比（按质量计）；

$V_{槽}$——浮选槽容积，m^3；

K——容积系数，0.65~0.75；

n——浮选机槽数。

（3）浮选机的经济指标，用吸入单位空气量所消耗的功率（E）表示，即

$$E=\frac{N}{V_{气}} \tag{3-3}$$

式中 E——经济指标，kW/m³；

N——一槽的动能消耗，kW/min；

$V_{气}$——一槽吸入的空气量，m³/min。

实践中 E 越低越好，即达到一定生产率所需的动力消耗最低，此时浮选机的工作指标最佳。

试验研究表明，当浮选机工作的其他条件（叶轮转数、槽子尺寸、循环量）保持一定时，动力消耗（N）随矿浆量增多而增大；充气量（$V_{气}$）随矿浆量增多逐渐增大，但矿浆量增加到一定程度后，吸入的空气量就会急剧下降，即矿浆量必须保证在一定的数量范围，浮选机将会保持在有较大充气量及动能消耗低的状况下工作。

3.8.5 浮选机充气指标的测定和计算

浮选时浮选机内气泡数量、气泡的分散度及其分布均匀程度对浮选机的技术经济指标影响较大，在研制、改进和调整浮选机时，都需要对其各项充气性能进行测定。浮选机的充气性能指标包括充气量、充气均匀度、充气容积利用系数、动力指数、气泡直径和叶轮区负压等项。

3.8.5.1 充气量

浮选机的充气量 Q 通常用每平方米浮选机液面上每分钟溢出的空气量来表示，即

$$Q_0=\frac{\sum Q}{n} \tag{3-4}$$

式中 Q_0——平均充气量，$m^3/(m^2 \cdot min)$；

Q——液面不同地点的充气量，$m^3/(m^2 \cdot min)$；

n——测定点数，个。

浮选机充气量采用量筒或充气量仪来测定。

3.8.5.2 充气均匀度 K

充气均匀度是评价浮选槽液面气泡分布均匀程度的指标，测定浮选机液面各点的充气均匀度按下式计算：

$$K=\frac{\sum_{i=1}^{n}|Q-Q_0|}{Q_0 n}\times 100\% \tag{3-5}$$

式中 K——充气均匀度，%。

3.8.5.3 充气容积利用系数 F

充气容积利用系数是评价浮选槽内气泡分布均匀程度的指标，用充气量测量仪测定距

液面不同深度处的各点的充气量，按下式进行计算：

$$F = \frac{n - n'}{n} \times 100\% \tag{3-6}$$

式中 F——充气容积利用系数,%；

n——浮选槽内测定充气量的总点数，个；

n'——充气量小于 $0.1m^3/(m^2 \cdot min)$ 的点数，个。

3.8.5.4 气泡直径 d_0

气泡直径是评价气泡分散度的指标，用照相法测出浮选槽液面不同地点气泡的直径，取其平均值，以 d_0 表示。

3.8.5.5 动力指数

动力指数是评价浮选机吸气效能的指标，以浮选机每消耗 1kW 功率每分钟能吸入的空气量来表示。

$$\Sigma = \frac{Q_0 A}{N} \tag{3-7}$$

式中 Σ——动力指数，$m^3/(kW \cdot min)$；

A——选槽液面面积，m^2；

N——浮选槽电机的功率消耗，kW；

Q_0——平均充气量，$m^3/(m^2 \cdot min)$。

本章小结

(1) 浮选机是实现浮选过程的关键设备，按充气和搅拌方式不同，通常分为四种类型：机械搅拌式浮选机、充气机械式浮选机、充气式浮选机、气体析出式（变压式）浮选机。

(2) 矿浆充气和气泡矿化是评定浮选机工作效率的主要因素，这些指标越好，浮选进行得越完善。浮选机中的矿浆的充气程度取决于单位容积矿浆中的气泡含量，气泡在矿浆中分散程度及分布均匀程度。气泡矿化的可能性，矿化速度及矿化程度，除与矿粒和药剂的物理化学性质有关外，也与浮选机中矿粒和气泡接触碰撞的条件相关。

(3) 浮选机工作指标即浮选机工作的质量、数量、经济指标，分别用充气系数（α）、生产率（Q）、效率（E）表示：

$$\alpha = \frac{V_{气}}{V_{浆} + V_{气}},\ Q = \frac{1440 V_{槽} K \delta n}{(1 + \delta R) t},\ E = \frac{N}{V_{气}}$$

效率指标（E）越低越好，即达到一定生产率所需的动力消耗最低，这时浮选机的工作指标最佳。

复习思考题

3-1 浮选机的基本功能和要求是什么？

3-2 浮选机如何分类，其结构、特点是什么?

3-3 简述浮选机的充气及搅拌原理。

3-4 XJK、CHF-X14m^3 型浮选机的工作原理是什么，有哪些特点?

3-5 简述浮选机的结构和工作原理、主要特点。

3-6 简述浮选常用的辅助设备的分类、结构和特点。

3-7 浮选机的安装、运行、维护注意什么?

3-8 浮选机的工作指标有几个，其中效率指标的意义是什么?

3-9 举例说明如何利用浮选机的产量指标 Q 来计算浮选机的槽数或实际工作时间?

4 浮选工艺过程

在浮选工艺过程中，影响浮选过程的工艺因素很多，但较为重要的有：

（1）矿石的入选粒度组度，即磨矿细度。

（2）矿浆的入选浓度。

（3）药剂添加和调节，即药剂制度。

（4）矿浆酸碱度。

（5）矿浆温度。

（6）水质。

（7）浮选操作等。

大量的生产实践经验证明，浮选工艺因素必须根据矿石性质的特点，通过试验研究来正确地选择工艺因素，在生产实践中，由于矿石性质的变化，也需要操作人员及时地对工艺因素加以调节，因此，才能获得最佳的技术经济指标。

4.1 粒　　度

所谓粒度，就是矿粒（块矿）大小的量度，将矿粒混合物按粒度大小分成若干粒度组成，这些级别称为粒级，粒级混合物中各粒级的相对含量称为粒度组成。在浮选工艺过程中，为了保证浮选获得较高的技术指标，研究矿粒大小对浮选的影响，以及依据矿石性质确定最佳的入选粒度和其他工艺条件，是有重要意义的。

4.1.1 粒度对浮选的影响

浮选时不但要求矿物单体解离，而且要求适宜的入选粒度。矿粒太粗，即使矿物已单体解离，因超过气泡的浮载能力，往往浮不起来。各类矿物的浮选粒度上限不同，如硫化矿一般为0.2~0.25mm，非硫化矿为0.25~0.3mm。对于一些密度较小的非金属矿，如煤，粒度还可以提高。但是，矿物磨得过细，如0.01mm的矿粒也浮不好。实践还证明，各种不同粒度，其浮选行为也不同。表4-1列出在工业条件下浮选铅锌矿时，各粒级的回收率。

表4-1　在工业条件下浮选铅锌时各粒级回收率

<table>
<tr><th rowspan="2">粒级/mm</th><th rowspan="2">产率/%</th><th colspan="2">回收率/%</th></tr>
<tr><th>铅</th><th>锌</th></tr>
<tr><td>+0.3</td><td>0.5</td><td rowspan="3">34~39</td><td rowspan="3">23~26</td></tr>
<tr><td>-0.3+0.2</td><td>3.0</td></tr>
<tr><td>-0.2+0.15</td><td>7.0</td></tr>
<tr><td>-0.15+0.1</td><td>13.0</td><td>63~74</td><td>84~88</td></tr>
</table>

续表 4-1

粒级/mm	产率/%	回收率/%	
		铅	锌
-0.1+0.075	17.5	84~93	82~95
-0.075+0.052	14.0	92~94	97
-0.052+0.037	10.0	94~95	97
-0.037+0.026	7.0	94~97	97~98
-0.026+0.013	9.0	92~96	96~97
-0.013+0.006	6.0	90~95	96~97
-0.006	13.0	74~86	79~83

表 4-1 数据说明，不同矿物有其最优的浮选粒度范围，入选粒度过粗（大于 0.1mm）和极细的矿粒（小于 0.006mm）都不利于浮选，回收率较低。

在生产过程中，及时测定入浮选的矿石粒度变化，为指导磨矿分级操作提供调节依据，是现场每日每个班都要进行的检测工作。在没有粒度自动测量和自动调节的情况下，一般采用快速筛析法。该法采用的工具为天平秤、浓度壶和筛子（0.074mm 或 0.15mm 等），计算式如下。

$$\gamma_{+} = \frac{G - P - V}{G_1 - P - V} \times 100\% \tag{4-1}$$

式中 γ_{+}——筛上产物的产率,%；

G_1——装满矿浆的浓度壶质量，g；

G——筛分后筛上产物装入浓度壶加满后的质量，g；

P——干浓度壶的质量，g；

V——浓度壶的容积，mL。

故筛下粒级产率 γ_{-}为：

$$\gamma_{-} = 100\% - \gamma_{+} \tag{4-2}$$

由式（4-1）可知，对于一定容积，一定质量的浓度壶，P 和 V 都是一定的，入选粒度（筛下粒度产率 γ_{-}）不同只是由于 G 和 G_1 质量变化，所以在选厂生产中，根据 G 和 G_1 的不同质量计算 γ_{-}（或 γ_{+}），将计算结果列表置于现场。每隔 1~2h 测定一次，就能及时掌握入选的粒度情况，应用很方便。并根据入选粒度的变化，及时改变磨矿分级循环操作条件，如调整磨矿机的给矿速率、磨矿浓度、分级浓度等。

同时，检查浮选精矿和尾矿的粒度组成，也能发现磨细度的变化，如尾矿中粗粒级损失增加，则所谓“跑粗”，说明磨矿细度不够；如果损失的是细粒级，则说明过磨细，这都需要及时调节磨矿分级作业的工艺条件。

粗粒和微细粒（0.010mm）都具有许多特殊的物理和物理化学性质。它们的浮选行为与一般粒度的矿粒不同，因而，在浮选过程中要求特殊的工艺条件。

4.1.2 粗粒浮选的工艺措施

在矿粒单体解离的前提下，粗磨浮选可以节省磨矿费用，降低选矿成本。在处理不均匀嵌布矿石和大型斑岩铜矿的浮选厂普遍在保证粗选回收率前提下，有粗磨矿进行浮选的趋势。但是由于较粗的矿粒比较重，在浮选机中不易悬浮，与气泡碰撞的几率减小，附着气泡不稳定，易于脱落。因此，粗粒矿粒在一般工艺条件下浮选效果较差。为了改善粗粒的浮选，可采用下列的特殊工艺条件：

(1) 浮选机的选择和调节。实践证明，机械搅拌式浮选机内矿浆的强烈湍流运动，是促使矿粒从气泡上脱落的主要原因。因此，降低矿浆运动的湍流强度是保证粗粒浮选的根本措施。可根据具体情况采取措施。

1) 选择适宜于粗粒浮选的专用浮选机，如环射式浮选机（中国）、斯凯纳尔(skinair) 型浮选机（芬兰）等；

2) 改进和调节常规浮选机的结构和操作。如适当降低槽深（采用浅槽型），缩短矿化气泡的浮升路程，避免矿粒脱落；叶轮盖板上方加格筛，减弱矿浆湍流强度，保持泡沫区平稳；增大充气量，形成较多的大气泡，有利于形成气泡和矿粒组成的浮团，将粗粒“拱抬”上浮；刮泡时迅速而平稳等。

(2) 适当地增大矿浆浓度，在较高浓度下浮选。

(3) 改进药剂制度，选用捕收力强的捕收剂和合理增加捕收剂浓度，目的在于增强矿物与气泡的附着强度，加快浮选速度。此外，补加非极性油，如柴油、煤油等，可以“巩固”三相接触周边，增强矿物与气泡的固着密度。

4.1.3 细粒浮选的工艺措施

细粒通常是指-0.018mm 或-0.010mm 的矿泥，矿泥的来源有：一是“原生矿泥”，主要是矿种的各种泥质矿物，如高岭土、绢云母、褐铁矿、绿泥石、炭质及岩等；二是“次生矿泥”，它们是破碎、磨矿、运输、搅拌等过程形成的。根据世界资源情况，无论是黑色、有色或稀有金属矿，富矿资源日趋枯竭，贫、杂、细粒浸染矿石逐年增多，且都日渐趋向于难选，故细磨矿必然成为改善选矿指标必须采取的具有共同性的措施。同时细磨矿必然导致矿泥量增加，从经济观点看，这些矿泥必须进行回收处理。

4.1.3.1 细粒（矿泥）浮选困难的原因

由于细粒级（矿泥）具有质量小、比表面积大等特点，由此引起微粒在介质中（浮选环境中）的一系列特殊行为：

(1) 从微粒与微粒的作用看，由于微粒表面能显著增加，在一定条件下，不同矿物微粒之间容易发生互凝而形成非选择性凝结。细微粒易于黏着在粗粒矿物表面形成矿泥覆盖。

(2) 从微粒与介质的作用看，微粒具有大的比表面积和表面能，具有较强的药剂吸附能力，吸附选择性差；表面溶解度大，使矿浆“难免离子”增加；质量小易被机械夹带。

(3) 从微粒与气泡的作用看，由于接触效率及黏着效率降低，使气泡对矿粒的捕获率下降，同时产生气泡的矿泥“装甲”现象，影响气泡的运载量。

上述行为均是导致细粒浮选速度变慢、选择性变坏、回收率降低、浮选指标明显下降的原因。

4.1.3.2 细粒浮选工艺措施

消除和防止矿泥对浮选影响的主要措施有：

（1）脱泥是根除矿泥影响的一种方法。分级脱泥是最常用的方法。如用水力旋流器，在浮选前脱出某一粒级的矿泥并将其废弃，或者细粒和粗砂分别处理，即进行所谓“泥砂分选”；对于一些易选的矿泥，可在浮选前加少量药剂浮除。

（2）添加矿泥分散剂。将矿泥分散可以消除部分矿泥罩盖于其他矿物表面或微粒间发生无选择互凝的有害作用。常用的矿泥分散剂有水玻璃、碳酸钠、氢氧化钠、六偏磷酸钠等。

（3）分段、分批加药。保持矿浆中药剂的有效浓度，并可提高选择性。

（4）采用较稀的矿浆。矿浆较稀，一方面可以避免矿泥污染精矿泡沫，另一方面可降低矿浆黏度。

选用对微粒矿物具有化学吸附或螯合作用的捕收剂。以利于提高浮选过程的选择性。

应用物理的或化学的方法，增大微粒矿物的外观粒径，提高待分选矿物的浮选速率和选择性。目前根据这一原则发展起来的新工艺主要有：

（1）选择絮凝浮选。采用絮凝剂选择性絮凝目的矿物微粒或脉石细泥，然后用浮选法分离。此法已用于细粒赤铁矿的选别，如美国蒂尔登选厂。

（2）载体浮选。它利用一般浮选粒级的矿粒作载体，使目的矿物细粒罩盖在载体上上浮。可用同类矿物作载体，也可用异类矿物作载体。如用硫黄作细粒磷灰石浮选的载体；用黄铁矿作载体来浮选细粒的金；用方解石作载体，浮除高岭土中的锐钛矿杂质等。

（3）团聚浮选，又称乳化浮选。细粒矿物经捕收剂处理后，在中性油的作用下，形成带矿的油状泡沫。此法已用于选别锰矿、钛铁矿、磷灰石等。其操作工艺条件分为两类：捕收剂与中性油先配成乳化液加入；在高浓度（达70%）矿浆中，分别先后次序加入中性油及捕收剂，强烈搅拌，控制时间，然后刮出上层泡沫。

减小气泡粒径，实现微泡浮选。在一定条件下，减少气泡粒径，不仅可以增加气-液界面，同时增加微粒的碰撞几率和黏附几率，有利于微粒矿物的浮选。当前主要的工艺有：

（1）真空浮选。采用降压装置，从溶液中析出微泡的真空浮选法，气泡粒径一般为0.1~0.5mm。研究证明，从水中析出微泡浮选细粒的重晶石、萤石、石英等是有效的。其他条件相同时，用常规浮选，重晶石精矿品位为54.4%，回收率30.6%；而用真空浮选，品位可提高到53.6%~69.6%，相应的回收率52.9%~45.2%。

（2）电解浮选。利用电解水的方法获得微泡，一般气泡粒径为0.02~0.06mm，用来浮选细粒锡石时，单用电解氧气泡浮选，粗选回收率比常规浮选显著提高，由35.5%提高到79.5%，同时，品位还提高0.8%。

此外，近年来开展了其他新工艺的研究，如控制分散浮选。分支浮选用于铁矿，黑钨细泥浮选均取得了明显的效果。

4.2 矿浆浓度

浮选前的矿浆调节，是浮选过程中的一个重要作业，包括矿浆浓度的确定和调浆方式选择等工艺因素。

4.2.1　矿浆浓度的表示方法和测定

矿浆浓度是指矿浆中固体矿粒含量，矿浆浓度有两种表示方法：固体含量的百分数和液固比。

固体含量的百分数（%）表示矿浆中固体质量（或体积）所占的百分数，以符号 C 表示，有时又称为百分浓度。浮选厂常见的浮选浓度列于表 4-2。

$$C = \frac{\text{矿石的质量}}{\text{矿浆(矿石 + 水)的质量}} \times 100\%$$

液固比表示矿浆中液体与固体质量之比，有时又称为稀释度，以符号 R 表示。它与百分浓度可以换算：

$$R = \frac{100\% - C}{C}$$

表 4-2　浮选厂常见的矿浆浓度

矿石类型	浮选循环	矿浆浓度（固体）/%			
		粗选		精选	
		范围	平均	范围	平均
硫化铜矿	铜及硫化铁	22~60	41	10~30	20
硫化铅锌矿	铅	30~48	39	10~30	20
硫化锌矿	锌	20~30	25	10~25	18
硫化钼矿	辉钼矿	40~48	44	16~20	18
铁矿	赤铁矿	22~38	30	10~22	16

矿浆浓度测定的方法分为：手工测量和自动控制两种。目前，国内多数选矿厂在研究和推广浓度自动控制方面取得了很多宝贵经验，为今后生产中稳定使用奠定了基础。而存在的问题是灵敏度不够，调节控制数值不稳定等。但是无论已安装自动控制设备的选矿厂，还是没有自动控制的选矿厂，手工测量浓度在目前仍是不可缺少的。手工测量，一般采用浓度壶法，计算公式如下。

$$C = \frac{\delta(G - P - V)}{(\vartheta - 1)(G - P)} \times 100\% \tag{4-3}$$

在实际生产中为便于操作，常将式（4-3）变换为：

$$G = \frac{V\delta}{C + \delta + \delta C} + P \tag{4-4}$$

式中　C——固体百分浓度,%；

δ——矿石密度；

G——装满矿浆的浓度壶质量，g；

P——干浓度壶质量，g；

V——浓度壶容积，mL。

故在已知浓度壶容积，自重 P 和矿石密度的前提下，可根据不同的 C 值计算出相对的 G 值，列成浓度换算表置于生产现场。操作人员可依据称量得到的 G 值，迅速从换算表查出相对应的矿浆浓度。

4.2.2 矿浆浓度对浮选的影响

矿浆浓度作为浮选过程的重要工艺因素之一，它影响下列各项技术经济指标：

（1）回收率。在各种矿物的浮选中，矿浆浓度和回收率存在明显的规律性。当矿浆很稀时，回收率较低，随着矿浆浓度的逐渐增加，回收率也逐渐增加，并达到最大值。但超过最佳矿浆浓度后，回收率又降低。这是由于矿浆浓度过高或过低都会使浮选机充气条件变坏。

（2）精矿质量。一般规律是在较稀的矿浆中浮选时，精矿质量较高，而在较浓的矿浆中浮选时，精矿质量就下降。

（3）药剂用量。在浮选时矿浆中必须均衡地保持一定的药剂浓度，才能获得良好的浮选指标。当矿浆浓度较高时，液相中药剂增加，处理每吨矿石的用药量可减少；反之，当矿浆浓度较低时，处理每吨矿石的用药量就增加。

（4）浮选机的生产能力。随着矿浆浓度的增高，浮选机按处理量生产的生产能力也增大。

（5）浮选时间。在矿浆浓度较高时，浮选时间会增加，有利于提高回收率，增加了浮选机的生产率。

（6）水电消耗。矿浆浓度越高，处理每吨矿石的水电消耗将越少。

在实际生产过程中，浮选时除保持最适宜的矿浆浓度外，还须考虑矿石性质和具体的浮选条件。一般原则是：浮选密度大、粒度粗的矿物，往往用较高的矿浆浓度；当浮选密度较小，粒度细或矿泥时，则用较低的矿浆浓度；粗选作业采用较高的矿浆浓度，可以保证获得高的回收率和节省药剂，精选用较低的浓度，则有利于提高精矿品位。扫选作业的浓度受粗选作业影响，一般不另行控制。

4.2.3 分级调浆的概念及应用

调浆就是把原矿配成适宜浓度的矿浆，依次加入浮选药剂，并搅拌均匀，从而保证浮选过程正常有效的进行。

分级调浆就是根据不同粒度不同调浆条件，矿浆按粗细粒级分级成两支或三支进行调浆。分级的粒度界限可以通过试验来确定。图 4-1 所示为两支和三支的调浆方案。

分两支的调浆方案，药剂只加到矿砂（粒度较粗）部分，矿砂调浆后，矿泥部分并入矿砂并与其一起浮选。这种方案适用于矿泥的浮选活度比矿砂高，而粒度较粗的矿粒需提高药量或补加其他强力捕收剂的情况，这样处理使粗、细粒的可浮性差别较小，而趋于均一化。另外，粗粒要求较高的药剂浓度，也因分级调浆而得到实现。如铅锌矿分级调浆的经验证明，粗粒部分的黄药浓度，为一般调浆的平均值的 7~10 倍，优点是既保证有效的浮选，又改善选择性。

分三支调浆的方案。矿浆分为三级：矿砂Ⅰ（粗粒）、矿砂Ⅱ（中粒）和矿泥。中粒级一般可浮性较好，而粗粒和矿泥都要求特殊调浆。三支的可浮性相差较大时，采用这一方案，但设备及管道较多。因此在一般情况下，用两支调节器调浆较为简便。

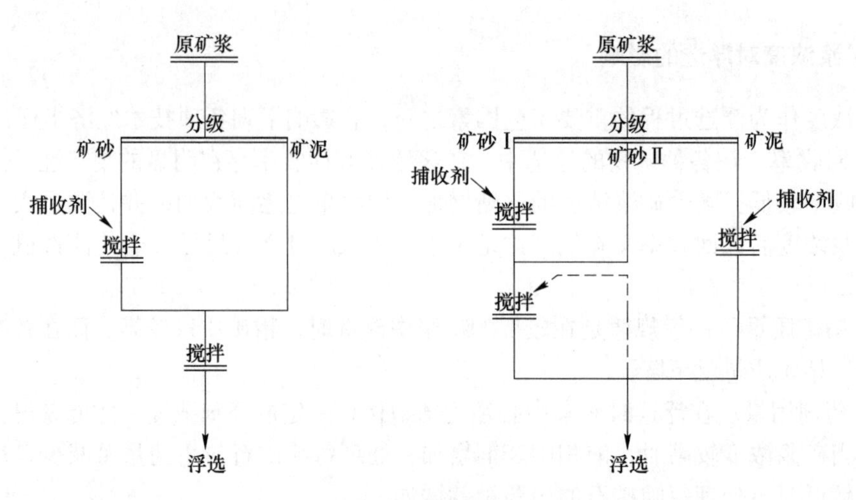

图 4-1　分级调浆

4.2.4　充气调浆

利用原矿中各种硫化矿在充气搅拌时，表面氧气程度的差异，可以扩大各种硫化矿可浮性的差别，这有利于下一步的分选。例如，对含铜硫化矿的矿浆充气调浆的证明，加药以前充气调浆 30min，矿石中磁黄铁矿和黄铁矿受到氧化，而黄铜矿仍保持其原有的可浮性，甚至受到活化。但充气调浆时间过长，黄铜矿也会受到氧化，在其表面形成氢氧化铁薄膜，降低可浮性；毒砂与黄铁矿的分离，也常用充气调浆，使易氧化的毒砂表面氧化，来达到分离浮选的目的。

4.3　药剂制度

前面讲了粒度和矿浆浓度在浮选工艺过程的重要性。在自然界中，天然可浮性好的矿物不多，大多数硫化矿、氧化矿等本身就亲水难浮，经过矿床中的温度、压力、地下水、风化等作用以及破碎磨矿过程，表面受污染，它的可浮性受到影响。即使是天然可浮性好的矿物，受到氧化和水化的影响，可浮性也会降低。为了实现各类矿物的浮选，就需要改变各类矿物的可浮性，目前最有效的方法就是通过加入浮选药剂，造成矿物表面的“人为可浮性”，调节矿物的可浮性和改善气泡的性质，从而达到控制浮选过程的目的。生产过程中对所需添加药剂种类、药剂用量、配制、添加位置和方式等的总称，称为药剂制度，俗称“药方”。它是浮选工艺中的一个关键因素，对浮选指标有重大的影响。

4.3.1　药剂的配制方法

在实际生产条件下，浮选药剂常常是配制成一定浓度的溶液加入矿浆中，其制备方法包括：把固态的药剂溶解于溶剂中和将不同浓度的溶液加以混合，对提高药效，改善浮选工艺指标有重要意义。配制方法的选择主要根据药剂的性质，加药位置，添加方式和功能，常用的有下列方法：

（1）液态药剂的直接应用。这类药剂不需要配制，在生产中可直接用原药添加，如 2

号油、煤油等。

（2）配制成1%～10%的水溶液。这类药剂大多可溶于水，如黄药、硫酸铜、硫酸、水玻璃等。

（3）溶剂配制法。对于一些不易溶于水的药剂，在不改变药剂捕收性质的前提下，可将它溶于特殊的溶剂中。如白药不溶于水，但溶于10%～20%的苯溶液，配制成苯胺混合溶液之后使用。

（4）皂化。皂化是脂肪酸类捕收剂最常用的方法。如我国赤铁矿，用氧化石蜡皂和妥尔油配合作捕收剂。为了使妥尔油皂化，配制药剂时，添加10%左右的碳酸钠，并加温制成热的皂液使用。

（5）乳化。乳化的方法有机械强烈搅拌或超声波乳化等，脂肪酯类、柴油经过乳化以后，可以增加它们在矿浆中的弥散，提高效用。加乳化剂就更为有效，如妥尔油常与柴油在水中加乳化剂——烷基芳基磺酸盐。许多表面活性物质，都可以作为乳化剂。

（6）酸化。在使用阳离子捕收剂时，由于它的水溶性很差，因而必须用盐酸或醋酸进行质子化处理，然后才溶于水，供浮选使用。

$$RNH_2 + HCl \longrightarrow RNH_3Cl$$

$$RNH_3Cl = RNH_3^+ + Cl^-$$

（7）氧溶液法。这是强化药剂作用的药剂配制新方法，其实质是使用一种喷雾装置，将药剂在空气介质中雾化以后，直接加到浮选槽内，故也称为“气胶浮选法”，如日本田老选矿厂的试验证明，将捕收剂，起泡剂等，与空气混合制成气溶胶，直接加入浮选矿浆内，这不但改善了铜、铅矿物的浮选，而且药耗显著下降。捕收剂仅为通常用量1/4～1/3，起泡剂（甲基戊醇）为通常量的1/5。我国试验用气溶胶法加药也证明，药剂用量可降低30%～50%。

（8）药剂的电化学处理。即是在溶液中通以直流电对浮选药剂的电化学作用。该法可改变药剂的本身状态——溶液的pH值以及氧化还原电位值。从而提高药剂最有活化作用组分的浓度，提高形成胶粒的临界浓度，提高难溶药剂在水中的分散程度等。

例如：为了配制含一定比例双黄药的黄药溶液，用电催化法，如图4-2所示。它利用水射流得到气-水-黄药的混合物，混合物在两片镍电极之间通过，两电极间的电位差3～5V，电流1A。此时，在阳极上，黄药溶液电氧化得到双黄药：

$$2ROCSS^- - 2e \longrightarrow (ROCSS)_2$$

在阳极上，可同时进行着水的分解并形成游离的氢氧根离子，导致黄药溶液pH值的提高：

$$2H_2O + 2e \longrightarrow H_2 + 2OH^-$$

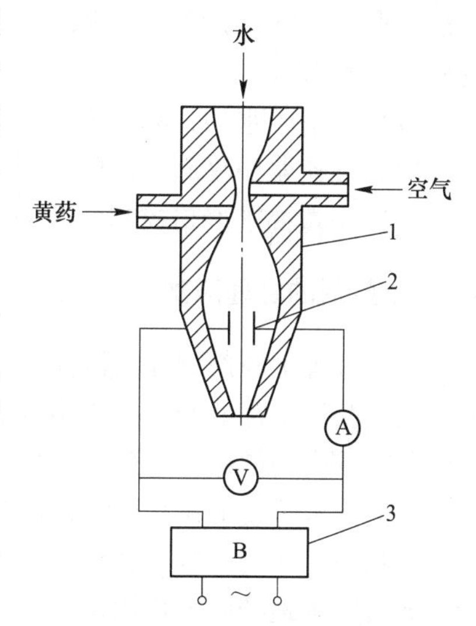

图4-2　黄药电催化氧化设备原理图
1—水流泵；2—镍电极；3—整流器

研究证明，对每种类型硫化矿物存在着黄药和双黄药的适宜比例，此时，在浮选泡沫产品中硫化矿物有最大的回收率。

其他药剂也可根据类似原理进行电化学处理，提高其效用。如硫化钠（Na_2S）溶液电还原可使硫氢离子（HS^-）和硫离子（S^-）浓度提高 1.3~1.5 倍，显著加强了溶液的还原性质，从而提高它对硫化矿的抑制作用，还有如氰化物、水玻璃、磷酸、碳酸钠、硅氟酸钠的电化学处理，均使药剂的有效成分提高和增加药剂的有效性。

4.3.2　加药的位置及方式

一般情况下，浮选药剂的确定都是在小型试验的基础上，通过对试验结果的分析而确定的。其加药点的选择及方式，都充分考虑矿石的特性及其工艺的具体条件、药剂的用途、溶解度。通常矿浆调整剂加入磨矿机中，可消除原矿中或破碎中起活化或抑制作用的“难免离子”对浮选过程的有害影响。抑制剂加在捕收剂前，也可加到磨矿机中，活化剂常加入搅拌槽，在槽中与矿浆作用一定的时间。捕收剂同时具有捕收和起泡作用。起泡作用的药剂加到搅拌槽和浮选机中，而难溶的捕收剂（如甲酚黑药、白药、煤油等），为促使其溶解和分散，延长与矿物的作用时间，也常加入磨矿机中。

常见的加药顺序为：

（1）浮选原矿时，调整剂—抑制剂—捕收剂—起泡剂。

（2）浮选被抑制的矿物时，活化剂—捕收剂—起泡剂。

加药可采用一次添加、分批添加两种方式。一次添加是将某种药剂在浮选前一次加入矿浆中，从而某作业点的药剂浓度较高，作用强度大，添加方便。一般对于易溶于水的、不致被泡沫机械地带走，并且在矿浆中不易起反应而失效的药剂（如苏打、石灰等），常采用一次加药。

分批加药是将某种药剂在浮选过程中分批加入。一般在浮选前加入总量的 20%~60%，其余 30%~40%分几批加入适当作业点，这样可以维持浮选作业线的药剂浓度，有利于改善精矿质量，与一次添加相比，可获得较高的回收率和降低药剂成本。对于下列情况，则应采用分批添加：

（1）难溶于水的，易被泡沫带走的药剂，如油酸、脂肪胺类捕收剂等。

（2）在矿浆中易起反应的药剂。如二氧化碳、二氧化硫等。

（3）用量要求严格控制的药剂。如硫化钠，局部浓度过大，就会失去选择作用。

4.3.3　药剂的合理添加

浮选过程中药剂制度的最佳化和准确控制药剂用量，对浮选过程的稳定，最大限度降低药耗，获得最佳的经济技术指标有着重要的影响。也就是说，浮选药剂用量必须准确，才能获得较高的指标。当药剂用量不足，浮游矿物疏水性不好，回收率低；药剂用量过多时，使部分被抑制的矿物浮游，同时被抑制的矿粒会在气泡表面竞争附着，减少浮游矿物上浮的几率，影响回收率和精矿品位。

如何准确地控制药剂用量，主要通过实验室实验和工业实验，并可了解矿浆中药剂和矿物之间、各种药剂浓度的互相关系，对浮选指标产生的影响因素等。在浮选厂中，如果已知所使用的药剂和单位消耗量、配制药剂的浓度可计算为：

$$x = \frac{bQ \times 1000}{m \times 60}$$

式中 Q——1h 内处理的矿石量，t；

m——药剂浓度，g/L；

b——纯药剂的消耗量，g/t；

x——消耗药剂溶液的数量，mL/min。

当计算在实验室实验所需药剂消耗时，可利用下式：

$$x = \frac{bQ \times 1000}{m}$$

式中 Q——矿石矿量，t；

b——纯药剂的消耗量，g/t；

m——药剂浓度，g/L；

x——消耗药剂溶液的数量，mL。

以原状药液形式添加到浮选过程中，体积（如松油等）按下式进行计算：

$$x = \frac{bo_1}{\Delta \times 60}$$

式中 x——药剂消耗量，mL/min；

o_1——1h 的处理矿量，t；

b——吨矿的药剂消耗量，g/t；

Δ——溶液浓度，g/L。

在实验室的实际工作中，当添加液体药剂时，按滴数计算药剂用量的多少也很方便。如某液体药剂 30 滴药剂的总质量为 330mg，则一滴药剂的质量为 330÷30＝11mg。

4.4 矿浆酸碱度

矿浆的酸碱度是由 pH 值来量度，它的范围是 1～14。矿浆 pH 值的变化直接或间接影响其浮选过程中矿物的可浮性，浮选矿物的回收率与一定范围内的 pH 值有密切的关系。

4.4.1 pH 值对浮选的影响

pH 值调整剂对浮选体系的组分主要有以下几种作用形式：

（1）改变溶液的 pH 值，从而改变矿物表面的可溶性，也改变溶于水介质中化合物（特别是弱酸，也包括离子型捕收剂）的离子和分子比。

（2）形成难溶化合物，其中多数是低溶度积的多价金属氢氧化物和碳酸盐。由于形成难溶化合物，出现了晶核。这些晶核可长大到胶体分散颗粒和微细分散颗粒的大小。在这些分散产物中，很多都对浮选有显著影响。

（3）改变介质 pH 值，对离子型捕收剂在固体表面上的吸附量影响很大，从而强烈地影响各种矿物的浮选。

（4）由于 OH^- 的存在，形成多价金属氢氧化物，对捕收剂阴离子产生竞争反应，从而降低阴离子捕收剂的吸附量。当 pH 值超过临界 pH 值时，很多硫化矿的浮选将受到强烈抑制。

(5) 酸能洗去矿粒表面上妨碍捕收剂吸附的薄膜。

(6) 改变双电层的组成、活性、结构，从而改变矿物表面的水化作用。

(7) 改变浮选悬浮液的聚集稳定性。在碱性介质中，矿石悬浮液较稳定，能使形成的集合体分散，并可将妨碍选择性浮选的黏附在矿物表面上的矿泥洗去。用石灰时，有时出现凝聚现象。

(8) 当胶体分散颗粒（矿浆中的反应产物）在气泡表面上附着，形成稀疏的薄膜时，矿物被活化，能使固体颗粒对气泡的吸引力增大。相反，厚实的胶体薄膜将阻碍矿粒在气泡上的附着，矿物被抑制。

4.4.2　药剂与 pH 值的关系

对于离子型浮选，由于它在水溶液中发生水解或解离反应，使介质 pH 值发生变化，影响到药效对被浮选矿物的作用及药剂之间的相互作用。因此，预先了解一定浓度的某种药剂对 pH 值改变的关系。在研究和生产中，矿浆 pH 值调节及药剂相互作用的调节控制非常重要。对于简单的一元酸、碱及盐类药剂溶液的 pH 值可由解离平衡方程计算；对于多元酸、碱及盐类浮选药剂溶液的 pH 值则采用各种图解法。主要有浮选剂组分分布系数 Φ 随 pH 值变化图解法（Φ-pH 值图解法）和各组分浓度 c 随 pH 值变化图解法（lg$c$-pH 值图解法）。

黄药是浮选中最常用的捕收剂，在水中水解成黄原酸 HX（X^-表示 $ROCSS^-$），然后解离成 X^-和 H^-。在研究黄药的作用机理中，提出过分子吸附和离子吸附假说。按照分子吸附假说，HX 是有效作用形式，则由图 4-3 可知，浮选液 pH 值应为 pH<pK_a（K_a 为药剂解离常数），如图 4-4 曲线 2 闪锌矿的浮选所示。当浮选液 pH<4 时，黄药主要以 HX 形式存在，此时闪锌矿浮选效果在 pH 值为 2~4 最好。图 4-4 不能说明 pH<1 后，闪锌矿不浮的原因，虽然黄药这时是 100%的 HX。按照离子吸附假说，浮选液 pH 值应为 pH>pK_a，如图 4-4 中曲线，当 pH>4 时，方铅矿浮选效果最好，此时黄药主要以 X^-形成存在；但当 pH>11 时，方铅矿可浮性下降，这可能是因为存在 OH^-的竞争吸附。

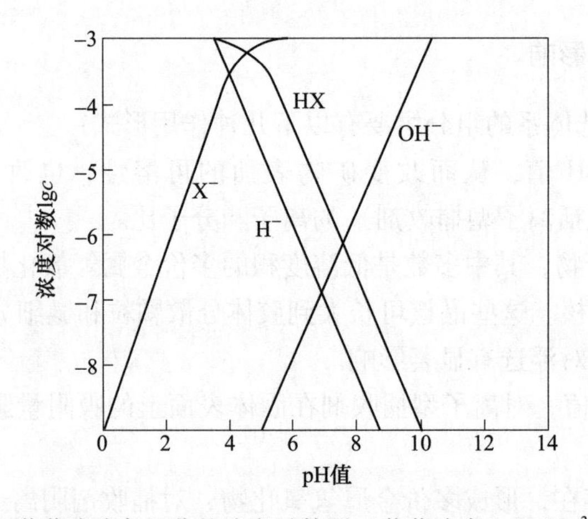

图 4-3　黄药溶液各组分的浓度对数图（黄药浓度 1.0×10^{-3}mol/L）

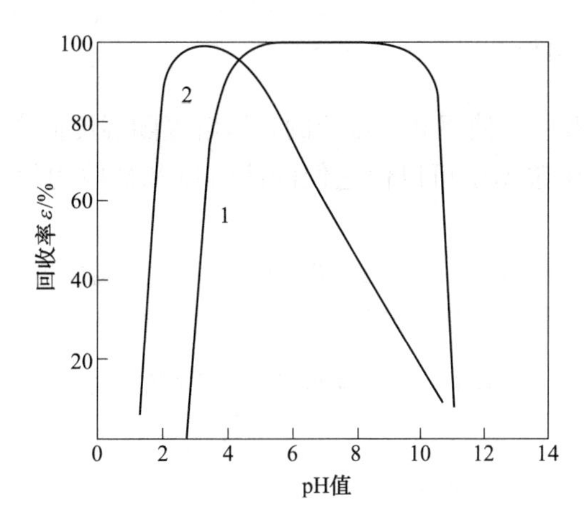

图 4-4 铅锌硫化矿浮选回收率与 pH 值的关系

1—方铅矿，1.0×10^{-5}mol/L(乙黄药)；2—闪锌矿，2.5×10^{-4}mol/L AmX（戊黄药）

通常黄药对硫化矿作用需要的浓度在 10^{-5}mol/L 以上，才能显著有效，若以 X^- 为有效组分，则要求：

$$\lg C_T - \lg(K_a + [H^+]) + \lg K_a > 10^{-5}$$

若以 HX 为有效组分，则要求：

$$\lg C_T - pH - \lg(K_a + [H^+]) > 10^{-5}$$

非硫化矿捕收剂，如长链脂肪酸盐，长链脂肪胺盐及磺酸盐等捕收剂，因疏水烃链较长，链间作用力较强，可以发生疏水缔合；亲水基中若含氢氧原子，还可以发生氢键合。因而这一类药剂在低浓度时呈单分子或离子状态，一定浓度下，会形成二聚物、离子-分子缔合物（低度缔合）；在较高浓度下，则形成半胶束或胶束（高度缔合）。浮选时可根据不同结构缔合物的浮选活性不同，通过控制介质条件，使浮选性高的组分占优势，有利于改善浮选过程。如油酸盐与十二胺溶液表面张力最低时的 pH 值与形成离子-分子缔合物最大的 pH 值相对应，表明在各种组分中，此种组分的表面活性最大，而浮选研究也表明，分子-离子缔合物的形成，对浮选过程也有重要影响。故可控制药剂的浓度和浮选溶液 pH 值以实现较佳浮选。在使用脂肪酸类捕收剂时，不能用石灰来调节浮选液 pH 值，这是因为捕收剂与石灰反应生成溶解度很低的脂肪酸钙盐，消耗掉大量的脂肪酸，并使浮选过程的选择性变坏。

在实际生产中，控制矿浆的酸碱度对于降低药耗、提高选矿的经济指标有着重要意义。如采用 IPC-AT 智能 pH 控制仪与 HD 系列给药机配合，能有效地控制捕收剂和调整剂的用量，调整剂的用量能下降 30%左右，浮选指标明显改善。

4.5 矿浆温度

矿浆温度在浮选过程中常常起重要的作用，也是影响浮选的一个重要因素。调节矿浆温度条件主要来自两个方面的要求：一是药剂的性质，有些药剂要在一定的温度下才能发挥其有效作用；二是有些特殊的工艺，要求提高矿浆的温度，以达到分选矿物的目的。

4.5.1 非硫化矿的加温浮选

在非硫化矿浮选实践中，使用某些难溶的且溶解度随温度而变化的捕收剂（如脂肪酸和脂肪胺类）时，提高矿浆温度可以使它们的溶解度和捕收力增加，常能大幅度降低药耗，提高回收率。

用脂肪酸类捕收剂浮选萤石时，浮选技术指标与矿浆温度密切相关，在矿浆温度5~33℃范围内，矿浆温度对萤石浮选将产生影响，见表4-3。

表4-3 矿浆温度对萤石浮选的影响

矿浆温度/℃	精矿产率/%	CaF_2 精矿品位/%	精矿回收率/%
5	30.3	89.65	49.8
8	35.6	89.39	58.4
10	45.0	91.66	75.2
15	47.5	91.50	79.7
20	54.1	91.74	91.1
25	57.9	89.53	95.1
30	59.2	89.73	97.1
35	59.5	89.33	97.5

油酸用量与矿浆温度有如下函数关系：

$$y = 1110 - 27x$$

式中 y——油酸用量，g/t；

x——矿浆温度，℃。

上式表明，温度越高，油酸用量越低。相关试验也表明，要获得相同的选矿指标，当矿浆温度为5℃时，油酸用量为1000g/t，在温度为35℃时，只需250g/t。

用胺类捕收剂时，为加速捕收剂的溶解，一般要在配制过程中加温，在应用硫化钠-胺法浮选氧化锌矿石时，矿浆温度的调节尤为重要。

白钨粗精矿精选的“彼德罗夫法”就是在高温的矿浆中，利用水玻璃的选择解吸作用，来使白钨与方解石、萤石等脉石矿物分离的浮选工艺。

4.5.2 硫化矿加温浮选

用黄药类捕收剂浮选多金属硫化矿时，将混合精矿加温至一定的温度，可以促使矿物表面捕收剂的解吸，强化抑制作用，解决多金属矿混合精矿在常温下难以分离的问题，节约抑制剂的用量或不用氰化物一类剧毒性的抑制剂。大量试验证明，温度在80~100℃时，黄药的分解、解吸硫化矿表面的黄药甚为有效。加温浮选实质是利用各种硫化矿表面氧化速度的差异来扩大矿物可浮选性差别，以改善其浮选的选择性，目前采用的硫化矿加温浮选有如下方法。

4.5.2.1 铜铅混合精矿的加温浮选分离

铜铅混合精矿的加温浮选分离方法有：

（1）矿浆直接加温法。

（2）SO_2-矿浆加温法。

（3）亚硫酸-蒸汽加温法。

（4）硫酸-硫浆加温法。

上述诸方法，矿浆加温的作用，是选择性解吸方铅矿表面的捕收剂，并使其表面氧化亲水，在有抑制剂（SO_2、H_2SO_3、H_2SO_4 等）存在下，能强化对方铅矿的抑制作用，故能改善铜铅浮选分离效果。

4.5.2.2 铜钼混合精矿的加温浮选分离

铜钼混合精矿的加温浮选分离方法有：

（1）硫化钠-蒸汽加温法。

（2）石灰-蒸汽加温法。

（3）氰化物加温法。

（4）组合用药（采用 NaHS、Na_2SO_4、NaCN）矿浆加温法。

上述诸方法，矿浆加温的作用主要是加强选择性解吸铜矿物表面的捕收剂，并促进抑制剂对铜矿物的抑制作用。因此，能有效地提高铜钼分离浮选的效果。

4.5.2.3 铜锌混合精矿的加温浮选分离

铜锌混合精矿的加温浮选分离方法有：

（1）自然氧化-热水浮选法。

（2）石灰-蒸汽加温法。

上述工艺适用于抑制铜浮锌。矿浆加温有利于铜矿物表面捕收剂解吸及表面氧化，而锌矿物表面受铜离子活化，不易受抑制，因而加温有利于铜锌分离。

加温浮选工艺虽然有很多优点，但尚存在一些技术问题，在实践中应加以注意并加以解决。

（1）要防止中矿的恶性循环。石灰-蒸汽加温法或用其他抑制剂的加温，对矿物的抑制作用较强，但不加药剂的加温，主要是靠选择解吸，因而对矿物的抑制较弱，故常常造成大量中矿循环。为了减少中矿循环，应严格控制温度。如精、扫选的温度应略高于粗选温度。

（2）注意改善劳动条件。矿浆加温会使作业现场和厂房内温度升高，水蒸气和药物分解产物如 CS_2 等增多，使作业过程的劳动条件变差。

（3）要注意机械的润滑和防腐。加温会使浮选机受热，轴承润滑油易熔化流出入槽，破坏浮选过程的稳定和造成浮选机缺油损坏，应采用耐高温润滑油，并注意定期对浮选机运转部位检查。

4.6 浮选用水

4.6.1 浮选对水质的要求

水是浮选过程中的重要介质，水质的好坏往往对浮选指标产生影响。在大多数情况下，江河、湖泊的水都适合浮选的要求，它的特点是含盐比较低，含多价金属离子较少。

海水和部分咸湖水也可用于浮选，这对于沿海矿山或咸湖地区具有重要意义。天然疏水性的矿物如煤，在咸水中浮选，甚至可以不加药剂，如某煤井水含有：Na^+ 1289.6mg/t、Cl^- 2141.3mg/t、Mg^{2+} 28.4mg/t、SO_4^{2-} 131.6mg/t，用它作浮煤用水，不加药剂就可以得到很好的指标，且浮选速度比普通淡水高60%。

浮选可溶性盐类矿物，如钾盐、硼砂等，需要在饱和溶液中进行。为了减少有用成分的损失，必须充分利用回水（称母液）。在饱和溶液中进行浮选时，选用捕收剂必须满足如下条件：

（1）能在饱和溶液中溶解，不会与溶液中的离子形成沉淀。

（2）能在饱和溶液中被盐类吸附。

（3）所需的浓度，不超过形成胶束的临界浓度。

浮选厂利用回水进行循环使用，无论从环境保护，还是从降低工业用水的成本考虑都是十分必要的。浮选回水的特点是含有较多的有机和无机药剂，组成较为复杂。回水中的浮选药剂含量，有时比自然水高出50~100倍，而且还含有固体物质，特别是细粒矿泥，对浮选是有害的。一般要求循环使用的水，含固体颗粒不超过0.2~0.38g/L。如果回水的pH值过高，必要时还要中和处理。实践证明，浮选单金属矿石时，利用回水比较简单。如铜镍硫浮选时，回水直接返回使用，可以降低药剂用量（碱17%、黄药23%）。浮选多金属矿石时，回水的循环使用比较复杂。如铅锌矿混合浮选，混合精矿脱水后的溢流、尾矿回水，都可返回流程前部作业。且遇到更复杂的情况，原则上认为，同一回路排出的废水，用于同一回路是比较合理的。具体方案以及使用比例（新水：回水），一般都需要通过试验来确定。

4.6.2 水的硬度

水的硬度通常以水中Ca^{2+}、Mg^{2+}含量的多少来衡量，水的总硬度可换算为：

$$水的总硬度=\frac{[Ca^{2+}]}{20.04}+\frac{[Mg^{2+}]}{12.16}$$

式中 $[Ca^{2+}]$，$[Mg^{2+}]$ ——Ca^{2+}、Mg^{2+}在水中的浓度，1mmol/L称为1度。

软水。水的总硬度小于4度的水称为软水，大多数江河、湖泊的水都属于软水，也是浮选中使用最多的一种，其含盐一般小于0.1%。

硬水。水的总硬度大于4度的水统称为硬水，将它进一步再分，其硬度为4~8度的称为中等硬水；8~12度的为最硬水。硬水含有较多的多价金属离子，如Ca^{2+}、Mg^{2+}、Fe^{2+}、Fe^{3+}、Ba^{2+}、Sr^{2+}等，以及相应的阴离子，如HCO_3^-、SO_4^{2-}、Cl^-、CO_3^{2-}、$HS_2O_4^-$等。实践表明，硬水对脂肪酸类药剂的浮选有害。主要表现为Ca^{2+}、Mg^{2+}及Fe^{3+}等多价金属离子会与脂肪酸类药剂发生反应生成难溶化合物，使捕收剂失效。同时破坏浮选过程选择性。如铁矿浮选时，Ca^{2+}、Fe^{3+}等离子活化石英和硅酸盐脉石，因此，浮选生产用水应严格控制Ca^{2+}及其他高价金属离子浓度。

咸水。海水和部分咸湖水属于咸水，它的特点是含盐量较高，一般为0.1%~5%。某铅锌矿用海水浮选试验证明，用海水浮选时，对铅的指标没有影响，精矿品位、杂质含量、回收率与淡水相近，对锌的浮选有一定影响，表现在药剂用量增加，如石灰、硫酸铜用量增加，脉石比较易浮，需要添加水玻璃，锌精矿品位和回收率，略低于淡水浮选指标。用海水浮选应注意设备的防腐。

4.6.3 循环用水概念

选矿是一耗水量大的行业，废水中有主要以泥土、矿物粉等为主体的混悬物质。加之浮选药剂，特别是使用氰化物处理含银矿物时，废水危害更为突出。通常，浮选厂吨矿耗水为 3.4~4.5m^3；浮选-磁选厂为 6~9m^3；重选-浮选厂为 27~30m^3；洗选原煤为 3.5~4.5m^3。其对环境污染的主要特征：排水量大，持续时间长，悬浮物含量高，化学成分复杂，含有害物质种类较多，浓度较低且极不稳定。此外，污染范围大，影响地区广，不仅在本矿区，还容易造成附近地域、河流等水域的严重污染。同时，浮选厂排放出的废水中含有浮选所用的药剂，如控制好可将废水经处理后，再返回生产过程使用，不但可降低药剂费用，也实现了水的循环使用。

所谓循环用水，是指水反复地用于同一目的；重复用水，则指水经过一次以上的使用且每次使用的目的不同。循环用水和重复用水量占总用水量的比例，称为重复用水率，通常以下式表示：

$$\eta = \frac{Q_{循} + Q_{重}}{Q_{总}} \times 100\%$$

式中 η——重点用水率,%；

$Q_{循}$——循环用水量，m^3；

$Q_{重}$——重复用水量，m^3；

$Q_{总}$——总用水量，m^3。

采用循环或重复用水，使废水在一定的生产过程中多次重复利用。实现一水多用，不但可以达到降低废水的排放量，节约用水资源，并可回收部分有用的矿物。甚至有的矿山成功地将井下酸性废水与选矿厂碱性废水中和后再重复利用。

4.7 浮选时间

4.7.1 浮选时间的确定

浮选时间的长短对浮选指标的好坏影响很大，对浮选机的造型也有重要作用。在浮选试验中，浮选时间可能从 1min 到几十分钟变化，而通常只在 1~15min。在进行试验时都应记录浮选时间。当浮选试验条件确定后，可按分批刮泡所设定的时间，接取相应的泡沫产品，直至浮选终点，将试验结果绘制成曲线，如图 4-5 和图 4-6 所示，可确定某一回收率和品位所需的浮选时间。

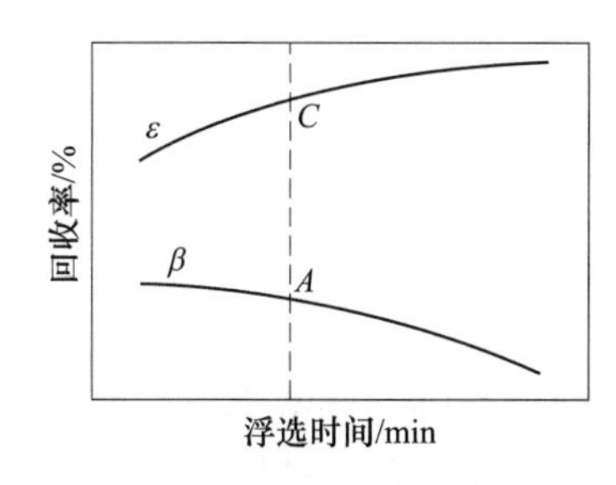

图 4-5 浮选时间与回收率的关系

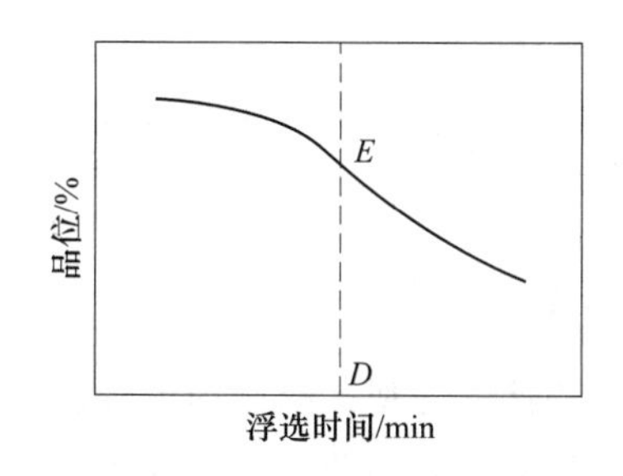

图 4-6 浮选时间与品位的关系

4.7.2　浮选工艺时间

浮选工艺中，浮选时间过长，虽促进精矿中有用成分的回收率有所增加，但精矿质量不免要降低。而试验的浮选时间比工业生产的时间要短，故在设计安装浮选机时要延长浮选时间，并参照类似矿石的浮选生产实例确定浮选时间，或都按下式进行调整：

$$t = t_0\sqrt{\frac{q_0}{q}} + Kt_0$$

式中　t——浮选时间，min；

t_0——试验确定的浮选时间，min；

q_0——试验浮选机充气量，$m^3/(m^2 \cdot min)$；

q——工业浮选机充气量，$m^3/(m^2 \cdot min)$；

K——浮选时间调整系数，一般取 1.5 ~2。

在浮选厂的实际工作中，浮选时间的长短主要由单位时间内所处理的矿石量和入选矿浆浓度来决定，单位时间处理矿石量增加或矿浆浓度降低，都会使浮选时间缩短。一般认为，原矿品位高，需要较长的浮选时间。浮选细粒比浮选粗粒矿物的时间长，多金属矿石优先浮选时，浮选时间的正确掌握尤为重要。

4.8　浮 选 操 作

4.8.1　浮选操作的要求

浮选操作是浮选岗位工人对浮选生产的控制程度，并根据生产过程的变化，及时给予调整，最终获得好的生产技术指标。

浮选操作中最常遇到的是维护设备的正常运转，通过浮选过程表现出的各种现象，判断浮选泡沫产品的质量，并根据出现不同情况，及时调整浮选药剂、矿浆的浓度和粒度，确定泡沫的刮出量。在长期的浮选操作中，掌握必要的操作可以使浮选过程得到有效控制，即应该做好“三会”“四准”“四好”“两及时”“一不动”。

“三会”：会观察泡沫，会测浓度、粒度，会调整。

“四准”：药剂配制和添加准，品位变化看得准，发生变化原因找得准，泡沫刮出量掌握准。

“四好”：浮选与处理量控制好，浮选与磨矿分级联系好，浮选与药台联系好，浮选各作业联系好。

“两及时”：出现问题发现及时，解决处理问题及时。

“一不动”：生产正常不乱动。

4.8.2　矿化泡沫的观察

浮选泡沫的外观：泡沫的虚实、大小、颜色、光泽、轮廓、厚薄强度、流动性、音响等物理性质。泡沫的外观随浮选作业点而异，但在特定的作业常有特定的现象，通常为保证精矿质量和回收率，常在最终精矿产出点、粗选作业、浮选过程的补药点和扫选处观察泡沫。

(1) 泡沫的“空与实”是反映气泡表面附着矿粒的多少。气泡表面附着的矿粒多而密，称为“结实”，相反气泡表面附着的矿粒少而稀，称为“空虚”。一般粗选区和精选区的泡沫比较“结实”，扫选的泡沫比较“空”。当捕收剂、活化剂用量大，抑制剂用量小，会发生所谓的泡沫“结板”现象。

(2) 泡沫的大与小，常随矿石性质、药剂制度和浮选区域而变。一般在硫化矿浮选中，直径8~10cm以上的泡，可看作大泡；3~5cm视为中泡；3cm以下的可视为小泡。因为气泡的大小与气泡的矿化程度有关。气泡矿化时，气泡中等，故粗选和精选常见的多为中泡。气泡矿化过度时，阻碍矿化气泡的兼并，常形成不正常的小泡。气泡矿化极差时，小泡虽不断兼并变大，但经不起振动，容易破裂。

(3) 泡沫的颜色是由泡沫表面黏附矿物的颜色决定。如浮选黄铜矿时，精矿泡沫呈黄绿色；浮选黄铁矿时，泡沫呈草黄色，浮选方铅矿时，泡沫呈铅灰色。精选时浮游矿物泡沫越清晰，精矿品位越高。而扫选浮游矿物颜色明显，则浮选的目的矿物损失大。

(4) 泡沫的光泽由附着矿物的光泽和水膜决定。硫化矿物常呈金属光泽，金属光泽强泡沫矿化好，金属光泽弱泡沫带矿少。

(5) 泡沫层的厚、薄与入选的原矿品位、起泡剂用量、矿浆浓度和矿石性质有关。一般粗选、扫选作业要求较薄的泡沫层，精矿作业应保持较厚的泡沫层。

(6) 泡沫的脆和黏与药剂用量和浮选粒度等有关。当捕收剂、起泡剂和调整剂的用量配合准确、粒度适当，此时泡沫层有气泡闪烁破裂，泡沫显得性脆，反之，泡沫会显得性黏。如在黄铜矿浮选时，如果石灰过量，泡沫发黏、韧性大、难破裂，在泡沫槽易发生跑槽。

(7) 轮廓受浮选气泡矿化、矿液流动、气泡相互干扰和泡壁上的矿粒受重力作用等的影响。如在铜、铅硫化矿浮选中，气泡多近于圆形。泡沫在矿浆面上形成时水分充足，气泡的轮廓明显；反之，上浮的矿物多而杂时，泡沫轮廓模糊。

(8) 音响是泡沫被刮板刮入泡沫槽时，矿化的泡沫附着不同的矿物落入槽内而产生的音响。如在铜矿浮选时，泡沫落入泡沫槽产生“刷刷”的声音，则泡沫中带有较多的黄铁矿等，其精矿品位低。

上述泡沫在浮选表现出的性质，都是互相联系的综合体现。在正常的情况下，浮选各作业点的泡沫矿化程度、颜色、光泽等，层次应分明，区别显著。反之，层次不分，现象紊乱，操作人员都必须进行查明，并及时调整。

4.8.3 泡沫刮出量的控制

一般在浮选过程中，泡沫的刮出量与矿石性质有着较为密切的关系，并与浮选工艺的技术要求相关。总体而言，从粗选到扫选，泡沫的刮出量应从多到少；精选作业则需要有较厚的泡沫层，不能出现带浆刮泡，有利于提高精矿质量。

4.9 浮选流程

浮选流程，一般定义为矿石浮选时，矿浆流经各作业的总称。不同类型的矿石，应用不同的流程，同时，流程也反映了被处理矿石的工艺特性，常称为浮选工艺流程。

4.9.1 浮选原则流程

浮选原则流程，又称骨干流程，指处理矿石的原则方案。其中包括段数、循环（又称为回路）和矿物的浮选顺序。

4.9.1.1 段数

段数是指磨矿与浮选结合的数目，一般磨一次浮选一次称为一段。矿石中常常不止一种矿物，一次磨矿以后，要分选出几种矿物，这种情况还是称为一段，只是有几个循环而已。矿物嵌布粒度较细，进行两次以上磨矿才能进行浮选，而两次磨矿之间没有浮选作业，这也称一段。一段流程只适用于嵌布粒度较均匀、相对较粗且不易泥化的矿石。

多段流程，是指两段以上的流程。多段流程的种类较多，其主要由矿物嵌布粒度特性和泥化趋势决定。现以两段流程为例。两段流程可能的方案有以下三种，即精矿再磨、中矿再磨和尾矿再磨，如图 4-7 所示。

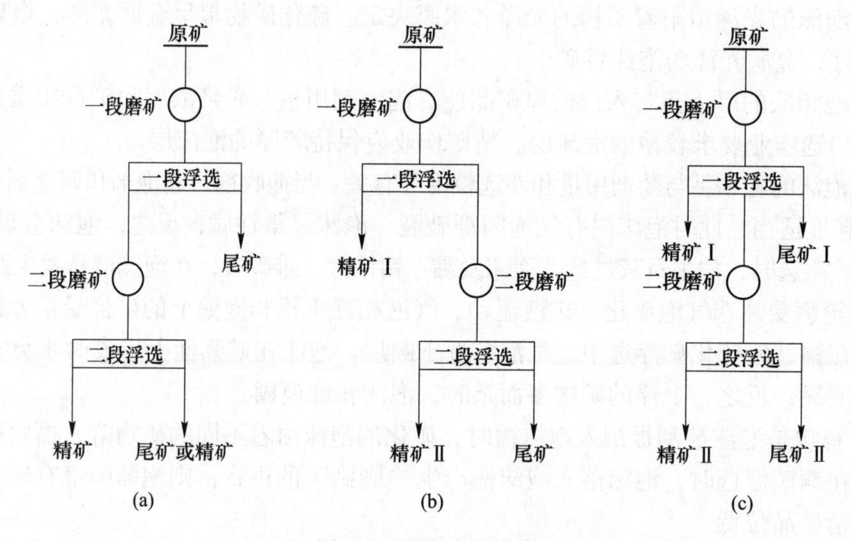

图 4-7 两段流程方案
（a）精矿再磨；（b）尾矿再磨；（c）中矿再磨

上述流程的应用，都是针对不同矿石中，有用矿物的嵌布特性，从中选择较适合的工艺流程。如精矿再磨流程是在较粗磨的条件下，矿物集合体就能与脉石分离，并得到混合精矿和丢弃尾矿。尾矿再磨流程是有用矿物嵌布很不均匀的矿石，或容易氧化和泥化矿石，在较粗磨的条件下，分离出部分合格精矿，将含有细粒矿物的尾矿再磨再选。但中矿中有大量连生体，则采用中矿再磨有利于分选。

4.9.1.2 循环

循环也称为回路。通常以所选矿物中的金属（或矿物）来命名。

4.9.1.3 矿物的浮选顺序

矿物中矿物的可浮性、矿物之间的共生关系等因素与浮选顺序有关。多金属矿石，如含铜、铅、锌等的硫化矿石浮选流程主要可分为：

(1) 优先浮选流程。就是依次分别浮选出各种有用矿物的浮选流程，称为优先浮选流程，如图 4-8 所示。流程的特点具有较高的灵活性，对原矿品位较高的原生硫化矿比较适合。

(2) 混合浮选流程。先将矿石中全部有用矿物一起浮出得到混合精矿，然后再将混合精矿依次分出各种有用矿物的流程，叫混合浮选流程，如图 4-9 所示。这种流程适应原矿中硫化矿总含量不高，硫化矿物之间共生密切，嵌布粒度细的矿石，它能简化工艺，减小矿物过粉碎，有利于分选。

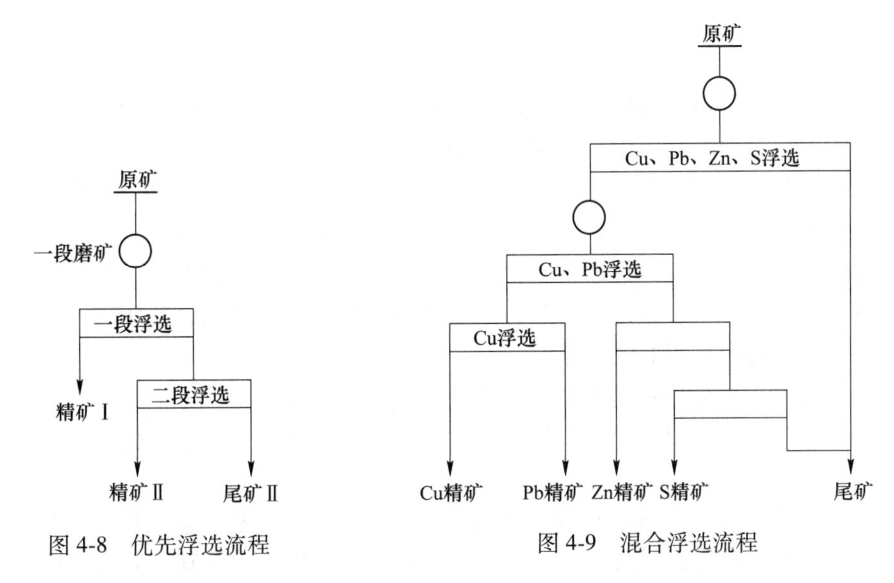

图 4-8 优先浮选流程

图 4-9 混合浮选流程

(3) 部分混合浮选流程。先将矿石中两种有用矿物一起浮出得到混合精矿，再将混合精矿分离出单一精矿的流程，称为部分混合浮选流程，如图 4-10 所示。这是生产上应用最广泛的一类流程。

(4) 等可浮浮选流程。根据矿石中矿物可浮性的差异，依次浮选可浮性好的、中等可浮的、各较差可浮的矿物群，然后再将各混合精矿依次分选出不同有用矿物的流程，称为等可浮浮选流程，如图 4-11 所示。

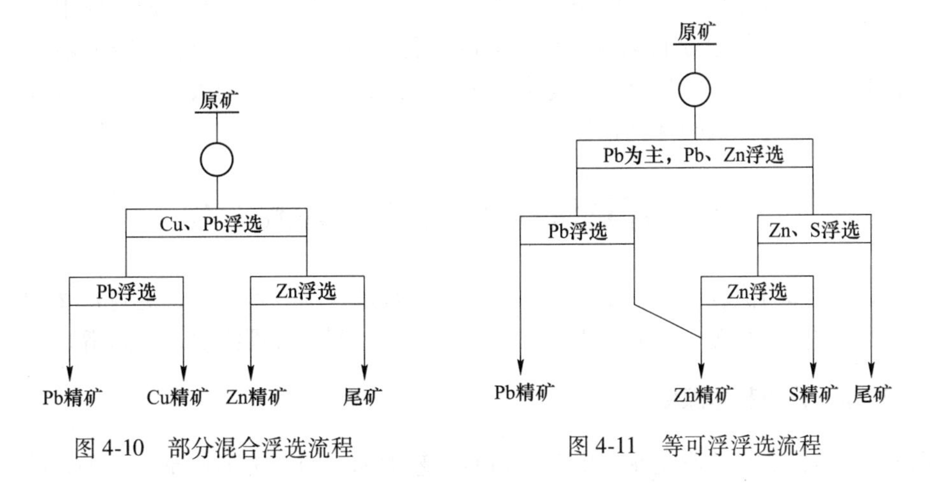

图 4-10 部分混合浮选流程

图 4-11 等可浮浮选流程

4.9.2　流程内部结构

流程内部结构，除包含原则流程的内容外，还须详细表明各段磨矿分级次数，每个循环的粗选、精选、扫选次数，以及中矿处理方式等。

4.9.2.1　粗选、精选、扫选

粗选一般都是一次，只有很少的情况，采用两次以上。精选和扫选次数则由矿石性质，产品质量的要求和分选矿物的价值确定。同时浮选试验研究对确定浮选流程的内部结构组成有重要的指导意义。

4.9.2.2　中矿处理

浮选的最终产品是精矿和尾矿，但在浮选过程中，总要产出一些中间产品，即精选尾矿、扫选精矿等，习惯称之为中矿。中矿在浮选过程中常见的处理方式有：

（1）中矿返回浮选过程中的适当位置。其方式最常见的是循序返回，即后一作业的中矿返回前一作业。其方式二，中矿合一返回，是将全部中矿合并一起，返回前面某一作业，这样可以使中矿得到多次再选中矿合一返回，适用于矿物可浮性好，对精矿质量要求又高的矿石，如石墨、萤石浮选。同时，中矿返回应遵循的规律是，中矿应返回到矿物组成和矿物可浮性等与中矿相似的作业。

（2）中矿再磨。针对中矿连生体多，需要再磨再选的中矿。

（3）中矿单独浮选。中矿性质比较特殊，返回前面作业不太合适，可将中矿单独浮选。

（4）中矿用水冶等其他方法处理。这是对中矿性质复杂，返回前面作业会扰乱浮选过程的处理方式。故中矿作为浮选的一种中间产品产出，并用水冶等其他方法处理。

4.9.3　流程表示法

流程的表示方法多种多样，各个国家采用的表示方法也不一样。最常见的有机械联系图、线式流程图。

（1）机械联系图。就是将浮选工艺流程的磨机、分级机、调和槽、浮选机、砂泵等设备，绘成简单的形象图，用带箭头的线条联接各形象图和表示矿浆流向。这种图的特点是形象化，能表示设备在现场配置的相对位置。缺点是比较复杂，日常不便于使用。

（2）线式流程图。这是目前我国最常见的一种流程图表示法。它与机械联系图相比，要简单得多。线式流程图的特点，容易把浮选的全过程较为完整的表示出来，并便于在流程中标注药剂、工艺参数和选别指标。

4.10　浮选流程计算及生产流程考查

浮选流程计算与流程考查，是浮选厂生产中经常进行的技术工作，通过矿物的金属流向和作业负荷的实际状况，从而对生产的作业过程及药剂的合理添加，起到指导作用。

4.10.1　流程计算的基本原则

流程计算的目的在于确定流程中各产物的工艺指标，即产物的质量、产率、品位、金属量和回收率等。在某些情况下，还要计算出作业回收率、富集比和选矿比。确定流程计算的条件，都必须具有一定数量的已知条件，这些已知条件的数目是必要而充分的原始数据。其选择原始数据的个数，可根据流程计算的要求合理地进行选择，选取原则如下：

（1）所选取的原始指标应该是生产过程中最稳定、影响最大且必须控制的指标。

（2）对于同一产物，不能同时选取产率、品位和回收率作为原始指标，因为对同一产物，只要知道其中两个指标，通过三者的函数关系，就可计算出第三个指标。否则，会使原始指标的选取不足，导致流程无法计算。

（3）对于同一产物所选取的指标，不能同时是产率和回收率，应该是产率和品位，或者回收率和品位。

4.10.2 生产流程考查内容和方法

生产流程考查的目的是对选别工艺流程的各作业的工艺条件、技术指标、作业效率进行较全面的测定和考查。通过对流程中各产物的数量，粒度组成，品位的测定，进行计算和综合分析，从中发现生产中存在的问题，以便提出改进方案，为选别技术经济指标的提高和挖掘工艺流程潜力作相应的准备。

4.10.2.1 考查内容

考查内容包括：

（1）原矿的分析，包括磨矿粒度、浓度、处理量和品位。

（2）选别流程中作业点矿量的测定和取样，并满足流程计算的需要。

（3）分析流程中作业回收率和各作业富集比，以及作业生产负荷情况等。

（4）尾矿中目的矿物的金属损失分析和粒度分析。

在现场生产中进行全流程的考查，由于需要准备的时间长，工具多，人员多和工作量较大，因此，也可以根据具体情况进行单独考查。针对生产中的某一薄弱环节，进行一项或几项的局部考查。

4.10.2.2 考查的方法

不同的浮选厂，由于矿石中所选别的目的矿物和矿石性质的不同，采用的工艺流程也不一样，考查目的和要求也各有差异。因此，考查的方法及步骤，也就随考查的目的而定。但总体上有：

（1）做好考查前的准备：

1）根据考查内容布置好取样点。取样点的布置、取样点的多少和样品的种类，如筛水析样、水分样、质量样、化学样等，都由考查目的所决定。

2）生产过程矿石的代表性，以保证考查结果的代表性。

3）生产设备运转情况的调查，以保证考查时生产流程的正常运转。

（2）取样人员的组织和取样工具的准备。各取样工具、容器应贴上标签。同时，各取样点应有专人负责，并作详细记录，以便做到样品可靠的准确提供当时的生产、操作情况：

1）入选矿石的当班处理量可由原矿计量确定。

2）取样时间和次数。取样时间一般为4~8h，一般每隔10~20min取一次。若在取样当班内发生设备故障或突然停电、断矿等特殊情况，应及时处理，交详细记录。一般在连续取样时间内，正常操作达不到80%以上，则样品无代表性。

3）取样方法。不同取样点的取样方法不同，但每次的取样方法应一样。取样量也基本相等。一般而论使用刮取法、截流法和分级取样。

刮取法多用于松散固体物料，即从皮带运输机上的取样，它是利用一定长度的刮板，垂直于料流方向刮取该段矿石。

截流法多用于矿浆的取样。它是利用取样勺，在矿浆流速不太大的地方，垂直于矿浆流方法进行截取。

（3）样品的处理：

1）浓度样处理。凡需测定浓度的产品，一般不予缩分。如工序为：称重—过滤—烘干—计算。

2）粒级样处理。可将矿浆样混匀、缩分，取出适当质量的样品作筛析样，并预留一定数量的备样。一般大于0.074mm粒级用筛析处理，即湿筛和干筛，小于0.074mm粒级用水析处理。

3）化学分析样加工程序。过滤—烘干—碾细混匀—缩分—碾细至化验要求（-150目）—混匀—取化验样。

4.10.3　流程计算实例

现以某铜锡硫化矿浮选作业的流程考查为例，供参考。

4.10.3.1　浮选工艺流程和取样点的确定

该厂处理的矿石为铜锡多金属硫化矿，由于铜和锡矿物的嵌布不均匀，需要在适当细磨的条件下，使铜矿物和锡矿物得到充分解离，有利于铜、锡的分别回收，因此，浮选作业的考查目的，就是要分析锡金属率在泡沫产品中的损失情况，同时包括铜矿物能否在浮选中得到充分回收。其浮选工艺流程如图4-12所示，取样数据见表4-4。

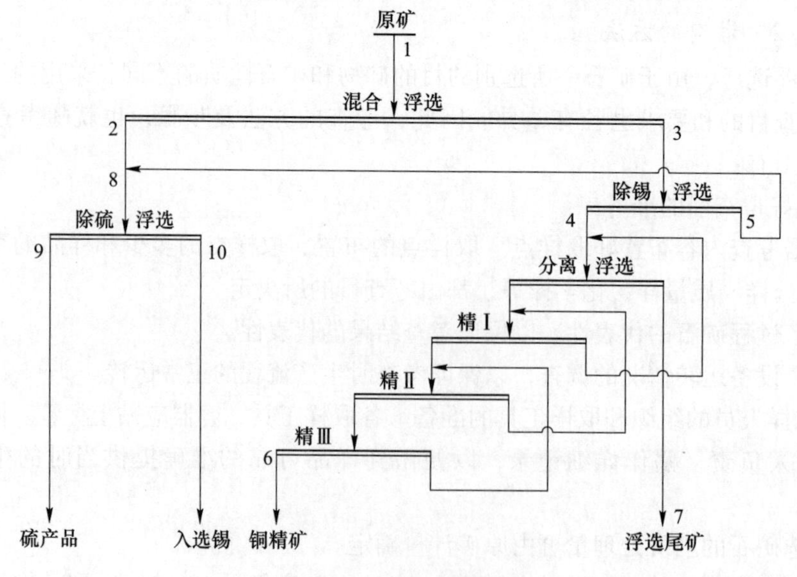

图4-12　浮选工艺流程

表 4-4 浮选作业取样数据

产品编号	作业名称	取样点考查项目/%				
		产率	铜品位	锡品位	铜金属率	锡金属率
1	原矿	100	0.478	1.377	100	100
2	混合浮选尾矿		0.057	1.515		
3	混合浮选泡沫		2.530	0.570		
4	除锡浮选泡沫		3.190	0.467		
5	除锡浮选尾矿		0.154	0.497		
6	铜精矿	1.98	16.27	0.746		
7	分离浮选尾矿		0.450	0.407	76.95	1.070
8	除硫浮选给矿					
9	除硫浮选泡沫		0.399	1.138		
10	进入重选产品		0.048	1.508		

4.10.3.2 数、质量流程计算

依据取样考查项目所得的原始数据，按照工艺流程的量和金属平衡关系，分别计算各作业产品的产率 γ_i、品位、金属率，则可得到如下结果：

（1）铜的产率及金属率计算。

$$\varepsilon_{Cu_3} = \frac{\beta_{Cu_3}(\partial_{Cu} - \beta_{Cu_2})}{\partial_{Cu}(\beta_{Cu_3} - \beta_{Cu_2})} \times 100\% = \frac{2.53 \times (0.478 - 0.057)}{0.478 \times (2.53 - 0.057)} \times 100\% = 90.11\%$$

$$\varepsilon_{Cu_2} = 100\% - \varepsilon_{Cu_3} = 100\% - 90.11\% = 9.89\%$$

$$\gamma_3 = \frac{\partial_{Cu} - \beta_{Cu_2}}{\beta_{Cu_3} - \beta_{Cu_2}} \times 100\% = \frac{0.478 - 0.057}{2.53 - 0.057} \times 100\% = 17.02\%$$

$$\gamma_2 = 100\% - \gamma_3 = 100\% - 17.02\% = 82.98\%$$

$$\gamma_4 = \gamma_3 \times \frac{\beta_{Cu_3} - \beta_{Cu_5}}{\beta_{Cu_4} - \beta_{Cu_5}} \times 100\% = 17.02 \times \frac{2.57 - 0.154}{3.19 - 0.154} \times 100\% = 13.32\%$$

$$\gamma_5 = \gamma_3 - \gamma_4 = 17.02\% - 13.32\% = 3.70\%$$

$$\varepsilon_{Cu_4} = \frac{\beta_{Cu_4}(\partial_{Cu_3} - \beta_{Cu_5})}{\partial_{Cu_3}(\beta_{Cu_4} - \beta_{Cu_5})} \times 100\% = \frac{3.19 \times (2.53 - 0.154)}{2.53 \times (3.19 - 0.154)} \times 100\% = 88.92\%$$

$$\varepsilon_{Cu_5} = \varepsilon_{Cu_3} - \varepsilon_{Cu_4} = 90.11\% - 88.92\% = 1.19\%$$

$$\varepsilon_{Cu_7} = \varepsilon_{Cu_4} - \varepsilon_{Cu_6} = 88.92\% - 76.95\% = 11.97\%$$

$$\gamma_7 = \gamma_4 - \gamma_6 = 13.32\% - 1.98\% = 11.34\%$$

$$\varepsilon_{Cu_8} = \varepsilon_{Cu_5} - \varepsilon_{Cu_7} = 1.19\% + 9.89\% = 11.08\%$$

$$\gamma_8 = \gamma_2 - \gamma_5 = 82.98\% + 3.70\% = 86.68\%$$

$$\beta_{Cu_8} = \varepsilon_{Cu_8} \times \partial_{Cu} = 11.08\% \times 0.478 = 0.053\%$$

$$\gamma_9 = \gamma_8 \times \frac{\beta_{Cu_8} - \beta_{Cu_{10}}}{\beta_{Cu_9} - \beta_{Cu_{10}}} = 86.68\% \times \frac{0.053 - 0.048}{0.399 - 0.048} = 1.23\%$$

$$\varepsilon_{Cu_9} = \gamma_9 \times \frac{\beta_{Cu_9}}{\partial_{Cu}} = 1.23\% \times \frac{0.399}{0.478} = 1.034\%$$

$$\gamma_{10} = \gamma_8 - \gamma_9 = 86.68\% - 1.23\% = 85.45\%$$

$$\varepsilon_{Cu_{10}} = \varepsilon_{Cu_8} - \varepsilon_{Cu_9} = 11.08\% - 1.03\% = 10.05\%$$

（2）锡的金属率和品位计算。根据各浮选作业计算得到的产率，则作业锡品位和金属率为：

$$\varepsilon_{Sn_2} = \gamma_2 \times \frac{\beta_{Sn_2}}{\partial_{Sn}} = 82.98\% \times \frac{1.515}{1.377} = 91.30\%$$

$$\varepsilon_{Sn_3} = 100\% - \varepsilon_{Sn_2} = 100\% - 91.30\% = 8.70\%$$

$$\varepsilon_{Sn_4} = \gamma_4 \times \frac{\beta_{Sn_4}}{\partial_{Cu}} = 13.32\% \times \frac{0.467}{1.377} = 4.52\%$$

$$\varepsilon_{Sn_5} = \varepsilon_{Sn_3} - \varepsilon_{Sn_4} = 8.70\% - 4.52\% = 4.18\%$$

$$\varepsilon_{Sn_8} = \varepsilon_{Sn_2} + \varepsilon_{Sn_5} = 91.30\% + 4.18\% = 95.48\%$$

$$\varepsilon_{Sn_7} = \varepsilon_{Sn_4} - \varepsilon_{Sn_6} = 4.52\% - 1.07\% = 3.45\%$$

$$\beta_{Sn_8} = \frac{\varepsilon_{Sn_8} \times \partial_{Sn}}{\gamma_8} \times 100\% = \frac{95.48 \times 1.377}{86.68} \times 100\% = 1.515\%$$

$$\beta_{Sn_5} = \frac{\varepsilon_{Sn_5} \times \partial_{Sn}}{\gamma_5} \times 100\% = \frac{4.18 \times 1.377}{3.70} \times 100\% = 1.556\%$$

$$\varepsilon_{Sn_9} = \gamma_9 \times \frac{\beta_{Sn_9}}{\partial_{Cu}} = 1.23\% \times \frac{1.138}{1.377} = 1.027\%$$

$$\varepsilon_{Sn_{10}} = \varepsilon_{Sn_8} - \varepsilon_{Sn_9} = 95.48\% - 1.02\% = 94.46\%$$

将所得到的铜、锡在浮选作业的产率、品位、金属率，对照图 4-12 填入相应的作业，即为流程考查的数、质量流程。

4.11 金属平衡

浮选厂处理矿石的金属量，在理论上应等于选矿产品中的含金属量，但是实际生产金属量在金属平衡表中都不一样。差值决定于取样的准确性，加工样品和化验分析的误差，以及生产过程的机械损失等。如果差值不超过矿石中金属含量的 0.7%~1%，可以用改变选矿产品的出量或产品中金属的含量办法加以平衡，也可以用经常误差的统计数据计算出修正值加以平衡。

4.11.1 理论金属平衡的编制

理论金属平衡的编制只要已知原矿品位、产品的精矿和尾矿品位，通过理论计算就可知其他的相对量。

4.11.1.1 含有一种金属矿物的金属平衡

已知原矿品位 α，产品的精矿和尾矿品位为 β、θ。

则精矿产出率：

$$\gamma_1 = \frac{\alpha - \theta}{\beta - \theta} \times 100\%$$

金属平衡:

$$100\%\alpha = \gamma_1\beta + \gamma_0\theta$$

尾矿产出率:

$$\gamma_0 = 100\% - \gamma_1$$

4.11.1.2 含有两种金属矿物的金属平衡

以铅锌矿为例，浮选中得到铅精矿、锌精矿和尾矿，分别用下列符号表示:

γ_{Pb}，γ_{Zn}，γ_0——铅精矿、锌精矿和尾矿的产率,%；

∂_{Pb}，∂_{Zn}——矿石中铅、锌的含量,%；

β_{Pb}，β'_{Zn}——铅精矿中的铅和锌含量,%；

β_{Zn}，β'_{Pb}——锌精矿中的锌和铅含量,%；

θ_{Pb}，θ_{Zn}——尾矿中铅和锌的含量,%。

这种矿石的矿量平衡为:

$$\gamma_{Pb} + \gamma_{Zn} + \gamma_0 = 100\%$$

锌金属量的平衡为:

$$100\%\alpha_{Zn} = \beta'_{Zn}\gamma_{Pb} + \beta_{Zn}\gamma_{Zn} + \theta_{Zn}\gamma_0$$

则铅精矿的产率为:

$$\gamma_{Pb} = \frac{(\partial_{Pb} - \theta_{Pb})(\beta_{Zn} - \theta_{Zn}) - (\partial_{Zn} - \theta_{Zn})(\beta'_{Pb} - \theta_{Pb})}{(\beta_{Pb} - \theta_{Pb})(\beta_{Zn} - \theta_{Zn}) - (\beta'_{Zn} - \theta_{Zn})(\beta'_{Pb} - \theta_{Pb})} \times 100\%$$

锌精矿的产率为:

$$\gamma_{Zn} = \frac{(\partial_{Zn} - \theta_{Zn})(\beta_{Pb} - \theta_{Pb}) - (\beta'_{Zn} - \theta_{Zn})(\partial_{Pb} - \theta_{Pb})}{(\beta_{Zn} - \theta_{Zn})(\beta_{Pb} - \theta_{Pb}) - (\beta'_{Zn} - \theta_{Zn})(\beta'_{Pb} - \theta_{Pb})} \times 100\%$$

在生产条件下，为了简化上述各式的运算，可用列表的方式进行计算或用符号标明各金属的差值，即

$$A = \partial_{Pb} - \theta_{Pb}, \quad B = \partial_{Zn} - \theta_{Zn}$$
$$C = \beta_{Pb} - \theta_{Pb}, \quad D = \beta'_{Zn} - \theta_{Zn}$$
$$E = \beta'_{Pb} - \theta_{Pb}, \quad F = \beta_{Zn} - \theta_{Zn}$$

即可得出下式:

$$\gamma_{Pb} = \frac{AF - BE}{CF - DE} \times 100\%$$

$$\gamma_{Zn} = \frac{CB - DA}{CF - DE} \times 100\%$$

尾矿产率为: $\gamma_0 = 100\% - (\gamma_{Pb} + \gamma_{Zn})$

对于有三种或三种以上的产品的金属，由于计算烦琐，应当将生产流程划分成各个单独的作业进行计算。

4.11.2 实际金属平衡的编制

实际金属平衡是通过各种计量检测手段，考查原矿金属与精矿、尾矿金属之间的平衡

关系，查明金属去向，找出生产薄弱环节，以及分析各种误差对金属平衡的影响，同时，金属平衡工作是选矿厂全面质量管理的基础，是衡量选矿生产、技术、经营管理的重要标志，因此，实际金属平衡应反映选矿厂及其工段在规定时间内，即班、日、月、季、年的工作情况。一般金属平衡指标用理论回收率与实际回收率之差值表示。金属平衡表的内容应包括：

（1）原矿及各种产品的数量、品位及金属量。

（2）理论回收率与实际回收率。

（3）各种金属平衡的差值。

本章小结

浮选工艺过程是浮选前的矿石原料准备至产出精矿的一系列连续过程，它主要包括了如下内容：

（1）矿石原料准备，即矿石运进选矿厂的破碎、筛分、储存、磨矿、分级、调浆等，要求入选矿石中的矿物能充分单体解离，并符合浮选粒度要求。

（2）调浆，当矿石被磨到符合浮选粒度要求后，调制成适宜浮选的矿浆浓度，并加入浮选要求的浮选药剂，搅拌混匀。

（3）搅拌、充气是在浮选机内进行，使矿粒在矿浆中充分悬浮，通过调整浮选机的充气量，制造矿粒与气泡磁撞接触的几率，并在浮选机表面形成稳定的液面。

（4）气泡的矿化和矿化泡沫的形成，使浮选机液面形成气泡大小适宜，带矿好的泡沫层。

（5）矿化泡沫及时刮出。

由于浮选工艺过程的连续性，各项工艺条件及设备性能和药剂制度等，对浮选指标都有影响，在学习和掌握相应浮选基础知识时，应结合不同矿石性质在浮选过程中的实践，并总结具体的工作经验，通过各道工序的合理调整，才能使浮选工艺过程顺利、有效地进行，获得理想的生产技术指标。

复习思考题

4-1　浮选过程包括哪些工序？

4-2　调节矿物可浮性的目的是什么，主要方法有哪些？

4-3　浮选操作过程中应经常检查什么部分？

4-4　什么叫药剂制度？

4-5　选择使用浮选剂时要注意哪些事项？

4-6　药剂添加地点和顺序基本原则是什么？

4-7　什么叫优先浮选流程，混合浮选流程，等可浮流程？

4-8　为什么要进行流程计算？

5 浮选实践应用

5.1 硫化矿的浮选

本章硫化矿的浮选主要讲述硫化铜矿、硫化铅锌矿、硫化铜锌矿、硫化铜铅锌矿、硫化锑矿、硫化砷矿、硫化汞矿等的浮选。

5.1.1 硫化铜矿浮选

按选别的有用成分不同，硫化铜矿可分为如下几类：

（1）单一铜矿。其矿石比较简单，可以回收的有价成分只有铜。脉石主要是石英、硅酸盐类和碳酸盐类。

（2）铜硫矿。这种矿石除铜矿物外，还有硫化铁的矿物可以回收。硫的主要矿物是黄铁矿。这种矿石称为含铜黄铁矿。

（3）铜硫铁矿。其矿石中除铜矿物和黄铁矿可以回收外，还有值得回收的磁铁矿。

（4）铜钼矿。这种矿石的有用成分除铜矿物外，还含有辉钼矿。有的矿石除铜钼以外，还有磁铁矿和黄铁矿可以回收。

（5）铜镍矿。其有用成分除铜矿物以外，还有含镍的矿物，如硫化镍矿和含镍的黄铁矿、磁黄铁矿等。

（6）铜钴矿。其有用成分除铜矿物以外，还有含钴的黄铁矿。将后者选出即为钴精矿。

5.1.1.1 *主要硫化铜矿物、铁矿物及其可浮性*

黄铜矿（$CuFeS_2$）含 Cu 34.57%，是主要铜矿物。黄铜矿在中性及弱碱性介质中，能较长时间保持其天然可浮性，但在强碱性（pH 值大于 10）介质中，由于表面结构受 OH^- 侵蚀，形成氢氧化铁薄膜，其天然可浮性下降。在矿床表层的黄铜矿，因长期受氧化，硬度变小，易过粉碎，所以其可浮性变差。

浮选黄铜矿最常用的捕收剂是黄药和黑药。近年来也用硫氮类及硫胺酯。在国外，有人用异硫脲盐、丁黄烯酯等取代黄药浮黄铜矿。

黄铜矿在碱性介质中，易受氰化物及氧化剂的作用而受到抑制。例如，在铜铅分离时，常用氰化物抑制黄铜矿；铜钼分离时，使用氧化剂使黄铜矿受抑制的方法，已得到广泛应用。有时用铜盐（如硫酸铜）活化被抑制的黄铜矿。

辉铜矿（Cu_2S）含 Cu 79.8%，是最常见的次生硫化铜矿物，性脆容易过粉碎泥化。国外许多大型斑岩铜矿的铜矿物为辉铜矿。辉铜矿的捕收剂主要是黄药。它在酸性和碱性介质中，都有较好的可浮性。由于辉铜矿中铜硫结晶的晶格能较小，铜离子半径小，硫离子半径大，易于暴露受到氧化，所以辉铜矿比黄铜矿易氧化。氧化以后，有较多的铜离子进入矿浆。这些铜离子的存在，会活化其他矿物，或者消耗药剂，造成分选的困难。

辉铜矿的抑制剂是 Na_2SO_3、$Na_2S_2O_3$、$K_3Fe(CN)_6$ 和 $K_4Fe(CN)_6$，大量的 Ns_2S 对辉铜矿也有抑制作用。氰化物对辉铜矿的抑制作用较弱，这是因为辉铜矿表面铜离子不断溶解且与氰化物作用，因而使氰化物失效。只有不断加入氰化物，才能达到抑制的目的。

斑铜矿（Cu_5FeS_4）化学成分不固定，按分子式计算含 Cu 63.3%，有原生、次生两种。斑铜矿的表面性质及可浮性，介于辉铜矿和黄铜矿之间。用黄药作捕收剂时，在酸性及弱碱性介质中均可浮，当 pH 值大于 10 以后，其可浮性下降。在强酸性介质中，其可浮性也显著变坏。容易受氰化物抑制。

其他硫化铜矿物，如铜蓝（CuS），铜蓝的可浮性与辉铜矿相似。砷黝铜矿（$3Cu_2S \cdot As_2S_3$），属原生铜矿。它是等轴晶系结晶，实际上不解离。有很多同分异构体。硬度小，脆性高，容易过磨泥化。用丁黄药浮选砷黝铜矿时，最适宜的 pH 值是 11～12。介质调整剂用碳酸钠比用石灰好，因为当游离 CaO 高于 $400g/m^3$ 时，对砷黝铜矿有抑制作用。在硫化钠用量较低（30mg/L）时，由于硫化钠硫化了氧化矿的表面，则可以改善其可浮性，但提高硫化钠用量，可以完全抑制砷黝铜矿的浮选。

对硫化铜矿物的可浮性，可以归纳出如下几条规律：

（1）凡是不含铁的铜矿物，如辉铜矿、铜蓝，可浮性相似，氰化物，石灰对它们的抑制作用较弱。

（2）凡是含铁的铜矿物，如黄铜矿、斑铜矿等，在碱性介质中，易受氰化物和石灰的抑制。

（3）黄药类捕收剂阴离子，主要与阳离子 Cu^{2+} 起化学吸附，所以表面含 Cu^{2+} 多的矿物，与黄药作用强。作用强弱的次序为：辉铜矿>铜蓝>斑铜矿>黄铜矿。

（4）硫化铜矿物的可浮性，还受到结晶粒度，嵌布粒度和原生、次生等因素的影响。结晶及嵌布过细的矿物，比较难浮。次生硫化铜矿容易氧化，比原生铜矿难浮。几乎所有的硫化铜矿石都有含铁的硫化物，所以在某种意义上说，硫化铜矿的浮选实质上是硫化铜与硫化铁的分离。铜矿石中常见的硫化铁矿物有黄铁矿和磁黄铁矿。

黄铁矿（FeS_2）含 S 53.4%，在硫化矿中分布很广，几乎各类矿床中都有。由于黄铁矿是制硫酸的主要原料，所以习惯上常把黄铁矿精矿称为硫精矿。

黄铁矿在酸性、中性及弱碱性矿浆中都可以用黄药作捕收剂。经过酸（硫酸、盐酸）处理的黄铁矿可浮性很好（用黄药时，pH 值为 4.5 最好）。在 pH 值是 7～8 的弱碱性矿浆中，用黄药捕收也是工业上经济有效的方法。对黄铁矿的捕收力，黑药比黄药弱。

黄铁矿的抑制剂是氰化物和石灰。黄铜矿、闪锌矿与黄铁矿的分离，主要是用石灰作黄铁矿抑制剂。被抑制的黄铁矿，可用硫酸降低 pH 值进行活化，也可用碳酸钠或二氧化碳活化。活化时常加硫酸铜。

磁黄铁矿（$Fe_5S_6 \sim Fe_{16}S_{17}$），其含硫量一般比黄铁矿低。容易氧化和泥化，是比较难浮的硫化铁矿物。

在碱性和弱酸性矿浆中浮磁黄铁矿，要先用 Cu^{2+} 活化，或用少量硫化钠活化，再用高级黄药捕收。

磁黄铁矿的抑制剂有石灰、氰化物和碳酸钠等。在特殊情况下，可用高锰酸钾，如毒砂或镍黄铁矿与磁黄铁矿分离时，可用高锰酸钾抑制磁黄铁矿，而用硫酸铜或硫化钠活化毒砂、镍黄铁矿。

磁黄铁矿在矿浆中氧化时，会消耗矿浆中的氧。而矿浆中的氧对硫化矿的浮选，是很重要的。矿石中有磁黄铁矿时，用黄药浮其他硫化矿，在氧与磁黄铁矿反应之前，其他硫化矿不浮，而且只有矿浆中有剩余氧，使其他硫化矿表面部分氧化，才能使它们浮游。因此，矿石中有磁黄铁矿的硫化矿浮选时，矿浆搅拌充气调节显得十分重要。

磁黄铁矿的活化剂，还有硫酸铜加硫化钠、氟硅酸钠和草酸等。我国的矽卡岩型铜矿中，含硫矿物有很大一部分是磁黄铁矿。由于磁黄铁矿不易浮又兼有磁性，夹杂于磁选铁精矿中，所以它是造成铁精矿中含硫高的主要原因。

白铁矿（FeS_2）化学成分与黄铁矿相同，但结晶不同。黄铁矿为等轴晶系，白铁矿是斜方晶系。

白铁矿可浮性与黄铁矿相似，但比黄铁矿好。几种硫化铁矿用黄药捕收的可浮性顺序是：白铁矿>黄铁矿>磁黄铁矿。

5.1.1.2 铜硫矿浮选

铜硫矿是我国主要的铜矿类型之一。其矿床多属含铜黄铁矿床和含铜硅卡岩矿床，分布较广。甘肃白银、湖北大冶、安徽铜陵、江西永平、武山、河北等地区都有这类矿床。铜硫矿有致密块状含铜黄铁矿和浸染状含铜黄铁矿两种。前者黄铁矿的含量高，后者黄铁矿的含量低。浮选这种矿石除了回收硫化铜以外，还要回收其中的硫化铁作为硫精矿。

影响含铜黄铁矿浮选的主要因素有：

（1）铜、铁硫化物的嵌布粒度和共生关系。一般黄铁矿的嵌布粒度较粗，而铜矿物特别是次生硫化铜矿，与黄铁矿共生密切，要磨到比较细时，才能使铜矿物与黄铁矿解离。可以利用这一特性，选出铜硫混合精矿，废弃尾矿，然后将混合精矿再磨再分离。

（2）次生硫化铜矿物的影响。次生硫化铜矿物含量高时，矿浆中铜离子增多，会使黄铁矿受到活化，增加铜硫分离的困难。

（3）磁黄铁矿的影响。磁黄铁矿含量高，会影响硫化铜矿物的浮选。磁黄铁矿氧化，消耗矿浆中的氧，严重时，浮选开始阶段铜矿物不浮。可以加强充气来改善这种情况。

A 铜硫矿的浮选流程

其常用的浮选流程有三种：

（1）优先浮选。一般是先浮铜，然后再浮硫。致密块状含铜黄铁矿，矿石中黄铁矿的含量相当高，常采用高碱度（游离 CaO 含量大于 600~800g/m^3）、高黄药用量的方法浮铜抑制黄铁矿。其尾矿中主要是黄铁矿，脉石很少，所以尾矿便是硫精矿。对于浸染状铜硫矿石，采用优先浮选流程，浮铜后的尾矿要再浮硫，为了降低浮硫时硫酸的消耗及保证安全操作，浮铜时，尽量采用低碱度的工艺条件。

（2）混合-分离浮选。对于原矿含硫较低，铜矿物易浮的铜硫矿石选用这种流程较有利。铜硫矿物先在弱碱性矿浆中进行混合浮选，混合精矿再加石灰在高碱性矿浆中进行铜硫分离。

（3）半优先混合-分离浮选。半优先混合-分离浮选是以选择性好的 Z-200 或 OSN-43、酯-105 等作为半优先浮铜作业的捕收剂，先浮出易浮的铜矿物，得到部分合格的铜精矿，然后再进行铜硫混合浮选，所得的铜硫混合精矿使用浮铜抑硫的分离浮选。这种分离流程，避免了高石灰用量下对易浮铜矿物的抑制，也不需耗大量硫酸活化黄铁矿。生产实践表明：这种流程结构合理，操作稳定，指标好，具有尽早回收目的矿物的特点。

就磨浮流程来说，对于难选铜矿石，采用阶段磨浮流程较为有利，如粗精矿再磨再选，混合精矿再磨再分离，中矿再磨单独处理等方法，广为国内外选厂所采用。

B 铜硫分离方法

对铜硫矿石无论采用哪一种流程，都存在一个铜硫分离的问题，分离的原则一般是浮铜抑硫，即抑制黄铁矿。

（1）石灰法。用石灰抑制黄铁矿是铜硫分离的常用方法。采用石灰法进行铜硫分离时，矿浆的 pH 值或矿浆中的游离 CaO 含量能明显地影响分离效果。一般的规律是，处理含黄铁矿量多的致密块矿时，需加大量石灰，使矿浆中的游离 CaO 含量达到 $800g/m^3$ 左右才能抑制黄铁矿。对含黄铁矿少的浸染矿，用石灰控制矿浆 pH 值在 9~12 就能浮铜抑硫。有时为了避免石灰用量过大造成“跑槽”和精矿难以处理的毛病，可补加少量氰化物或者选用对黄铁矿捕收力弱的酯类捕收剂。

（2）石灰+亚硫酸盐法。这种方法是广泛使用的无氰抑制黄铁矿的方法。对于原矿含硫高或含硫虽然不高，但含泥高，或黄铁矿活性较大不易被石灰抑制的铜硫矿石，可采用石灰加亚硫酸盐抑制黄铁矿进行铜硫分离的方法。此法的关键是要根据矿石性质控制合适的矿浆 pH 值及亚硫酸盐（或 SO_2）的用量，并注意适当加强充气搅拌。有的实验研究指出：在 pH 值为 6.5~7 的弱酸性介质中，采用石灰加亚硫酸盐法抑制黄铁矿较有效。石灰加亚硫酸盐法与石灰法比较，具有操作稳定、铜的指标好、硫酸等活化剂用量低的优点。

（3）石灰+氰化物法。对于浮游活性大的黄铁矿，用石灰加氰化物法抑制是有效的，但由于氰化物有毒，会污染环境，故人们力图用石灰加亚硫酸法取代。

在铜硫分离浮选中，采用选择性好的捕收剂，不仅可以减少抑制剂和活化剂用量，而且操作稳定。

C 铜硫矿浮选实例

某矿床属于变质火山岩系中的黄铁矿型多金属矿床，矿石类型较复杂，按结构构造可分为浸染状、致密块状、半块状三种，以前两种为主。

主要金属矿物有黄铁矿、黄铜矿，铜蓝、辉铜矿及闪锌矿。块状矿石中黄铁矿含量占85%以上。主要脉石矿物有石英、绿泥石和绢云母。有用矿物间结构复杂，嵌布关系多种多样，但主要金属矿物和脉石的关系较简单。铜矿物呈中细粒嵌布。黄铁矿常以自形晶、半自形晶和粒状集合体产出，嵌布粒度在 0.1~0.5mm，部分与黄铜矿致密共生。

入选矿石按块状含铜黄铁矿石、浸染状铜硫矿石及块状铜锌黄铁矿石分为三大类，分别用不同的工艺流程及条件进行分选。这节只介绍铜硫矿石的浮选方法。

块状含铜黄铁矿石经两段连续磨矿至 80% -0.074mm，进行浮选（一粗一扫三精），用石灰作黄铁矿的抑制剂，在高碱度（含游离 CaO 800~$1000g/m^3$）下，用丁黄药和松醇油浮铜，尾矿即为硫精矿。

当浸染状铜硫矿与块状含铜黄铁矿同时处理时，选厂采用“掺矿法”处理这两类矿石：即在低碱度（含游离 CaO 50~$100g/m^3$）矿浆条件下，从浸染状铜矿石中选出铜硫混合精矿，加入块状矿石的磨矿作业中，在高碱度矿浆条件下，与块状矿石一起进行铜硫分离，选出铜精矿与硫精矿。从流程效果分析，它具有分支串流的实质。其主要特点是，流程简单，操作方便，节省药剂。

有时处理单一浸染状铜硫矿石采用低钙、低药（亏量加药）优先浮选粗精矿再磨的流程，如图 5-1 所示。

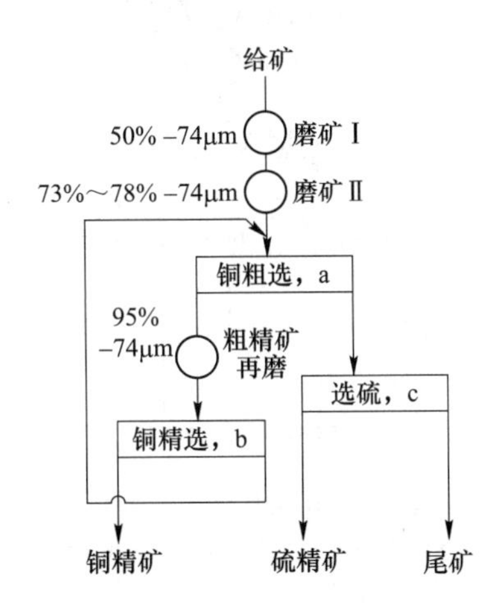

图 5-1 某选厂处理浸染矿的磨浮流程

a——一粗一扫，黄药，松油；b—三次扫选，石灰；c——一粗一扫，硫酸，黄药，松油，pH 值为 5~6

药剂制度/g · t^{-1}

铜浮选	CaO	4000~6000
	丁黄药	30~50
	松醇油	30~40
硫浮选	H_2SO_4	pH 值：5~6
	丁黄药	150
	松醇油	50

选别指标	原矿品位/%	精矿品位/%	回收率/%
铜	1.4~1.6	21~23	94~96
硫	7~8	44~45	78~80

5.1.1.3 铜硫铁矿浮选

铜硫铁矿多属大型的硅卡岩型含铜磁铁矿床，我国安徽的铜官山铜矿、凤凰山铜矿、湖北的大冶铁矿、铜绿山铜矿均属这类矿床。这类矿石的特点是，铜矿物以黄铜矿为主，品位不高；铁矿物以磁铁矿为主，品位较高，而且含铁高时，含铜下降；硫化铁矿物除黄铁矿外，常含有磁黄铁矿，使铁精矿中含硫偏高。

铜硫铁矿石的分选，一般是先用浮选法浮选出铜硫矿物以后，再用磁选法选出铁矿物。铜硫的浮选，可采用优先浮选，或铜硫混合浮选后分离的方案，视矿石中的铜硫含量比及其嵌布特性而定。

某铁矿处理的矿石属硅卡岩含铜磁铁矿石，主要的金属矿物有磁铁矿、黄铜矿、含钴黄铁矿、磁黄铁矿，其次有赤铁矿、褐铁矿、菱铁矿、辉铜矿、铜蓝等。脉石矿物有石英、云母、石榴子石等。原生磁铁矿结构致密，由细粒和微粒磁铁矿组成，颗粒间为非金属矿物所充填。金属硫化物呈细粒浸染或被包裹于磁铁矿颗粒中，要将它们解离必须磨细。图 5-2 所示为该矿选厂生产的原则流程。

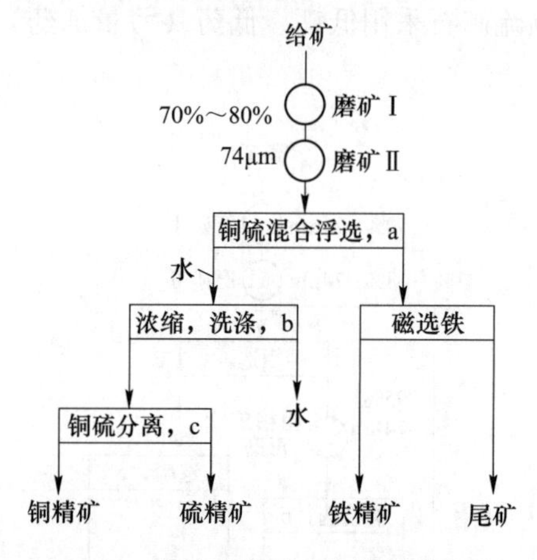

图 5-2　某铁矿选厂生产的原则流程

a——粗二精；b—水洗浓密；c—粗二精二扫

药剂制度/g · t^{-1}	铜硫混合浮选	铜硫分离浮选
硫化钠	80~100	
乙黄药	100~120	
松醇油	60~80	
石灰		2000
捕收剂 234	—	5

选别指标	原矿品位/%	精矿品位/%	回收率/%
铜	0. 5~0. 6	18~22	73~75
硫	2. 5~3. 0	40	40~45
铁	43~50	53~67	85~90

该矿在处理以磁铁矿为主的原生矿时，浮铜硫后的尾矿只经弱磁选选别可获含铁 65. 5%以上的铁精矿。当处理混合矿（菱铁矿为主）时，浮铜硫后的尾矿先经弱磁选选出部分高品位铁精矿，其尾矿再经强磁选得到部分低品位铁精矿，混合矿铁精矿品位为 55%左右。

对于铜硫铁矿石的分选，强化磁黄铁矿的浮选，是提高回收率和降低铁精矿含硫的关键。活化磁黄铁矿的药方有氟硅酸钠+硫酸、氟硅酸钠+硫酸铜、硫化钠+硫酸铜、草酸+硫酸铜。对于含磁黄铁矿较高的矿石，常采用铁精矿脱硫浮选来降低其含硫量。

5. 1. 1. 4　铜钴矿的浮选

钴常以硫化物和砷化物存在。含钴的矿物主要有含钴黄铁矿、辉砷钴矿（CoAsS）、硫钴矿（Co_3S_4）等，此外还有硫镍钴矿［$(NiCo)_3S_4$］、硫铜钴矿（Co_2CuS_4）等。

某铜钴矿为细脉浸染型铜钴矿，矿石的矿物组成比较简单，除含钴黄铁矿、黄铜矿和部分磁黄铁矿外，其他金属矿物很少。非金属矿物有石英、方解石、绢云母等。入选矿石平均品位含硫 4%，含铜 0. 8%，含钴 0. 02%，氧化率低，属低硫易选矿石。该矿选厂采用优先浮铜，选铜尾矿经浓密机脱水再选钴（黄钴铁矿）的流程回收铜和钴。

该厂浮选的特点是：

（1）铜浮选循环采用分速精选流程，即将粗选头两槽浮出的粗精矿单独精选一次得到最终铜精矿，以后浮出的粗精矿经两次精选得最终精矿。

（2）采用选择性捕收剂醚氨硫酯（捕收剂234）与起泡剂苯乙酯油配合进行铜-钴黄铁矿的分选，与原来的丁黄药、吡啶药方相比，在保持铜指标的前提下，钴回收率提高10%左右，石灰耗量从4kg/t降为2～3kg/t，选钴还不用硫酸活化。该厂采用新药剂方案的选别指标为：

选别指标	原矿品位/%	精矿品位/%	回收率/%
铜	0.7～0.9	16～18	95～96
钴	0.02	0.3～0.4	50～60

5.1.1.5 铜钼矿的浮选

以铜为主，伴生有钼的铜钼矿常呈斑岩铜矿床存在于自然界，产于斑岩铜矿中的铜约占世界铜储量的2/3。我国江西德兴铜矿就是一个特大型斑岩铜矿。

斑岩铜矿的特点是：原矿品位低，常伴生有钼，一般含铜0.5%～1%，含钼0.01%～0.03%，嵌布粒度细，多为浸染状；储量大，选厂规模大。

斑岩铜矿中的铜矿物，多数为黄铜矿，其次为辉铜矿，其他铜矿物较少。钼矿物一般为辉钼矿。

斑岩铜矿不仅是铜的重要资源，也是钼的重要来源，还常常赋存有铼、金、银等稀贵元素。

A 斑岩铜矿浮选工艺的特点

（1）大多采用粗精矿再磨再选的阶段选别流程；即在粗磨（50%～65% -0.074mm）的条件下进行铜钼混合粗选，所得粗精矿再磨（90%～100% -0.074mm）后，进一步精选。典型流程如图5-3所示。

（2）斑岩铜矿的浮选，一般是铜钼混合浮选，尽量地把钼选入铜精矿中。当钼含量太低，浮选无法分离或可分离而不经济时，则选矿厂只产铜钼混合精矿。浮选辉钼矿最好的pH值为8.5，一般视矿石中黄铁矿的含量及抑制它的需要，pH值可在8.5～12的范围内调节。

（3）浮选药剂：铜钼混选的捕收剂，最常用的是黄药。用黑药、Z-200、煤油等作辅助捕收剂。使用煤油时，应注意它与起泡剂的比例，以保持最佳的泡沫状态。国外多数厂用甲基异丁基甲醇（MIBC）作起泡剂，也有用松油的。国内主要是用松醇油作起泡剂。

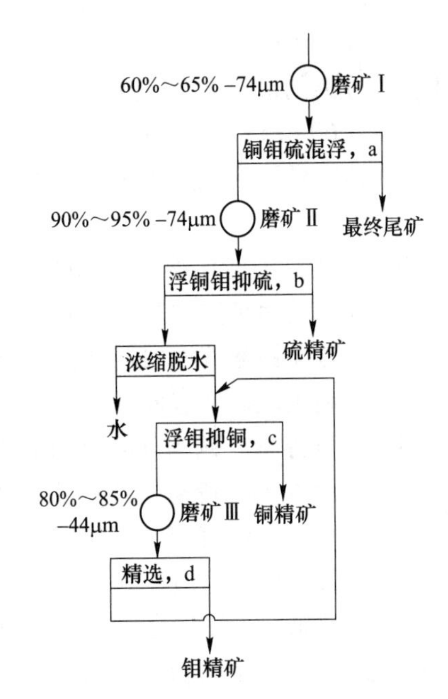

图5-3 斑岩铜矿浮选典型原则流程

a——一粗一精二扫；b——一粗二精二扫；
c——一粗三精一扫；d—八次精选中矿集中返回

B　铜钼分离

铜钼混合精矿分离有两种方案：一是抑铜浮钼，是最主要的方法。二是抑钼浮铜。后一方法只有少数选厂采用，并用糊精抑制辉钼矿。浮钼抑铜进行铜钼分离的抑制剂方案有：

（1）硫化钠法。

（2）硫化钠+蒸汽加温法。

（3）单一氰化物法。

（4）氰化物+硫化钠法。

（5）诺克斯药剂（或它与氰化钠合用）法。

（6）铁氰及亚铁氰化物法。

（7）次氯酸钠或双氧水法。

（8）巯基乙醇等有机抑制剂法。

硫化钠、氰化物、胂或磷诺克斯药剂抑制黄铜矿、斑铜矿为主的铜矿物较有效；硫化铵、铁氰化物及亚铁氰化物、氧化剂、次氯酸盐及双氧水抑制次生硫化铜矿物较有效。巯基乙醇等有机抑制剂是新研制的无毒高效钼的伴生硫化物抑制剂，正在推广之中。为了改善铜钼分离效果常采用的措施有：

（1）浓缩脱药。混合精矿分离之前，先进行浓缩脱药，除去进入混合精矿中的过剩药剂，保证搅拌和粗选在适宜的浓度下进行。

（2）蒸汽加温。国外一些铜钼选厂在铜钼分离前，对铜钼混合精矿进行蒸汽加温（85~90℃），有时每吨精矿还加入适量石灰0.8~1.2kg，鼓入氧气或空气。其目的是通过解吸和分解破坏混合精矿表面的捕收剂膜。不少国家把硫化钠+加温（蒸吹）法视为铜钼精矿分离的最佳方案，此法是在使用硫化物抑制铜矿物的同时，沿浮选作业线用蒸汽直接加温（60~75℃）矿浆，这样不仅加速了捕收剂的解吸和分解，还减缓了硫化物的氧化，大大地降低了硫化物用量，改善了分离指标。蒸汽加温法效果好，但工艺复杂，成本较高。

（3）分段添加硫化钠。硫化钠法是铜钼分离最常用的方法，它可以抑制非钼的所有金属硫化矿物，其用量波动范围很大，可在2~30kg/t内波动。硫化钠采用分段添加较有利，常将一部分硫化钠溶液添加到搅拌槽中，而另一部分硫化钠以固体形式放在粗选和精选的泡沫槽中，利用硫化钠溶解时发出的热量使矿浆温度升高，以增强其抑制作用。

（4）氮气浮选。铜钼分离浮选中使用的抑制剂，如硫化钠、亚硫酸钠、诺克斯药剂中的硫化钠或五硫化二磷易氧化而失去抑制作用。由于铜钼分离循环，精选次数多（6~8次），作业线长，这些药剂因氧化而增大耗量更为突出。为了避免药剂氧化、降低用量，美国、加拿大、秘鲁等国在铜钼选厂用氮气代替空气作充气介质进行铜钼分离浮选取得了显著的经济效果，可使诺克斯药剂用量降低50%~70%。

C　斑岩铜矿（铜钼矿）浮选实例

某铜矿石中主要金属矿物有黄铁矿、黄铜矿、辉钼矿。次要的金属矿物有蓝辉铜矿、铜蓝、角银金矿、银金矿等。主要的非金属矿物有绢云母、石英等。矿石中有用矿物嵌布粒度较细，黄铜矿、黄铁矿、辉铜矿共生密切，呈细粒不均匀嵌布。

就矿石的自然类型来说，属原生硫化矿，氧化率4%~5%，含泥含水均不高。矿石中主要有用矿物含量比为：w(黄铁矿)：w(黄铜矿)：w(辉钼矿)= 320：45：1。

选厂采用阶段磨浮流程，分别得出铜精矿、铅精矿、硫精矿三种产品，金、银等贵金属主要富集在铜精矿中。选厂磨浮原则流程如图5-4所示。混合浮选一粗一精二扫，铜钼与硫分离一粗二精二扫，浮钼抑铜一粗三精一扫，所得钼粗精矿再磨后精选四次，精选尾矿集中返回磨矿Ⅲ。

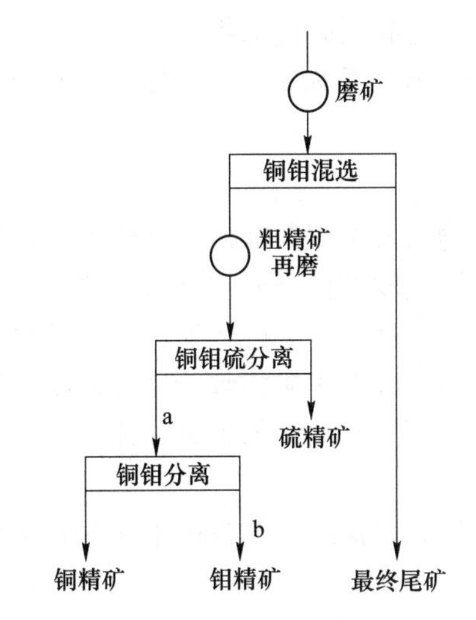

图5-4 某斑岩铜矿选别流程

a—浓缩（略）；b—第三段磨矿及再精选（略）

药剂制度/g·t^{-1}

混合浮选	石灰 4000~5000	pH 值为 10	
Na_2S	100~150	乙、丁黄药（1：1）	55~65
2号油	50	醚醇	25~30
铜、钼与硫分离	石灰 20000	pH 值为 11.5	
	丁铵黑药 少量	Z-200	少量
钼铜分离	Na_2S 20000	分段添加	
	NaHS 10000	水玻璃 2000~3000，分段添加	
	煤油 60	漂白粉	3000
		脱药、加入浓缩机	

选别指标	原矿品位/%	精矿品位/%	回收率/%
钼	0.01	≥45	60~70
铜	0.45~0.53	≥24	≥85.5
硫	2.0	35	45

回收伴生的少量辉钼矿，工艺条件是比较复杂的，经过多年的试验，获得的主要经验有：

（1）使用选择性好的Z-200药剂代替丁铵黑药作为第二段铜钼与硫分离的捕收剂，大幅度地提高了钼的回收率（10%~40%），降低了石灰及捕收剂用量，还可缩短浮选时间，减少浮选槽数量，节省能耗，经济效益显著。

（2）混合浮选循环，使用选厂回水时，用醚醇作起泡剂，比用 2 号油指标要高些，但利用清水时则反之。故现场混合浮选采用 2 号油和醚醇混用，可获得较好的混合浮选指标。

（3）混合精矿分离前进行浓缩脱药，并加入漂白粉加速捕收剂氧化解吸。

（4）钼铜分离采用钼精矿再磨再精选，硫化钠、水玻璃分段添加的工艺，可获得合格的钼精矿、铜精矿，钼的回收率也有大幅度的提高。

（5）混合浮选循环采用分支串流浮选新工艺，提高了混合精矿的品位和回收率，降低了捕收剂、起泡剂的消耗量。

5.1.1.6　铜镍矿浮选

硫化铜镍矿石中，含镍矿物主要有镍黄铁矿、针硫镍矿、红镍矿、含镍磁黄铁矿。镍矿物的浮选，要求在酸性、中性或弱碱性介质中进行。捕收剂用高级黄药，如丁黄药或戊黄药。含镍磁黄铁矿比其他镍矿物难浮，最好的浮选介质是弱酸性或酸性，而且浮选速度很慢。在石灰造成的碱性介质中，以上镍矿物都能受到抑制，但被抑制的程度不同，最容易抑制的是含镍磁黄铁矿，如 pH 值在 8.2~8.5 时，针硫镍矿仍能浮，而含镍磁黄铁矿则受到抑制。

铜镍矿石中的铜矿物，一般为黄铜矿。铜镍矿中常含有贵金属，如铂、钯等，应注意回收。

A　铜镍矿的浮选特点

铜镍矿浮选方案的选择，主要应考虑的因素有矿物的可浮性、矿物的共生关系、镍矿物的氧化和泥化、脉石矿物的种类等。主要分述如下：

（1）铜、镍矿物的浮选性质。铜矿物和镍矿物的浮选速度相差较大，如图 5-5 所示。铜矿物的浮选速度较快，而镍矿物较慢。生产实践证明，铜镍矿浮选时，前 5min 可浮出 90%左右的黄铜矿。镍矿物的上浮速度较慢，特别是含镍磁黄铁矿，往往要 20~30min 才能浮完。铜镍矿物浮选速度的差别，曾用于铜镍优先浮选的实践，优先浮铜时，进行铜的“快速”浮选。工艺特点是，提高矿浆通过浮选机的速度，捕收剂用低级黄药，并采用“饥饿”方式给药。铜浮选的尾矿加硫酸铜活化镍矿物，然后再用高级黄药，如丁黄药和戊黄药浮镍矿物。

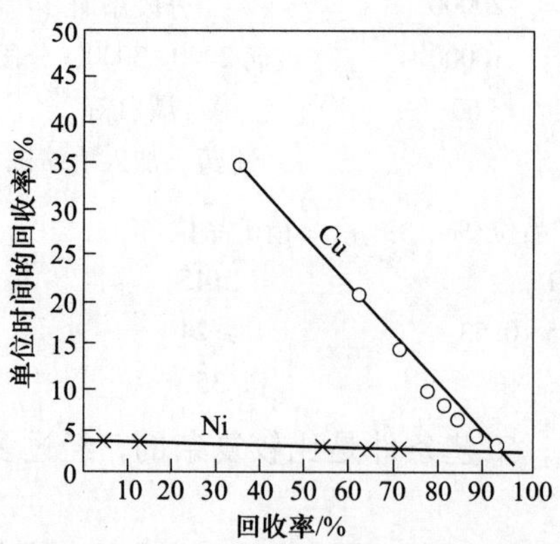

图 5-5　铜镍矿浮选时黄铜矿和镍矿物（镍黄铁矿、含镍磁黄铁矿）的浮选速度

（2）镍矿物在矿石中的存在形态。镍矿物很少形成单独的集合体，多半是分散在其他硫化矿，主要是磁黄铁矿和黄铜矿中。镍也常常以类质同象杂质的形式，存在于其他硫化矿中。磁黄铁矿、镍矿物与硫化铜、铁矿物共生密切，因此带来两个问题：第一个问题是镍精矿镍的含量较低，一般含 Ni 3%~5%，最低界限为 2%~2.5%。因此，若原矿中含 Ni 大于 2%，就可直接冶炼。第二个问题是影响铜镍分离。铜镍矿物共生密切，甚至磨到很细都不能单体解离，只得到铜镍混合精矿，经冶炼以后，再进行铜镍分离。如果含镍矿物只与磁黄铁矿共生密切，与黄铜矿的关系比较简单，则有可能得到铜精矿，并得到含镍较低的所谓铁镍精矿。

（3）含镍矿物的氧化及泥化，镍黄铁矿和含镍磁黄铁矿等含镍矿物，不但容易氧化，而且容易泥化。因此，当矿石中硫化矿物嵌布不均匀时，阶段磨浮流程就显得特别重要。一般是在粗磨的条件下，进行铜镍混合浮选，得出废弃尾矿。混合精矿再分级磨矿，然后进行精选或铜镍分离。再磨作业前后强化分级很重要。

为了消除含镍磁黄铁矿的干扰，加拿大林湖选矿厂，利用含镍磁黄铁矿的磁性，粗磨（65% -0.074mm）后，用磁选机选出 15%的磁性产品，经精选后，作为镍精矿。非磁性部分再磨后，进行铜镍混合浮选。

该厂为了提高难浮硫化镍矿的可浮性，在非磁性部分铜镍混合浮选时，使用了 SO_2 气体。原矿浆自然 pH 值为 8.8，经 SO_2 气体处理后，pH 值下降到 5.6。经 SO_2 气体处理后，改善了硫化镍矿物的可浮性。

（4）脉石矿物的影响。铜镍矿中常含有一些易浮的脉石，如绿泥石、绢云母、蛇纹石和滑石等。它们易泥化，矿泥易浮。含镁矿泥进入精矿，不但降低品位，而且影响冶炼。一般要求镍精矿含氧化镁不超过 5%~9%。

消除易浮脉石矿泥的方法有两种：一种是添加少量起泡剂预先浮除。此法并非经常有效，特别是利用回水的情况下，因回水含有捕收剂，会增加铜镍在矿泥中的损失；另一种是使用抑制剂，如水玻璃、糊精和羧甲基纤维素等。

B 铜镍分离

铜镍矿的浮选方案有两大类：一是优先浮选；二是混合浮选。在矿石中铜含量比镍高，矿物共生关系比较简单的情况下，可以考虑采用优先浮选。其优点是可以直接得到铜精矿和镍精矿；缺点是浮铜时被抑制过的镍矿物，不易活化，镍的回收率较低，故此法少用。

铜镍混合浮选是目前较通用的方案。其优点是镍的回收率较优先浮选高，同时浮选设备也较优先浮选省。铜镍混合浮选，与铜硫混合浮选相似。对于矿石中含镍磁铁矿较多的矿石，有两种处理方案：一种是如前所述，采用磁选分出一部分含镍磁黄铁矿，然后再浮选；另一种是先浮黄铜矿和镍黄铁矿，然后再浮含镍磁黄铁矿。浮含镍磁黄铁矿时，可用铣铜活化。对一些蚀变较强的难选硫化镍矿，用气体处理矿浆，将 pH 值降到 5~6，实践证明是有效的。铜镍混合精矿分离，都是抑镍浮铜，主要方法列于表 5-1。

表 5-1　铜镍分离的主要方法

方法名称	典型选矿厂
石灰+糊精法	芬兰可托兰蒂
石灰+氢化物法	加拿大林湖
石灰+蒸汽加温	苏联诺里尔斯克

芬兰可托兰蒂选矿厂处理的铜镍矿中，主要含镍矿是镍黄铁矿、含镍磁铁矿。铜矿物是黄铜矿。脉石矿物有角闪石、斜长石、云母和石英等。该厂的浮选流程如图 5-6 所示。

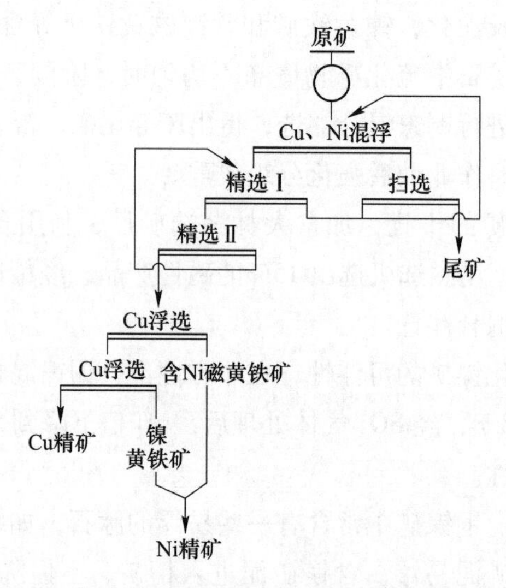

图 5-6　芬兰可托兰蒂铜镍矿浮选流程

铜镍混合浮选时，用硫酸（6.4kg/t）调整 pH 值和抑制硅酸盐脉石，乙黄药（60g/t）作捕收剂，粗松油（290g/t）作起泡剂。铜镍分离时，用石灰（1kg/t）加糊精（25g/t）抑镍矿物。流程的主要特点是镍矿物的抑制，根据可浮性的差别，按矿物组分进行，即先抑含镍磁黄铁矿，再抑镍黄铁矿。所得指标如下：

	品位/%		回收率/%	
	Cu	Ni	Cu	Ni
镍精矿	0.7	5.84	29.8	93.6
铜精矿	29.26	1.19	62.3	1.0
尾矿	0.04	0.042	7.9	5.4
原矿	0.26	0.69	100	100

由于矿物组成比较复杂，所以铜镍混合精矿用一般方法分离比较困难。近年的研究和实践证明，用石灰+蒸汽加温法分离比较有效。苏联诺里尔斯克选矿厂，同时处理浸染矿和脉矿两种矿石，由于矿物组成复杂，矿物形式多样，同一种矿物有若干种结晶变形，所以铜镍混合精矿分离时用石灰、亚硫酸盐和硫代硫酸盐，均未得到满意结果。

该厂采用石灰+蒸汽加温法，在加石灰的同时，通入蒸汽。矿浆加温，可加速捕收剂从镍矿物和磁黄铁矿表面解吸，并在这些矿物表面形成比较稳定的氧化膜，以加强对它们的抑制作用。石灰用量，对于浸染矿，要求矿浆中的游离 CaO 含量600～800g/m³；脉矿是200～300g/m³。蒸汽加温时矿浆温度为70℃，加温时间12～15min，矿浆浓度40%。矿浆加温以后，浓度稀释到32%左右，进行铜的“快速”浮选，尾矿为镍精矿。泡沫产品分级再磨后浮铜，得到铜精矿，尾矿为镍精矿。

5.1.2 硫化铅锌矿浮选

硫化铅锌矿可分为铅锌矿、铅锌硫矿、铅锌萤石矿、单一铅矿或单一锌矿，后两者极为少见。硫化铅锌矿中最常见的伴生硫化矿物为黄铁矿和毒砂。

5.1.2.1 主要矿物及其可浮性

方铅矿（PbS）。含 Pb 86.6%，是铅的主要矿物原料，可浮性较好。常用的捕收剂是黄药、黑药和乙硫氮。常用的抑制剂是重铬酸盐、硫化钠、亚硫酸及其盐等。水玻璃及其与其他药剂的合剂，对方铅矿也有明显的抑制作用。被重铬酸盐抑制过的方铅矿，很难活化，要用盐酸或在酸性介质中，用氯化钠处理后，才能活化。

闪锌矿（ZnS）。含 Zn 67.15%，是锌的主要硫化矿物，铁锌矿［(Zn,Fe)S］次之。闪锌矿的可浮性一般都不大好，易被抑制，通常要用硫酸铜预先活化，才能用黄药捕收。被铜离子活化了的闪锌矿，其可浮性与铜蓝相似。未曾活化的闪锌矿用硫酸锌与碱就能抑制，被活化过的闪锌矿要用氰化物抑制，氰化物与硫酸锌混合使用效果更好。亚硫酸盐、硫代硫酸盐或二氧化硫气体可代替氰化物抑制闪锌矿。被抑制的闪锌矿常用硫酸铜活化。

砷黄铁矿（FeAsS），又称毒砂，是多金属硫化矿和贵金属矿石的浮选中最有害的矿物。可浮性与黄铁矿接近，容易受铜离子等重金属离子的活化。在铜、铅、锌、金的浮选中，毒砂经常混入精矿，降低产品质量，甚至使精矿无法销售。毒砂在酸性介质中很易浮，pH 值为3～4，可浮性最好；pH 值大于>6，可浮性迅速下降；pH 值大于11～12，毒砂难于浮游，故石灰是常用的毒砂抑制剂。充气氧化或添加氧化剂如高锰酸钾、漂白粉等能较有效抑制毒砂，但主要浮游矿物也可能因此受抑制，氰化物对毒砂有抑制作用，但常常不如高锰酸钾强。其次，硫化钠、亚硫酸钠、硫代硫酸钠等与硫酸锌或石灰共用，都是多金属硫化矿浮选中抑制毒砂的有效方法。

5.1.2.2 硫化铅锌矿的浮选方法

处理硫化铅锌矿常用的浮选原则流程有优先浮选、混合浮选和等可浮浮选三种。就磨浮段数来说，精选回路中的再磨（粗精矿再磨，中矿再磨）流程最为常见。

无论是采用哪一种原则流程都会遇到铅锌分离和锌硫分离的问题。分离的关键是合理地选用调整剂。分离的一般方法如下。

A 铅锌分离

由于绝大多数方铅矿的可浮性较闪锌矿好，所以常用抑锌浮铅的方法。抑锌的药剂方案有氰化物法、少氰法和无氰法。氰化物法中常将氰化物和硫酸锌共用。工业上用得较多的无氰法见表5-2。

表 5-2　浮铅抑锌常用的无氰方案

无氰抑制方案	应用厂家举例
硫酸锌法	泗顶、诸暨、代蓝塔拉、丙村
硫酸锌+碳酸钠（或石灰、硫化钠）法	水口山、清水塘、凡口、黄沙坪
硫酸锌+亚硫酸盐法	栖霞山、日本和澳大利亚某些选厂
硫酸锌+硫代硫酸盐法	赫章、桃林
二氧化硫法	丰羽、松峰（日本）
氢氧化钠法（pH 值为 9.5，黑药）	梅根（德国）
高锰酸钾法	克拉辛斯（苏联）

近年来，日本推荐硫酸法抑铅浮锌。它是将铅锌混合精矿在 30℃ 条件下，用 17% H_2SO_4 溶液酸化，搅拌 7~10min，使方铅矿表面受到硫酸的氧化作用变成硫酸铅而被抑制，闪锌矿经酸洗后表面清洁，再用硫酸铜活化更易浮游。据报道，此法对于方铅矿的抑制效果达 95%，闪锌矿仍有 90%能够上浮。

浮铅常将黑药与黄药混用或单用选择性好的乙硫氮作捕收剂，国外个别的选厂也将磺丁二酰胺酸（A-22）与黄药混合使用。

由于石灰对方铅矿有抑制作用，当矿石中黄铁矿少时，浮铅用碳酸钠作 pH 值调整剂较有利。原矿中黄铁矿含量较高时，则用石灰作 pH 值调整剂反而较好，因为石灰能抑制伴生的黄铁矿，对浮铅有利。

当闪锌矿中有易浮的与难浮的两部分时，为了节省药剂，改善铅锌分离指标，可采用以铅为主铅锌等可浮流程。

B　锌硫分离

锌硫分离有抑硫浮锌和抑锌浮硫两种方案，最常用的是浮锌抑硫法。锌硫分离常用的抑制剂方案有：

（1）石灰或石灰+少量氰化物法。这是最常用的抑硫药剂方案，石灰的用量按原矿或混合精矿中硫化铁矿物的含量和可浮性来调节，有的选厂矿石含硫高，易浮，为了避免石灰用量过大而引起操作不稳定，补加少量（5~10g/t）氰化物，抑硫效果得以显著改善，而锌的回收率不受影响。

（2）加温法。将锌硫混合精矿充蒸汽加温至 45~60℃，同时充气搅拌，黄铁矿表面氧化可浮性下降，而闪锌矿在此条件下仍保持其可浮性，不加任何药剂，可以分离锌硫。如果在加温时，补加一定量的石灰，分离效果更好。此法对浮游活性大的黄铁矿的抑制作用比石灰法强。

（3）二氧化硫+蒸汽加温法。这是抑锌浮硫的方法，用二氧化硫气体处理锌硫混合精矿，控制 pH 值在 4.5~5.0，然后通入蒸汽加温到 80℃，用黄药捕收黄铁矿，粗选 pH 值在 5.0~5.3。准确控制 pH 值和温度是此法的关键。这种方法常用于黄铁矿浮游活性大的锌硫混合精矿分离或锌精矿脱硫。

在铅锌矿石浮选中，如何解决活性黄铁矿和毒砂的干扰，是极为重要的问题。国内外生产实践表明，以下几点可供参考：

（1）调整浮选流程，改变有用矿物浮选顺序，让活性硫化铁矿物先于闪锌矿与方铅矿一起浮出，然后进行铅硫分离和再浮闪锌矿。日本丰羽选厂，就是采用铅硫混合浮选流程来解决活性黄铁矿的干扰的。德国梅根选厂采用优先浮铅再浮硫最后浮锌的流程，辅以特殊的作业条件——高碱度抑黄铁矿、高级黄药捕收铅矿物等，解决了可浮性好的胶状黄铁矿对分离的干扰。

（2）应用热二氧化硫法进行胶状黄铁矿的反浮选。热二氧化硫法即前面所讲的二氧化硫+蒸汽加温法。用此法从锌精矿中或铜铅锌混合精矿中反浮选胶状（或活性）黄铁矿、磁黄铁矿，可较大幅度地提高锌精矿（或铜铅锌混精矿）的品位。

（3）采用高效抑制剂和特殊的作业条件抑制活性黄铁矿。国外采用糊精、白坚木素、木素磺酸盐等有机混合剂抑制可浮性好的含碳黄铁矿、磁黄铁矿和毒砂，这种混合抑制剂中加入木素磺酸盐可以减弱它们对铅、锌硫化物的抑制，提高选择性，我国凡口和德国梅根选厂还用大石灰量（pH 值大于 11.5）抑制黄铁矿，用大量高级黄药捕收方铅矿。并将粗选作业的黄药全部或部分加入第一段球磨机，有的选厂采用加温法，来加强对黄铁矿的抑制。

（4）毒砂的抑制也是较困难的，特别是矿石中存在重金属离子时，更是如此。国外实践经验表明，联合运用石灰-二氧化硫-锌氰络合物能较有效抑制闪锌矿和毒砂，进行铅锌分离或铜锌分离。如果往矿浆中充气则更加有效。运用这些药剂时添加地点和用量是最重要的参数。往矿浆中充气时，二氧化硫和锌氰络合物应加入磨矿，而石灰应加入充气器，该顺序比将石灰加入磨矿机更有效。锌浮选时，用石灰抑制毒砂，石灰和硫酸铜都应加入充气器，充气 10~15min，闪锌矿被活化，毒砂受抑制。当不能完全抑制毒砂以提高锌品位时，可用反浮选毒砂的方法。此时，可用氧化锌和加热至 70~85℃，pH 值在 3.5~4.5 时的介质中抑制闪锌矿，用黄药类浮毒砂。或用活性炭与硫酸调整锌精矿，矿浆加热至 85℃再冷却至 65℃加硫酸锌，用硫氨酯类浮毒砂。

C 硫化铅锌矿浮选实例

某铅锌矿属中低温热液裂隙充填交代矿床。矿石类型以含块状黄铁矿的铅锌矿（硫化矿）为主，还有少部分含粉状黄铁矿的铅锌矿（氧化矿），这部分氧化矿仅占金属量的 6%，铅氧化率 9%~10%，锌氧化率 1.3%~2.3%。

矿石中主要金属矿物为黄铁矿、闪锌矿、方铅矿，并含极少量白铅矿、菱锌矿、淡红银矿、辉银矿等。脉石矿物主要为石英，其次为方解石、白云石等。

该铅锌矿石的矿物组成简单，但嵌布复杂。方铅矿呈他形晶粒状或细脉状嵌布在黄铁矿、闪锌矿的间隙和裂隙中，并溶蚀交代它们。铅锌黄铁矿有 30%左右共生密切，其粒度在 0.01mm 以内。方铅矿粒度大部分在 0.01~0.5mm。闪锌矿、黄铁矿除与方铅矿嵌布极为密切的部分外，一般结晶较粗，粒度通常在 0.1mm 以上，闪锌矿粒度大部分为 0.1~0.15mm。总的来说，该铅锌矿石属于不均匀的细粒嵌布难选矿石，分选极为困难。矿石中黄铁矿、闪锌矿、方铅矿几种矿物含量占矿物总量的 63.6%，是富铅锌黄铁矿石，原矿品位一般为：铅 4%~5%，锌 10%~12%，硫 20%~23%。

该选厂投产后，工艺流程和条件经过多次演变。1980 年以来，选厂由原来的一段磨矿（70% -0.074mm）中矿再磨和苏打-硫酸锌法分离工艺，改为两段连续磨矿（82% -0.074mm），粗精矿再磨（85%~90% -0.044mm）和铅循环高碱度的优先浮选流程，原则流程如图 5-7 所示。采用该工艺后，使铅精矿品位由原来 43.79%提高至 52%以上，回收率由 75.79%提高到 80%以上，锌指标亦有所提高。

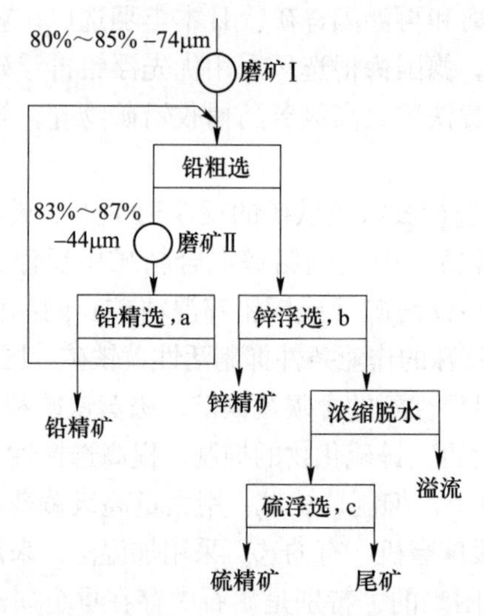

图 5-7　某铅锌矿浮选原则流程

a—精选三次；b—二粗三精二扫；c—一粗一扫

药剂制度/$g \cdot t^{-1}$

浮铅	石灰	pH 值为 11~12	丁黄药	300~500
	硫酸锌	1500~2500	浓 70 松油	8~15
浮锌	石灰	pH 值为 11~12	丁黄药	400~600
	硫酸铜	700~900	浓 70 松油	30

浮硫　　硫酸　pH 值为 8　　丁黄药　　150~250　　浓 70 松油　　80~120

浮选指标	原矿品位/%	精矿品位/%	回收率/%
Pb	4~5	55~57	约 80
Zn	9~11	45~50	92~94
S	20~25	42~49	45~55

5.1.3　硫化铜锌矿浮选

黄铜矿常呈细粒浸染或乳浊状固溶体存在于闪锌矿中，不易单体解离，即使达到了单体解离，这样微小的颗粒（常在 0.005mm 以下）分离也很困难；更普遍的是闪锌矿受矿石中共生铜矿物（特别是次生硫化铜矿物）中铜离子的活化，使闪锌矿不同程度地显示出类似于铜矿物的可浮性；有的闪锌矿其可浮性比黄铜矿还好。因此，硫化铜锌矿的分选是比较困难的。

5.1.3.1　硫化铜锌矿浮选方法

A　硫化铜锌矿浮选的原则流程

常用的有优先浮选、半优先（易浮铜矿物）混合（难浮铜和锌矿物）分离浮选、部分混合浮选、等可浮浮选等几种，其中，半优先混合分离浮选和等可浮浮选流程更能适应铜或锌矿物本身可浮性差异大的矿石。就磨浮段数来说，对于致密共生难以分离的铜锌矿石多采用混合精矿再磨、粗精矿再磨或中矿再磨的阶段磨浮流程。

B 铜锌分离方法

铜锌混合精矿的分离是难度较大的一个课题。在分离之前都要用活性炭和硫化钠等脱药，最好是脱药后脱水重新调浆再分离。

分离的流程方案有浮铜抑锌和浮锌抑铜两种，视矿石（或混合精矿）中铜锌含量比例、矿物可浮性差异以及药剂来源和使用情况而定，特别是要根据获得的最终指标来决定。一般常用浮铜抑锌方案。分离的方案有无氰法和有氰法两种。当铜矿物主要为原生铜矿物时，最广泛使用的无氰分离方法为石灰+硫化钠+硫酸锌，石灰+硫酸锌+二氧化硫（或亚硫酸钠）法，而石灰+氰化物法使用有限。当铜矿物主要为次生硫化铜时，在苏打介质中可以加铁氰化物 3~6kg/t，抑铜浮锌也可以将混合精矿氧化、加温矿浆以抑制次生铜矿物浮锌。

铜精矿中降砷最常用的方法是增加精选次数，在精选中补加石灰、亚硫酸（或其盐），控制 pH 值为 6.5~7，多次精选和抑制，使毒砂失去（或降低）可浮性。

硫化铜锌矿石浮选中，不少现场力求采用选择性好的捕收剂，如：Z-200 号，醚氨硫酯（捕收剂 234），JF-1，丁黄丙腈酯等药剂浮铜矿物，既节省抑制剂，又能获得较好的分选指标。

5.1.3.2 硫化铜锌矿浮选实例

某铜矿为中低温热液裂隙充填交代铜、锌黄铁矿多金属硫化矿床。矿石中主要金属矿物有黄铁矿、黄铜矿、闪锌矿、少量辉铜矿、黝铜矿和方铅矿；非金属矿物有石英、重晶石、绢云母、少量方解石和长石。有用金属矿物嵌布粒度较细，结构复杂，不易分离，而脉石矿物粒度较粗，与金属矿物之间嵌镶关系也较简单，在较粗的情况下容易与金属矿物分离。黄铜矿属细粒不均匀嵌布。由于粗磨时已有相当一部分黄铜矿解离出来，很容易获得优质铜精矿。故采用分段回收铜，粗磨丢尾，混精不经脱药直接细磨分选的半优先浮选流程回收铜、锌、硫三种精矿产品，获得了较好的生产指标。生产流程如图 5-8 所示。

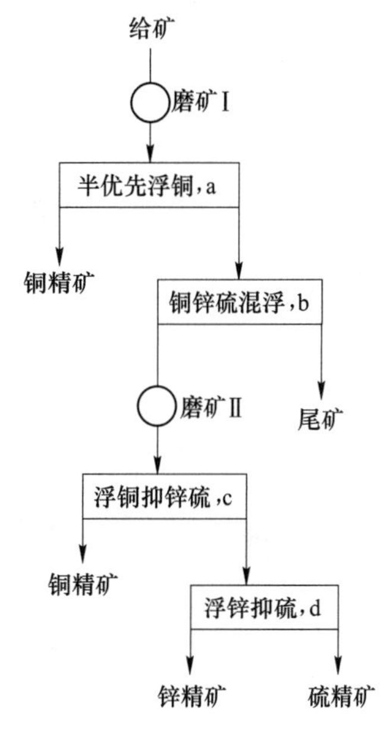

图 5-8 某铜锌矿浮选流程
a——一粗一扫；b——一粗二扫；
c——一粗三精二扫；d——一粗四精二扫

药剂制度/$g \cdot t^{-1}$

优先浮铜	Z-200	10~15	$ZnSO_4$	180~200	$Na_2S_2O_3$	130~160			
铜-锌混浮	CaO	pH 值在 7~7.5	丁黄药	60~80	Z-200				
浮铜抑锌	$ZnSO_4$	约 300	$Na_2S_2O_3$	230~260	Z-200 酌加				
浮锌抑硫	CaO	500~1000	$CuSO_4$	50~250	BX 约 10		松油	酌情添加	精选 pH 值大于 12

元素	原矿品位/%	精矿品位/%	回收率/%
Cu	0.6~0.8	16~19	78~82
Zn	1.4~1.6	50~54	68~71
S	10~11	33~37	76~80

5.1.4　硫化铜铅锌矿浮选

硫化铜铅锌矿的特点是矿物种类多；有用矿物嵌布粒度细，并且致密共生；硫化铜矿物与方铅矿的可浮性很相近；闪锌矿、黄铁矿和磁黄铁矿易被矿石中次生铜矿物溶出的铜离子活化；即使是同一种矿物往往由于氧化程度不一，其可浮性亦有难易之分，所以分选这种矿石是比较困难的。

5.1.4.1　硫化铜铅锌矿浮选实例

某铅锌萤石矿浮选。该矿属中温热液充填的多金属低品位矿床，金属矿物为方铅矿、闪锌矿和少量黄铜矿和黄铁矿。非金属矿物为萤石，脉石矿物以石英为主。金属矿物的嵌布粒度较粗，是比较好选的矿石。该矿选厂采用铜铅部分混选再分离、混选尾矿依次浮锌、浮萤石的流程，回收铜、铅、锌、萤石四种有用成分。生产的原则流程如图 5-9 所示。

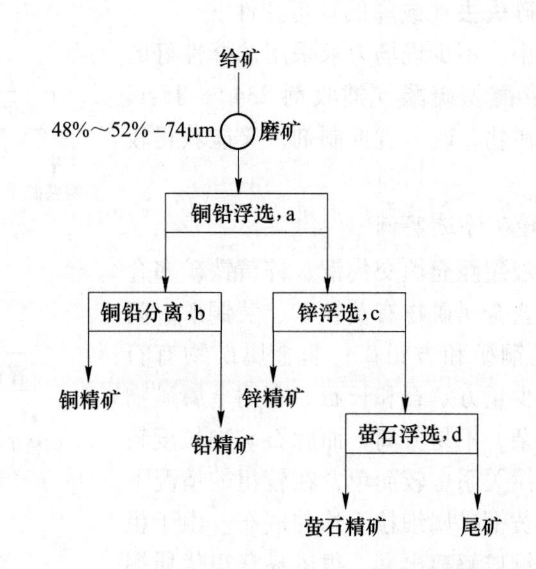

图 5-9　某选厂铜铅锌萤石浮选原则流程

a——一粗二精一扫；b——一粗二精一扫；c——一粗三精；d——一粗七精

药剂制度/$g \cdot t^{-1}$

铜铅混选	Na_2CO_3	调整 pH 值为 8~8.5
	Zn_2SO_4	500~600
	$Na_2S_2O_3$	450~500
	NaCN	3~5
	Na_2S	10~20（加入扫选中）
	丁铵黑药	30~40
	乙硫氮	15
	2 号油	20
铜铅分离	活性炭	100~130
	Na_2CrO_7	调整 pH 值为 7~8
	2 号油	10

锌浮选	$CuSO_4$	150~200
	黄药	30~35
	甘苄油	60
萤石浮选	Na_2CO_3	调整 pH 值为 8~9
	Na_2SiO_3	50~100
	油酸	50~150

元素	原矿品位/%	精矿品位/%	回收率/%
铜	0.087	25.17	65.80
铅	0.79	72.4	88.86
锌	1.30	56.65	88.96
萤石	11.74	97.17	68.56

铜铅混选时，主要用 $ZnSO_4+Na_2S_2O_3$，抑制闪锌矿。试验和生产表明，添加少量氰化物（5g/t 左右）对降低混合精矿的含锌量有明显的效果。在混选循环的扫选作业中，添加硫化钠 30g/t 活化氧化铅，对提高铅的回收率有利。铜铅分离时，在活性炭脱药后用重铬酸钠抑铅，补加少量松醇油浮铜，只要保证活性炭和重铬酸钠有足够的作用时间（约 30min），就能使铜铅较好地分离。

5.1.4.2 铜铅分离方法

A 常用的铜铅分离方法

其分离方法见表 5-3。

表 5-3 常用的铜铅分离抑制剂方案

分离方法	抑制剂方案	适用情况及特点
浮铜抑铅	SO_2+Na_2S	适用于黄铁矿含量高、泥多、次生硫化铜高的矿石
	SO_2+Na_2S	控制 pH 值为 5.5，蒸汽加温至 60~70℃
	SO_2+淀粉	严格控制两者用量，pH 值为 4.5~5
	$Na_2S_2O_3+H_2SO_4+FeSO_4$	控制 pH 值为 5.5，对 Cu^{2+} 活化的方铅矿有效
	$Na_2S_2O_3+FeCl_3$	对 Cu^{2+} 活化的方铅矿有效
	$Na_2S_2O_3+Zn_2S_2O_3+K_2Cr_2O_7$	适用于未被活化的方铅矿
	SO_2+蒸汽加温+$K_2Cr_2O_7$	pH 值为 5.5，加温 50℃
	$K_2Cr_2O_7$	适用于未被活化的方铅矿
	活性炭+$Na_2Si_2O_3+K_2Cr_2O_7$+CMC	抑制方铅矿效果比 SO_2+蒸汽加温法好
	$Na_2Si_2O_3$+CMC	以黄铁矿为主，方铅矿未被 Cu^{2+} 活化
浮铅抑铜	$NaCN+ZnSO_4$	抑制原生铜矿石的铜矿物
	$NaCN+Na_2S$	抑制原生铜矿为主的铜矿物
	$K_3Fe(CN)_6$	抑制次生铜矿物

表 5-3 中所列举的抑制剂方案实质上可归纳为三种方法：氰化物法、重铬酸盐法和亚硫酸及其盐法，各法中都或多或少配用了其他化合物。用氰化物法抑铜（或重铬酸盐法抑铅）进行铜铅分离，分离效果好，操作稳定，但两者都有毒。当今使用亚硫酸及其盐法者较多。亚硫酸对黄铜矿、斑铜矿和辉铜矿不具抑制作用，由于它能清洗铜矿物表面，故具有活化铜矿物的作用，亚硫酸及其盐与硫化钠或与淀粉等配用抑铅浮铜，有利于提高分选

效果和稳定性。有人使用“努恰尔法”——硅铬纤维素组合剂法将铜铅混合精矿用活性炭脱药，加重铬酸钠和水玻璃的等量混合物搅拌，再加羧甲基纤维素（CMC）抑铅浮铜。

B　分离方法选择的原则

在多金属硫化矿浮选中，无论是铅锌分离，锌硫分离，铜锌分离或铜铅分离，其分离方法（含流程和药剂方案）都很多，特别是铜锌分离和铜铅分离的抑制方案更多，选择的原则可从如下几方面来考虑：

（1）原矿或混合精矿中矿物组成及可浮性是选择分离方法的主要依据。铜矿物的种类较多，以黄铜矿为主的原生铜矿物容易被氰化物抑制，矿浆中游离 Cu^{2+} 少，方铅矿、闪锌矿不易被 Cu^{2+} 活化。在这种情况下，用氰化物法抑铜进行铜铅分离是有效的，但不宜用氰化物法抑锌进行铜锌分离，因黄铜矿易受氰化物抑制。以辉铜矿、铜蓝为主的次生铜矿物不易被氰化物抑制，且矿浆中游离 Cu^{2+} 多，方铅矿、闪锌矿易被 Cu^{2+} 活化。在这种情况下，用氰化物法、重铬酸盐法效果都差，常用亚硫酸及其盐法。对方铅矿而言，未经 Cu^{2+} 活化或表面氧化者，容易被重铬酸盐和亚硫酸类抑制，被 Cu^{2+} 活化了的方铅矿就难被重铬酸盐抑制，可用亚硫酸与硫化钠配用或硫代硫酸钠与硫酸亚铁（或三氯化铁）配用抑铅浮铜。

（2）混合精矿中有价成分的矿物含量比。一般的原则是“抑多浮少”，这样可以减少泡沫产品的夹杂，以获得较好的分离指标。

（3）原矿石中稀、贵金属的含量。当矿石中稀、贵金属含量较高，应尽量富集在精矿中（如金银尽量富集在铜铅精矿中，镉尽量富集在锌精矿中）。为防止金银溶解而流失，氰化物法最好不用。

（4）应从选矿指标、经济成本、环境保护、劳动条件诸方面综合考虑选择方案。对于某些矿石，用氰化物确实更有效，提高指标所得的经济效益超过用氰化物带来的损失时，氰化物法还是可取的。目前，在国内外工业生产中，还有不少厂家沿用氰化物重铬酸盐法。尤其西方国家用氰化物优先浮铅抑锌还比较常见。

C　精矿脱杂

在浮选多金属硫化矿时，由于原矿性质和过程复杂，各种金属矿物常常分离不好，会产生所谓“互含”（即甲精矿中含有乙，乙精矿中含有甲）过高的现象，这样不仅会降低精矿质量，而且会降低回收率。为了解决这个问题，可以采用精矿脱杂的过程。所谓精矿脱杂，就是将精矿再处理，以便降低其中杂质的含量。

精矿脱杂的过程常用于铅精矿脱锌、锌精矿脱铅、铅精矿脱铅、铅精矿脱铜、锌精矿脱铜等。精矿脱杂的方法一般都与获得粗精矿的浮选方法相反。例如，含锌过高的铅精矿是用浮铅抑锌的方法得到的，则铅精矿脱锌时，应该采用浮锌抑铅的方法。即脱杂时一般采用反浮选。

D　混合精矿脱药

混合精矿在进行分离之前，为了提高分离效果，往往要预先进行脱药以除去矿物表面的药剂薄膜及矿浆中过剩的药剂。

混合精矿脱药的方法有以下几种：

（1）机械脱药法。该法包括多次精选、再磨、浓缩、擦洗、过滤和洗涤等方案。多次精选既是提高混合精矿品位的过程，又是一个脱药的过程。在一般精选过程中，矿浆浓度都很低，因此能通过解吸除去一部分过剩的药剂，但效果是有限的。混合精矿再磨主要是促使混合精矿中的连生体进一步单体解离，同时也可以剥落一部分多余的药剂。混合精矿浓缩可以通过脱水带走水中的药剂，这个过程可以在浓密机或水力旋流器中进行。擦洗法是在浓浆中搅拌，靠矿粒之间摩擦来脱药的，应用的条件是矿物不易泥化。过滤洗涤法是将混合精矿过滤，并在过滤机上喷水洗涤，然后将滤饼重新调浆浮选，这是机械脱药法中最彻底的一种。但是，其工艺复杂，耗费大，常受物质条件限制，很少采用。

(2) 解吸法。解吸法是利用硫化钠在矿物表面吸附力强的特点解吸矿粒表面的药剂，利用活性炭吸附矿浆中的药剂使吸附在矿粒表面上的药剂返回矿浆。这两种方法可以同时使用。但是当硫化钠用量大时，要同时用浓密机脱药，使过程复杂化。

(3) 加温及焙烧法。例如，将铜钼混合精矿在石灰介质中通蒸汽加热，以破坏矿物表面的捕收剂膜，然后再加水稀释进行分离。或将铜钼混合精矿进行焙烧，使铜矿物表面氧化而变得难浮，然后调浆浮出钼精矿。这两个方法成本都比较高。

5.1.5 硫化锑、砷、铋、汞矿的浮选

5.1.5.1 *硫化锑矿*

主要的硫化锑矿物是辉锑矿（Sb_2S_3），含 Sb 71.4%，次要的硫化锑矿有脆硫锑铅矿（$2PbS \cdot Sb_2S_3$）、硫锑银矿（$3Ag_2S \cdot Sb_2S_3$）和车轮矿（$2PbS \cdot Cu_2S, Sb_2S_3$）等。

用黄药捕收辉锑矿时，需要预先用重金属离子如 Pb^{2+}、Cu^{2+}活化。硫酸铜活化辉锑矿的 pH 值范围是 4~7.4。没有活化的辉锑矿，可用中性油作捕收剂，其中，页岩焦油和泥煤加工产物比较有效。

氰化物抑制辉锑矿。据研究，被 Pb^{2+}活化的辉锑矿，能被 $K_2Cr_2O_7$抑制，条件是矿浆中必须有大量的 Pb^{2+}，使辉锑矿表面吸附 Pb^{2+}以后，形成不溶的表面化合物。按照这一理论，成功地实现了辉锑矿与辰砂的分离。先用硝酸铅作活化剂，进行汞锑混合浮选，混合精矿分离时，再加 $K_2Cr_2O_7$抑制辉锑矿。

如某锑矿，属低温热液充填似层状矿床，锑矿物主要是辉锑矿，此外还有少量氧化锑矿物。脉石有石英、方解石、高岭土、石膏和重晶石等。

现厂采用重介质—浮选联合流程，原矿经重介质选别后，可废弃 50%的废石，品位由含 Sb 3.67%提高到 7.1%，回收率 97%。

经重介质处理后的矿石磨至 55%~60% −0.074mm，加硝酸铅（155g/t）活化辉锑矿，捕收剂用丁黄药（384g/t）和页岩油（482g/t），以松醇油（130g/t）作起泡剂。浮选得到的锑精矿含 Sb 55%，回收率 93.5%。

5.1.5.2 *硫化砷矿*

有工业价值的含砷矿物是毒砂（FeAsS），含 As 46%，其次是雄黄 AsS 和雌黄 As_2S_3。毒砂在硫化矿中，是一种分布很广的矿物，砷矿物混入其他有色金属精矿，成为有害杂质，如炼铅、水冶锌、黄铁矿制酸等，砷都是有害的。因此，在多金属矿分选时，应当控制含砷矿物的去向。

毒砂和其他硫化矿一样，易被硫代化合物类捕收剂浮选。在碱性介质中，受氰化物抑

制。硫酸铜能在石灰介质中活化毒砂。

雄黄用重金属离子活化后，可用黄药浮选。中性油可浮选未经活化的雄黄。糊精是雄黄的抑制剂。

雌黄的可浮性比毒砂和雄黄差，如乙黄药用量为100~750g/t，其回收率不能保证超过45%。用黄药捕收时，硫酸铜是活化剂，用量500g/t左右，用量过多或过少，都会使结果变坏。页岩焦油对雌黄有较强的捕收作用，用量大致为500g/t。

毒砂与黄铁矿的可浮性很相似，因此，毒砂与黄铁矿的分离，是硫化砷矿浮选的一个主要问题。根据它们的氧化速度差别，制定了它们的分离方案，并用于工业生产。在氧和氧化剂（如高锰酸钾、漂白粉等）作用下，毒砂被氧化，而黄铁矿仍可浮。

浮选合适的pH值是6.7左右。

在石灰介质中加铵盐（如氯化铵），可成功分离毒砂和黄铁矿的混合精矿。铵盐对黄铁矿有保护作用，而毒砂受石灰的抑制不浮。

5.1.5.3　硫化铋矿

铋的主要矿物是辉铋矿（Bi_2S_3），含Bi 81.2%。硫化铋和自然铋，易被黄药和黑药捕收，还可用烃油类浮选。辉铋矿不受氰化物抑制，与硫化铁、铜、砷等矿物分离时，可用氰化物抑制其他硫化矿浮铋。辉铋矿与方铅矿不易分离，一般在冶炼过程中再使之分离。辉铋矿与辉钼矿的分离，采用硫化钠作铋的抑制剂。

由于辉钼矿和辉铋矿的可浮性相近，故生产中常将它们选为混合精矿，然后再进行分离。如某钨钼铋矿，先加煤油和乙硫氮作捕收剂全浮硫化矿，混合硫化矿精矿经活性炭解吸脱药后，加氰化物和硫酸锌抑制其他硫化矿，浮出钼和铋。钼铋混合精矿分离时，加硫化钠作铋的抑制剂，用煤油浮钼。原矿含Mo 0.13%、Bi 0.114%，钼精矿含Mo 45.95%，回收率85.74%；铋精矿含Bi 18.53%，回收率68.59%。

5.1.5.4　硫化汞矿

辰砂：HgS，含Hg 86.2%，是主要的硫化汞矿物。辰砂易被黄药类捕收剂捕收，石灰和氰化物几乎不抑制辰砂。在生产实践中，有时加硫酸铜作活化剂。

品位较高的汞矿石，可以直接冶炼。浮选矿一般只处理那些低品位的矿石。目前，已处理原矿品位为0.08%左右的矿石。作为药用的朱砂，不但要求品位高（HgS>96%），而且不能污染，故不用浮选，一般用重选法选出。

某汞矿属低温热液似层状汞矿，主要矿物有辰砂，伴生矿物有黄铁矿、闪锌矿、自然汞。脉石为硅化白云岩，其中以白云石、石英和方解石为主。生产流程为图5-10所示的重—浮联合流程。

原矿破碎到25mm以后，有一部分经摇床选别，得出朱砂精矿。摇床尾矿与另一部分原矿合并：磨到60% -0.074mm后浮选。

浮选时加硫酸铜（300g/t）作活化剂，粗选加乙黄药（285~300g/t）作捕收剂，樟油（600g/t）作起泡剂，扫选加黑药（20g/t）；当原矿品位为0.18%时，得到汞精矿含Hg 17.5%，回收率为95.74%。

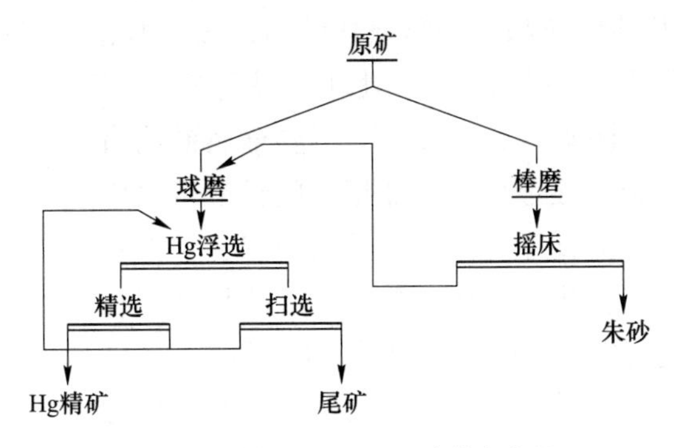

图 5-10 某汞矿的重—浮联合流程

5.1.6 含金矿石的浮选

5.1.6.1 含金矿石与矿物的可浮性

金的矿床可分为砂金和脉金两大类。此外，有色金属硫化矿石中也常常含有回收价值的伴生金。

含金矿物有 20 余种。主要有自然金（常含有铜、银、铁等杂质，密度为 15.6~18.3g/cm^3）、银金矿、金银矿、碲金矿、金铜矿等。

自然金并不是化学纯的，其中的铜、铁、银、镍等金属杂质会降低金的可浮性。杂质越易氧化，金的可浮性越差。金矿石中含硫量越高，选别效果越差。

金的可浮性同金粒尺寸、形状、表面状态有关，片状和鳞片状的金比棱柱状和条状的金易浮；棱柱状和条状的金又比圆粒状和点滴状的金好浮；粗粒金不易浮。

表面纯净的金可浮性好，表面有氧化物覆膜的金和被矿泥、机油等污染的金可浮性差。

浮选金的捕收剂主要是黄药、黑药等硫氢基捕收剂。当伴生的黄铁矿含金不高时，使用铵黑药和 Z-200 比较好，否则应该用黄药。自然金在中性矿浆中可浮比较好，容易受碱抑制，需用石灰抑制黄铁矿时必须仔细权衡得失。伴生硫化物少时，应选择泡沫丰富的起泡剂。

伴生硫化矿含金多时，也可以选用活化剂。硫化物受氧化时可以使用硫化钠。必要时可以用硫醇苯骈噻唑作捕收剂。

5.1.6.2 金矿的浮选方法

矿石中的粗粒金可以用混汞法和重选法回收，微细粒金（小于 0.001mm）常采用浸取的方法（氰化法和硫脲法）回收。由于浮选能有效地回收矿石中的中细粒金（0.001~0.070mm），因此，以浮选法为主，配合有混汞、重选或浸取的联合流程是处理脉金矿石的常用方法。当处理含金多金属矿石或回收多金属硫化矿中的伴生金时，金应回收到铜、铅等矿物的精矿中去，在冶炼过程中提取。常用的金矿浮选方法有：

（1）浮选+浮选精矿氰化浸取。这是处理含金石英脉和含金黄铁矿石英脉金矿最常用的方法。一般都用黄药类作捕收剂，松醇油作起泡剂，在弱碱性矿浆中浮选得金精矿（或含金硫化物精矿）。然后将浮选精矿进行氰化浸出，金被氰化物溶解变为 Au(CN)；络合物进入溶液，再用锌粉置换（或用吸附法处理）得金泥，最后将金泥火法冶炼得到纯金。

我国某金矿是含金黄铁矿石英脉金矿，主要金属矿物有黄铁矿、黄铜矿、自然金、银金矿、自然银、闪锌矿等。脉石矿物为石英、绢云母、萤石等。自然金呈圆粒状、长条状及不规则状分布于黄铁矿、黄铜矿和石英中。金的粒度多在 0.05~0.01mm。该矿选冶生产原则流程如图 5-11 所示。

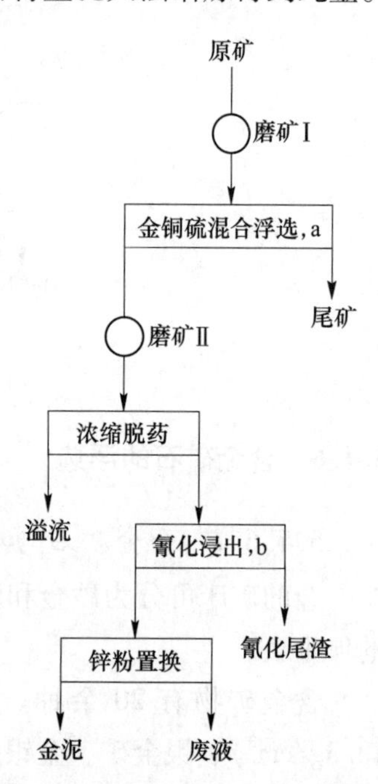

图 5-11　某金矿生产原则流程
a—一粗一精一扫；b—二段浸出

该矿金铜硫混合浮选时用丁黄药作捕收剂，松醇油作起泡剂，用石灰调浆使 pH 值为 8~9，经一粗一精一扫，可得含金 50~100g/t 的金铜硫混合精矿。

混合精矿再磨脱药后，进行二段氰化浸出，浸出工艺条件为：氰化钠浓度 0.04%~0.06%，pH 值为 10（石灰浓度较低），浸出矿浆浓度 30%~35%，浸出原矿粒度-0.037mm，总浸出时间 46h。浸出技术指标为：氰化原矿含金 50~100g/t，富液含金 6~15g/m^2，氰化尾渣含金 1g/t 左右，浸出率 97%以上，氰化总回收率 97%以上。氰化物的耗量随氰化原矿中含铜量的增加而增大，一般耗量为 4~8kg/t。

（2）浮选+浮选精矿硫脲浸取。对于含砷含硫高或含碳泥质高的脉金矿石，可用浮选法获得含金硫化物精矿，然后将浮选精矿用硫脲浸取回收金的方法，用硫脲浸取不但具有溶浸速度快、毒性小、工艺简单，操作方便等优点，而且在处理含砷、硫高或含碳质、泥质高的金精矿时，还具有浸出率高，药剂、材料消耗低的特点。某矿对碳质、泥质和碱性矿物含量较高的浮选精矿进行硫脲提金工业试验时，金的浸出率达 95%~96%；处理 1t 浮选精矿的主要药剂、材料消耗为 40~50 元，而氰化法的浸出率只有 93%左右，处理 1t 精矿的药剂、材料消耗为 65 元以上。

（3）混汞+浮选。此法适用于粗细不均匀嵌布的脉金矿，在磨矿回路中先用混汞法回收粗粒金，然后用浮选法回收细粒金。隆回金矿所处理的矿石属贫硫化物毒砂型含金石英脉矿石，自然金在矿石中呈不均匀嵌布，大部分存在于其他矿物边界和裂隙中，少量在毒砂和硫化物中。选金方法由原来的摇床+氰化（渗滤）改为混汞+浮选以后，金的回收率提高了 20%~25%（实际达 80%~85%），选矿成本由 22.7 元/t 降到 19.49 元/t。

近年有一种处理低品位金矿石的方法——混汞浮选法，即是将矿石中金的混汞和浮选在同一作业中进行。混汞浮选法相比直接浮选法，金的回收率可提高 5%~8%。

（4）负载串流浮选+尾矿氰化。某地合金氧化铁帽矿石，风化程度较深，绝大部分矿物被浸蚀，铁污染严重，次生矿物繁多。主要金属矿物有褐铁矿、锰矿物，次生钒铜铅矿、赤铜矿、铜蓝、辰砂、自然铜等。金矿物为自然金、金银矿。脉石为黏土矿物和石英等。矿石中自然金粒度细至-0.02mm，多嵌布于黏土矿物中，褐铁矿含金 10g/t 以上，原矿金品位为 10~14g/t。该矿采用负载串流浮选，浮选尾矿再用氰化浸出及炭吸附的方法回收金，负载串流浮选流程及工艺条件如图 5-12 所示。

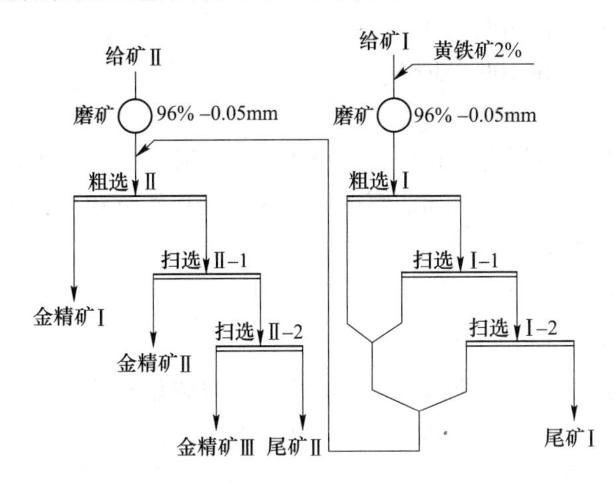

图 5-12 某矿负载分支浮选流程

药剂制度/g·t^{-1}		浮选指标	
水玻璃	3000	原矿品位	Au 13~14g/t
煤　油	60~70	精矿品位	Au 292~300g/t
丁黄药	200~300	尾矿品位	Au 小于 3~4g/t
松醇油	82	精矿回收率	Au 65%~75%

该矿采用负载串流浮选工艺处理含金氧化矿石，比常规浮选能提高金回收率 20%以上，操作稳定，易于控制。同负载浮选相比，负载串流浮选具有如下优点：精矿品位、回收率高；载体矿物用量减少一半，降低了药剂用量；降低了可溶性次生铜矿的含量，使浮选尾矿的氰化过程得到了改善。

（5）浮选+精矿焙烧+焙渣氰化。对于含砷含硫高的浮矿，不能直接氰化浸取时，可将浮选金精矿先进行氧化焙烧，除砷和硫。焙烧后的焙砂结构疏松，更有利于金银的浸出。

5.2 氧化矿的浮选

5.2.1 氧化铜矿的浮选

一般说来硫化矿床的上部都有氧化带，有的矿床还被深度氧化而成为大中型的氧化矿床。它们的特点是结构松散易碎，含水较多，而且经常含有较多的矿泥。因此，在用浮选方法处理氧化矿时，其浮选指标一般比硫化矿的浮选指标低，选矿成本也比硫化矿高。所以，寻求技术上可行、经济上合理的氧化铜矿的处理方法，是当代选矿技术的重要课题之一。

5.2.1.1 氧化铜矿的可浮性

A 氧化铜矿的分类与氧化率

氧化铜矿石的可浮性与铜矿物的种类、脉石的组成、矿物与脉石的共生关系以及含泥量的多少等因素有密切的关系。

根据矿石氧化率的高低不同，可以把有色金属矿石分成为三类：

（1）氧化矿，氧化率在30%以上。

（2）混合矿，氧化率在10%~30%。

（3）硫化矿，氧化率在10%以下。

氧化率是氧化矿物的金属含量在矿石总金属含量中所占的百分率。

最常见的氧化铜矿物是孔雀石和蓝铜矿，其次是硅孔雀石和赤铜矿，有时，也会碰到铜的硫酸盐或其他可溶性盐类。

B　主要氧化铜矿物的可浮性

a　孔雀石（$CuCO_3 \cdot Cu(OH)_2$）

这种氧化铜矿物经过预先硫化以后，可以采用浮选硫化矿的捕收剂（如黄药）进行浮选；不进行预先硫化，也可以用5~6个C以上的黄药在高用量下浮选。

孔雀石也可以被脂肪酸（如油酸、棕榈酸等）及其皂类捕收。但是，用这类捕收剂时，矿石中的碳酸盐脉石（如方解石、白云石等）与铜矿物具有相近的可浮性，因而这种浮选过程的选择性较差。所以，这类捕收剂只适用于含硅酸盐脉石的氧化铜矿石的浮选。

孔雀石还可以用长链的伯胺浮选，此时需要用硫化钠活化。

b　蓝铜矿（$2CuCO_3 \cdot Cu(OH)_2$）

浮选条件与孔雀石基本上相同。其不同之点仅在于用脂肪酸及其皂类浮选时，它比孔雀石的浮游性好，用硫化法浮选时，则需要与药剂有比较长的作用时间。

c　硅孔雀石（$CuSiO_3 \cdot 2H_2O$）

这类氧化铜矿物的可浮性很差。其主要原因在于它们本身是组成和产状很不稳定的胶体矿物，其表面具有很强的亲水性，捕收剂吸附膜只能在矿物表面的孔隙内形成，而且附着极不牢固。其浮选行为受pH值的影响也相当显著，在工业生产上pH值很难控制得那么严格。

d　水胆矾（$CuSO_4 \cdot 3Cu(OH)_2$）

这是一种微溶于水的矿物，很难浮选，一般都损失于尾矿中。

e　胆矾（$CuSO_4 \cdot 5H_2O$）

这种矿物属于可溶性矿物，在浮选时易溶于矿浆中，由于这类矿物的溶解，增大了矿浆中铜离子的浓度，还会破坏浮选过程的选择性，增加药剂的消耗。因此当它含量高时最好先进行浸取。

C　游离氧化铜与结合氧化铜

氧化铜矿石的可浮性，与多种因素有关。首先决定于矿石中氧化铜矿物的种类。矿石中的氧化铜矿物以孔雀石和蓝铜矿为主时，这类矿石就属于易选矿石；如果矿石中主要是硅孔雀石或胆矾等难浮的矿物，就不能单独用浮选法处理。同时，游离氧化铜矿物容易浮游，而结合氧化铜矿物基本上不能用单一的浮选法回收。

所谓游离氧化铜矿物是成独立形态存在的氧化铜矿物，它们均能溶于氰化物溶液中，这部分矿物中所含的铜称为游离氧化铜。而结合氧化铜矿物，它们中的铜常与矿石中的硅、铝、钙，镁、铁、锰等元素的氧化物相结合，形成难以单体解离、缺乏铜矿物易浮特性的集合体。结合铜矿物中的铜称为结合铜。结合铜在所有铜矿物含铜总量中所占的百分率称为结合率。

结合氧化铜与脉石结合的方式有三种：

（1）机械地分散在脉石中成为微细分散的包裹体。

（2）以离子或分子状态吸附于脉石上成为所谓色染体。

（3）作为晶格的杂质与脉石相结合。

脉石种类对氧化铜矿石的可浮性也有一定的影响，含硅质脉石的氧化铜矿比较好处理；而含碳酸盐脉石的氧化铜矿石就比较难选。含有较多的氢氧化铁和黏土质矿泥的氧化铜矿石，就更难选。

5.2.1.2 氧化铜矿石的处理方法

处理氧化铜矿的方法，主要有以下几种：

（1）硫化后黄药浮选法。此法是将氧化矿物先用硫化钠或其他硫化剂（如硫氢化钠）进行硫化，然后用高级黄药作捕收剂进行浮选。硫化时，矿浆的 pH 值越低，硫化进行得越快。而硫化钠等硫化剂易于氧化，作用时间短，所以使用硫化法浮选氧化铜时，硫化剂最好是分段添加。硫酸铵和硫酸铝有助于氧化矿物的硫化，因此硫化浮选时加入该两种药剂可以显著地改善浮选效果，可用硫化法处理的氧化铜矿物，主要是铜的碳酸盐类，如孔雀石、蓝铜矿等。也可以用于浮选赤铜矿，而硅孔雀石如不预先进行特殊处理，则其硫化效果很差，甚至不能硫化。

（2）脂肪酸浮选法。该法又称为直接浮选法，用脂肪酸及其皂类作捕收剂进行浮选时，通常还要加入脉石抑制剂水玻璃、磷酸盐及矿浆调整剂碳酸钠等。脂肪酸及其皂类能很好地浮选孔雀石及蓝铜矿，用不同烃链的脂肪酸浮选孔雀石的试验结果表明，只要烃链足够长，脂肪酸对孔雀石的捕收能力是相当强的，在一定范围内，捕收能力越强，药剂的用量就越少。在生产实践中用得较多的是 C_{10} ~ C_{20} 的混合的饱和或不饱和羧酸。直接浮选只适用于脉石不是碳酸盐类的氧化铜矿。当脉石中含有大量铁、锰矿物时，其指标就会变坏。

（3）特殊捕收剂法。对氧化铜矿的浮选，除使用上述两类捕收剂以外，还可采用其他特殊捕收剂进行浮选。如孔雀绿、羟肟酸、苯骈三唑、N-取代亚氨二乙酸等。有时还可以与黄药混合使用，以提高铜的回收率。

（4）浸出-沉淀-浮选法。由于氧化铜矿物种类多，有的可浮性好，有的可浮性差，还有些氧化铜矿物容易被某些酸、碱溶解，所以也有将难选易溶的氧化铜矿物先用酸浸出（一般用硫酸）：然后用铁粉置换，沉淀析出金属铜，再用浮选法浮出沉淀铜。该法技术条件是：根据矿石嵌布粒度，将矿石细磨到单体分离。浸出用0.5%~3%的稀硫酸溶液，酸的用量须随矿石性质变化，低的为 2.3~11kg/t，高的可达 35~45kg/t。

铜浸出后用铁粉置换。铁粉需要量在理论上是置换 1kg 铜仅需 0.88kg 铁，但是在实际生产上，置换 1kg 铜约需 1.5~2.5kg 铁。在置换时，溶液中必须保持有过量的残余铁粉，以避免已经还原的铜再被氧化。未反应的残留铁粉可用磁选法回收再用。

被沉淀的铜浮选是在酸性介质中（pH 值为 3.7~4.5）进行，捕收剂用甲酚黑药或双黄药，未溶解的硫化铜矿物可以和已沉淀的金属铜一起浮上来。

该法适用于处理硅孔雀石等难浮的矿物，或者是选别指标很低的含泥量极高的难选氧化铜矿。

（5）离析-浮选法。此法是将氧化铜矿进行氯化还原焙烧。使矿物或矿物表面还原成易浮的金属铜，然后用黄药作捕收剂进行浮选。

该法适用于处理含泥较多难选的氧化铜矿物和结合氧化铜占总铜的30%以上的矿石。当综合回收金、银贵金属及其他稀有金属时，此法比浸出-浮选法优越。它的缺点是热能消耗量大，成本较高，劳动条件差。

（6）浮选-水冶法。许多氧化铜矿和混合铜矿，都或多或少的有一部分是难选的，有一部分是易选的，在此情况下，先用浮选法回收易选的氧化矿，然后将尾矿或中矿送去水冶。

5.2.1.3　氧化铜矿石的浮选实例

某矿矿体中部为铁铜矿石，边缘过渡带为铜矿石。其主要金属硫化矿物为黄铜矿、斑铜矿、黄铁矿、辉铜矿；主要金属氧化矿物为磁铁矿、赤铁矿、自然铜和孔雀石。次要矿物为白铁矿、闪锌矿、砷黝铜矿、银金矿、蓝铜矿、赤铜矿、针铁矿、褐铁矿及镜铁矿等。脉石矿物为方解石、白云石、石英、玉髓、透辉石、蛇纹石、高岭土、绿泥石和绢云母等。

矿石的氧化矿由于含铜铁都较高，氧化程度深且含泥量大，铜的结合率又高，采用单一浮选药剂消耗量大且选择性差，难以获得满意的结果。其基本流程如图5-13所示。矿石在常温下硫化后浮选铜矿物，浮选尾矿用磁选选铁精矿。其指标为：铜精矿含铜18.10%；铜回收率89.10%。铁精矿含铁66.80%；铁回收率65.30%。

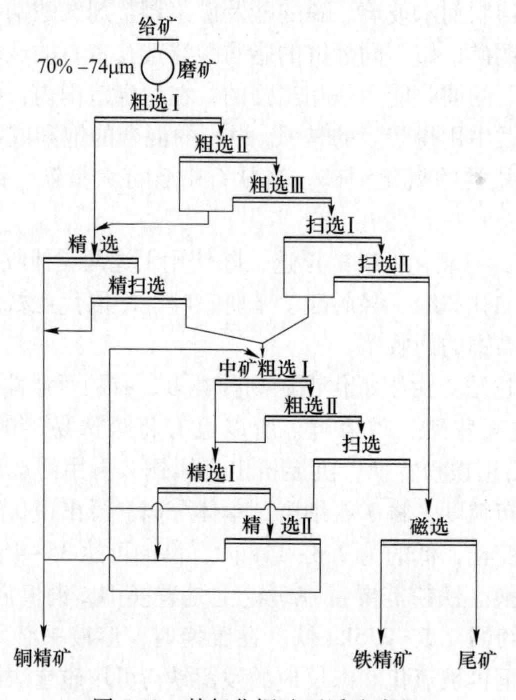

图5-13　某氧化铜矿石浮选流程

5.2.2　氧化铅锌矿的浮选

氧化铅锌矿一般氧化率高、浸染细，经常同褐铁矿等氧化矿物致密共生，多数含有大量的原生矿泥和易泥化的赭土，有时还含有石膏等可溶性盐。

氧化铅锌矿的浮选方法，原则上有以下几种：

（1）浮完硫化矿物以后，加硫化剂硫化氧化矿物，然后按铅、锌硫化矿的浮选方法处理。

（2）脉石以硅酸盐为主时，加入脉石抑制剂，用脂肪酸类捕收铅锌矿物。

（3）以硫化钠作氧化锌矿的活化剂，在碱性介质中用脂肪胺浮选锌的氧化矿物。

对于混合矿，可以采用“先铅后锌”或“先硫后氧”的原则流程。即按下列顺序浮选：

方铅矿—氧化铅矿物—闪锌矿—氧化锌矿物

方铅矿—闪锌矿—氧化铅矿物—氧化锌矿物

白铅矿可浮性好、闪锌矿可浮性差时，用前一流程可以获得较好的指标，否则应使用后一个流程。使用后一流程，可以避免硫化白铅矿后余留在矿浆中的 HS^- 和 S^- 对浮闪锌矿的干扰，有利于闪锌矿浮游和降低浮锌捕收剂的用量，也有可能降低铅精矿中的含锌量。

5.2.2.1 氧化铅矿石浮选方法

常见的氧化铅矿物有白铅矿（$PbCO_3$）、铅矾（$PbSO_4$）、砷铅矿（$Pb_5(AsO_4)_3Cl$）、铬铅矿（$PbCrO_4$）、磷氯铅矿（$Pb_5(PO_4)_3Cl$）和钼铅矿（$PbMoO_4$）等。白铅矿、铅矾和钼铅矿用硫化钠、硫化钙、硫氢化钠等容易硫化。但铅矾硫化时需要较长的接触时间，而且硫化剂的用量也比较大。砷铅矿、铬铅矿、磷氯铅矿等难于硫化，其可浮性很差，在浮选时，大部分都会损失于尾矿中。

在浮选氧化铅矿物时，通常使用的硫化剂是硫化钠。但硫化时要注意工艺条件，硫化钠不能过量，因为过量的硫化钠会使矿浆中的硫氢离子（HS^-）和硫离子（S^{2-}）浓度过高，会抑制硫化好了的氧化铅矿物浮游；大量的硫化钠使矿浆的 pH 值超过±0.5，对于浮选也有害。为了避免硫化钠过量引起的害处，可以将硫化钠分段添加或者在硫化完毕后加入少量的硫酸铜或硫酸亚铁以沉淀其有害离子。硫化时最好用低速不充气搅拌，以减少硫化钠的氧化和避免矿粒表面硫化膜的剥落。浮选的 pH 值应保持在 8.5~10，为了防止钙、镁的氢氧化物在白铅矿表面形成有害的 $Ca(OH)_2$ 和 $Mg(OH)_2$ 薄膜，应加入少量的硫酸铵。

氧化铅矿物硫化以后，最有效的捕收剂是长链黄药，如仲辛基黄药效果比丁黄药和戊黄药更好，25 号黑药也很有效。

用油酸、氧化石蜡皂等脂肪酸类捕收剂虽然可以直接捕收铅的氧化矿物，但由于脂肪酸类捕收剂的选择性差，对于以碳酸盐为主或含氧化铁高的矿石，根本不能使用。只有对以硅酸盐为主要脉石的高品位矿石才可以使用。

对于混合矿石，先浮出硫化铅，再加硫化剂和黄药浮选氧化铅的原则流程比较好。如细泥和可溶性盐类影响严重时，可以脱泥或者加入水玻璃等分散剂减少其影响。

5.2.2.2 氧化锌矿石浮选方法

主要的氧化锌矿物有菱锌矿（$ZnCO_3$）、红锌矿（ZnO）、异极矿（$Zn_2SiO_4 \cdot H_2O$）、硅锌矿（Zn_2SiO_4）等。其中最有价值的是菱锌矿。

氧化锌矿浮选，目前在工业上能够使用的方法有加温硫化后用黄药浮选和在常温下加硫化钠调浆用阳离子捕收剂浮选。

(1) 加温硫化浮选法，是先脱去小于 0.001mm 的细泥，浓缩以后，再将矿浆加温到 50~70℃，然后用硫化钠硫化氧化锌矿，并加硫酸铜活化已被硫化的氧化锌矿，最后用长链黄药作主要捕收剂，柴油、焦油等作辅助捕收剂，松醇油作起泡剂，水玻璃作脉石抑制剂。加温浮选氧化锌矿的方法虽然有时能得到较好的工艺指标，但在生产过程中，常常因为各种因素控制不当而波动，如果原矿含大量氢氧化铁时效果更不好。

(2) 阳离子捕收剂法，该法又称伯胺法。这种方法适于处理含铁高的物料，浮选前要加入硫化钠。此处硫化钠的作用和它对氧化铅、铜矿物的作用不同，过量的硫化钠不易起抑制作用。因此，对硫化钠、硫酸铜的用量调节要求不甚严格。

试验证明，阳离子捕收剂中，只有 C_{12}~C_{18}的伯胺（第一胺）最好，仲、叔、季胺效果都不好。同时伯胺中饱和胺比不饱和胺好，直链的比带支链的好。C_{12}以上的长链胺只适于浮选含少量黏土的矿石。C_{16}以上的胺，则要求矿浆温度在 25~50℃才能很好地溶解。C_{10}~C_{20}的混合第一胺比单一的 C_{18}第一胺好。

伯胺捕收剂宜在强碱性矿浆中使用，最适宜的矿浆 pH 值为 10.5~11.5，在可用的 pH 值调整剂中，以硫化钠为最好。因为，硫化钠解离出的 HS^- 和 S^{2-} 在矿物表面吸附以后，可以防止铜、锌、铁、钙等离子在矿物表面形成亲水性的氢氧化物，改善胺类在矿物表面的附着，使少量矿泥分散，消除矿泥的影响，同时对方解石及褐铁矿产生少许的抑制作用。

对多种常用抑制剂的试验证明，水玻璃能抑制铁质脉石和硅质脉石。六（四）聚偏磷酸钠可以抑制石英和白云石，将两者并用效果较好。用栲胶也可以抑制白云石等碳酸盐矿物。若氧化锌矿物以异极矿和硅锌矿为主，而脉石主要是绿泥石和绢云母时，则用磷酸盐作抑制剂。

在使用阳离子捕收剂时，矿泥对浮选效果的影响比较突出。然而小于 0.01mm 细泥的含量在 15%以下时，加苏打、水玻璃、羧甲纤维素、木素磺酸盐、腐植酸钠等可以消除影响，不必脱泥。

当小于 0.01mm 细泥含量超过 15%时，药剂消耗量急剧增加，则不脱泥在经济上不合理，在这种情况下，就要预先脱除部分细泥。同时，在脱泥时加入适量的硫化钠、硅酸钠等分散剂。它们在脱泥过程的主要作用是分散细泥，也可以消除部分有害的可溶性盐的影响。

5.2.2.3 氧化铅锌矿浮选实例

某地铅锌氧化矿属于中温热液交替充填矿床。矿石的类型有硫化矿、氧化矿和混合矿。原生金属矿物主要为方铅矿、闪锌矿，此外还有黄铁矿、褐铁矿和赤铁矿。金属氧化矿物主要有白铅矿、铅钒，菱锌矿、红锌矿和水锌矿，还有少量硅锌矿、异极矿和铅铁钒等。锌的氧化矿物中菱锌矿和氧化锌约占 80%，硅锌矿和异极矿占 18%，硫酸锌约占 2%。脉石矿物主要为方解石、白云石、重晶石、石英和黏土。致密状构造，粗细不均匀嵌布。方铅矿、闪锌矿粒度一般在 0.01~12mm。

原矿中铅、锌的含量为：铅品位 1%~2%，氧化率 20%~30%；锌品位 6%~7%，氧化率 20%~40%，有时达到 50%。该厂使用的浮选原则流程如图 5-14 所示。

该厂浮选铅锌混合矿的实践经验表明：

（1）氧化锌浮选前，用直径为125mm的旋流器脱除小于0.019mm的矿泥，可以提高选别指标，减少药耗。

（2）胺的种类与氧化锌矿的浮选指标有关。较纯的混合第一胺比其他胺要好。

（3）原矿中含有黄铁矿时，在浮选氧化锌前必须脱除黄铁矿，否则氧化锌的浮选指标恶化。

（4）使用硫化钠作调整剂，并且严格控制矿浆的中pH值在11左右，其浮选的效果比较好。

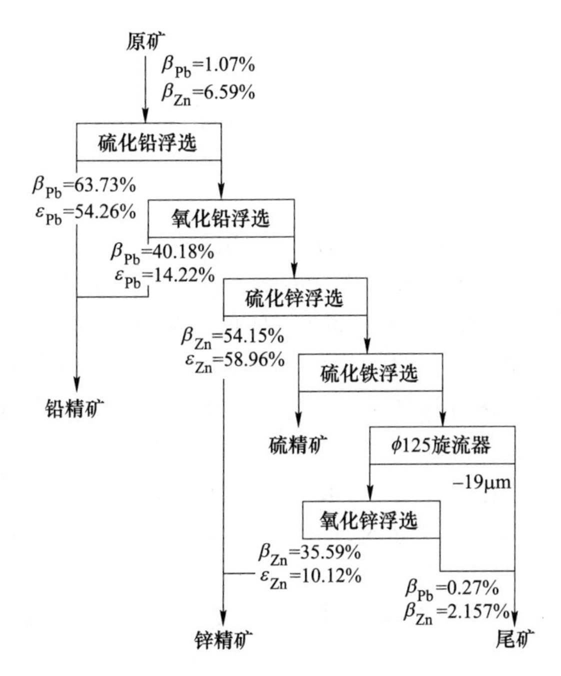

图5-14 某铅锌矿浮选原则流程

5.2.3 铁锰矿石的浮选

5.2.3.1 铁矿石的浮选

铁矿资源在我国虽然丰富，但是95%的铁矿石需要选矿加工，而磁铁矿仅占30%左右，其余为弱磁性铁矿石和多金属铁矿石。我国铁矿石的特点是“贫”“杂”“细”。

A 铁矿物及可浮性

用浮选法选别的铁矿物主要有赤铁矿和假象赤铁矿、菱铁矿及褐铁矿等。它们的可浮性是：

（1）赤铁矿和假象赤铁矿（Fe_2O_3），含铁70%，易为脂肪酸类捕收剂所浮选。纯矿物在中性和弱碱性介质（pH值为7~7.5）中可浮性最好。浮选时常用的捕收剂为羧酸及其皂类，如氧化石蜡皂、妥尔油、棕榈酸。也可以用硫酸化皂、石油磺酸等。此外，还可以用羟肟酸作捕牧剂。在饱和脂肪酸中以十二烷基酸，不饱和脂肪酸中以亚油酸等浮选效果最好。

赤铁矿的抑制剂可以用淀粉、糊精、单宁、酸法纸浆废液以及纤维素、阿拉伯树胶和水玻璃等。至于多价金属阳离子（如Ca^{2+}、Al^{3+}、Mn^{2+}等），在用脂肪酸作捕收剂时，也有一定的抑制作用，这是因为这些离子与脂肪酸结合生成难溶性盐类而消耗大量的捕收剂所致。偏磷酸对赤铁矿有活化作用，而正磷酸对赤铁矿却有抑制作用，偏磷酸对赤铁矿的活化作用是由于偏磷酸能与矿浆中的阳离子结合，消除其对捕收剂的沉淀作用。另外，当矿浆中有少量的Pb^{2+}时对赤铁矿也有活化作用。

（2）菱铁矿（$FeCO_3$），含铁48.3%，在强碱性介质中可用阳离子捕收剂浮选。

（3）褐铁矿（$Fe_2O_3 \cdot H_2O$），含铁60%，可用脂肪酸类捕收剂进行浮选。但是褐铁矿容易泥化，泥化后变得较难浮选，因此，在处理这类矿石时，首先要注意避免过粉碎现象发生。

B　铁矿石的浮选方法

应用浮选选别铁矿石时，有用阴离子捕收剂正浮选、用阴离子捕收剂反浮选等以下几种方法。

a　用阴离子捕收剂正浮选

该法常用脂肪酸或烃基硫酸酯作捕收剂，其用量一般为0.5~1.0kg/t。目前，普遍采用的是妥尔油和磺化石油（RSO_3Me）作捕收剂，两者可以单独或混合使用，但一般认为混合使用效果较好。用碳酸钠调整碱性矿浆pH值及分散矿泥和沉淀多价有害金属离子。用硫酸调整酸性矿浆pH值，浮选时一般在弱酸性和弱碱性介质中进行。近来有的研究结果指出，在中性pH值范围内浮选效果最好超过这个范围，油酸的用量增大。另外用油酸浮选赤铁矿所控制的pH值范围与矿石的粒度有关，即细粒（小于0.037mm）赤铁矿在pH值为7.4时对油酸的吸附量最大；一般的浮选粒度（小于150mm +0.037mm）在pH值为3~9可浮性最好，当pH值大于9时，可浮性显著下降。在强酸（pH值小于3）介质中赤铁矿的浮出量不超过30%。

用脂肪酸及其衍生物直接浮选铁矿时，有时要预先脱泥，以防止矿泥对浮选过程的影响。

铁矿石正浮选在我国目前还是主要的方法，它的优点是药方简单，成本较低；但其缺点是只适合于处理脉石较简单的矿石，有时精矿需要进行多次精选才能得到合格精矿，而且精矿泡沫发黏，不易浓缩过滤，致使精矿所含水分较高。

使用脂肪酸类捕收剂浮选铁矿石时，矿浆的温度对其有明显的影响，为了改善浮选指标，可以提高矿浆的温度后再进行浮选，它的好处是药剂的选择性大为提高，精选时不需再加脂肪酸。再磨后也不需要脱泥。

b　用阴离子捕收剂反浮选

对于脉石为石英类的矿物，首先用钙离子活化石英，然后用脂肪酸类捕收剂进行反浮选，这样得到的泡沫产品为石英，而留在槽中的产物则是铁精矿。反浮选时铁矿石的抑制剂可用淀粉（木薯淀粉、橡子淀粉和栗子淀粉等）、磺化木素和糊精等。用氢氧化钠或氢氧化钠与碳酸钠混合使用，调整矿浆pH值至11以上。石英只有用多价金属阳离子活化以后，才能用脂肪酸类捕收剂。常用的活化离子是Ca^{2+}，用得最多的是钙盐氯化钙，其次是氢氧化钙。

必须说明的是此法适用于铁品位较高，而且脉石又较易浮起的铁矿石的浮选，但是应用该法时要注意处理或循环使用尾矿水，因为尾矿水的pH值高达11，如果直接放入公共用水区域，会造成严重的公害。

c 用阳离子捕收剂反浮选

这时使用的浮选药剂是胺类捕收剂，用它来浮选石英脉石，胺类捕收剂以醚胺为最好，脂肪胺次之。铁矿的抑制剂采用水玻璃，单宁和磺化木素，在 pH 值为 8~9 时，抑制效果最好。同样还可以采用各类淀粉抑制铁矿物。阳离子反浮选的优点是：

（1）可以粗磨矿。用阴离子捕收剂浮选铁时需要细磨矿，而阳离子反浮选时只要将矿石磨到单体解离，胺类捕收剂就能很好地把石英等脉石浮起来。

（2）回收率较高。尤其当铁矿中含有磁铁矿时，用阴离子捕收剂浮选，磁铁矿则易损失于尾矿中，而用阳离子反浮选时，磁铁矿则可以一并回收。

（3）可以提高精矿质量。用阴离子浮选时，含铁硅酸盐会大量进入泡沫，阳离子反浮选时含铁硅酸盐与石英一并进入尾矿，故精矿品较高。

（4）用阳离子反浮选可免去脱泥作业，故也可减少铁矿物的损失。该法适用于含铁品位高，且共成分较为复杂的含铁矿石的浮选。

d 选择性絮凝浮选法

它适用于处理微粒和细粒嵌布的高硅铁矿石，其过程是先向矿浆中加入分散剂，如氢氧化钠、水玻璃和六偏磷酸钠等。然后加入对铁矿物有选择性的絮凝剂，如木薯淀粉、玉米淀粉和腐植酸钠等。经过水解的聚丙烯酰胺的絮凝效果也很好。该法的絮凝作用是首先使细粒铁矿物形成絮凝团下沉，然后通过浓缩脱除部分分散悬浮的脉石矿泥，这一过程可以进行几次。而得到铁的粗精矿，但这种粗精矿往往达不到质量要求，要进一步进行反浮选以提高铁精矿的品位。反浮选时首先在矿浆中加入铁矿物的抑制剂，然后用阳离子捕收剂或阴离子捕收剂进行反浮选。当用阴离子捕收剂进行反浮选时，还要加入 Ca^{2+} 作石英的活化剂，并将矿浆的 pH 值调整到 11 左右。经过反浮选后，槽中产物为铁精矿，泡沫产物为尾矿。

C 铁矿石浮选实例

a 东鞍山铁矿浮选流程

该矿床的矿石可分为六类：（1）条带状假象赤铁矿石。（2）隐条带状假象赤铁矿石。（3）绿泥石假象赤铁矿石。（4）褐铁矿化假象赤铁矿石。（5）含裂隙泥假象赤铁矿石。（6）含磁铁矿假象赤铁矿石等。前面（1）（2）两类矿石属于“易选”矿石，其余四类均属“难选”矿石。

矿石中主要金属矿物为假象赤铁矿，其次为板片状赤铁矿、针铁矿、褐铁矿及磁铁矿等。主要脉石矿物为石英，其次为绿泥石、阳起石、透闪石等。假象赤铁矿呈磁铁矿的半自形-他形等轴粒状晶形假象，表面多微小孔洞，内部常包含石英等微细包裹体，石英多为他形粒状。多数石英内部不纯净，包裹有铁矿物等微晶。矿石中各种矿物都为细粒不均匀嵌布。该厂使用的浮选流程如图 5-15 所示。

原使用的捕收剂为氧化石蜡皂和妥尔油，但近年实验证明，改性氧化石蜡皂和硫酸化妥尔油的混合捕收剂，其效果更好一些，两者的比例是 2.6∶1。在流程相同的情况下，用改性氧化石蜡皂和硫酸化妥尔油混合作捕收剂的选矿结果比氧化石蜡皂和妥尔油混合捕收剂优越，在原矿品位 0.45% 的情况下，精矿品位 0.62%，尾矿品位 0.56%，回收率为 0.51%。

b　美国蒂尔登选矿厂

该厂是采用选择性絮凝、阳离子反浮选处理微粒嵌布的低品位铁矿石。矿石中主要的含铁矿物是假象赤铁矿和赤铁矿。铁矿物嵌布粒度平均为0.01~0.025mm。脉石矿物除石英外，还含有少量的钙、镁、铝矿物。原矿含铁35%，含硅45%。生产流程如图5-16所示。

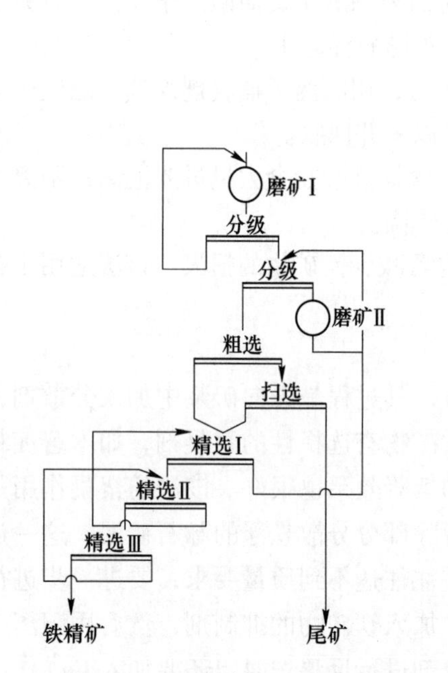

图5-15　东鞍山铁矿浮选流程

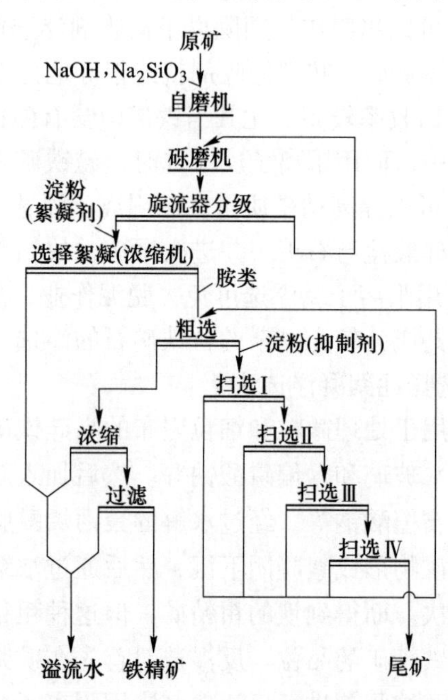

图5-16　蒂尔登选矿厂选择絮凝流程

用水玻璃和氢氧化钠作为矿泥的分散剂并将矿浆pH值调至10~11，加入玉米淀粉：搅拌后的矿浆进入浓密机进行选择性絮凝脱泥。在浓密机中石英矿泥呈溢流排出，浓密机的沉砂便是絮凝精矿。当浓密机的给矿含铁35%~38%时，排出的溢流含铁12%~14%，沉砂含铁44%，浓度为45%~60%，沉砂再经矿浆分配器进入搅拌槽，然后加入玉米淀粉作抑制剂，用胺类捕收剂进行脉石矿物的反浮选。最终精矿含铁65%，含石英5%，铁的回收率为70%左右。

该厂采用选择性絮凝反浮选处理细粒贫赤铁矿的效果较好，其主要特点是：

（1）细磨。采用“自磨—细碎—砾磨”两段闭路的磨矿浮程，选用大型湿式自磨机（ϕ8.2m×4.4m）和大型砾磨机（ϕ4.7m×9.1m）配套购。按1∶2平衡两段负荷，加上旋流器分级的应用，使工业生产达到细磨（80%小于0.025mm）的要求，给选择性絮凝浮选创造了条件。

（2）絮凝脱泥。分散剂加入磨机中，节省了辅助设备，强化了分散作业但并未影响磨矿分级。

（3）反浮选。用胺作捕收剂，高浓度调浆后，只粗选一次得精矿。泡沫中夹杂的铁矿物，加强扫选次数减少。

（4）回水利用。工业上成功地应用絮凝剂及石灰分别处理回水，简而易行。回水利用率达95%，降低药耗和成本，减少了环境污染。

（5）精矿脱水。由于精矿粒度细，不易脱水，故采用了三段脱水流程。

5.2.3.2 锰矿浮选

A 锰矿物的可浮性

含锰矿物分两类：一类是氧化物；另一类是碳酸盐。重要锰矿物的可浮性如下：

（1）菱锰矿（$MnCO_3$），含 Mn 47.8%，是锰矿中较易浮的一种矿物。捕收剂常用脂肪酸，其中，油酸效果最好。浮选最适宜的 pH 值为 8~9。介质调整剂常用碳酸钠。抑制石英类脉石可用水玻璃，但碱性过高或水玻璃用量过大，对菱锰矿都有抑制作用。

（2）软锰矿（MnO_2），含 Mn 63.2%，它比菱锰矿难浮，浮选时捕收剂用脂肪酸。pH 值调整剂用碳酸钠。脉石抑制剂用水玻璃。糊精和柠檬酸是氧化锰矿的抑制剂。草酸对它有活化作用。试验证明，在氧化锰矿浮选时，用油酸捕收，在 pH 值为 6.5 的条件下，水锰矿和褐锰矿较易浮，而软锰矿及硬锰矿最难浮。只有使用草酸和水玻璃分散矿泥时，才能得到较满意的结果。有矿泥存在时，浮选效果较差。将原矿脱泥，如脱除-10μm 的矿泥，可以改善浮选指标。

B 锰矿的浮选方法

锰矿浮选使用的捕收剂是油酸、妥尔油和氧化石蜡皂等。另外，也可用烃油类（如重油，煤油）加乳化剂（如烃基硫酸酯等）进行浮选。但烃类油用量很大，每吨矿石由几公斤到十几公斤，药剂加入矿浆后需要长时间的强烈搅拌，先使药剂发生乳化，极性捕收剂在矿物表面固着，然后又被覆上一层油膜，这时锰矿才絮凝成集合体，与大量微细气泡一起上浮。这就是“乳化浮选”。

锰矿浮选最适宜的 pH 值为 7~9。为了调整矿浆、分散矿泥和抑制脉石，常加少量的碳酸钠和水玻璃，单宁及磷酸盐，但不能过量，过量对锰矿物有抑制作用。SO_2 及其他的还原剂对锰矿物有活化作用。浮选氧化锰矿时，水的不良影响十分显著。

用妥尔油浮选锰矿分两种情况：如果锰矿中的脉石是碳酸盐如方解石，则用糊精先在碱性介质中抑制锰矿，浮选方解石，然后在酸性矿浆中，用妥尔油作捕收剂浮选锰矿；如果脉石是石英等，就可以直接在酸性矿浆中浮选锰矿。

试验证明，用妥尔油与燃料作捕收剂，并加乳化剂乳化时，在 pH 值为 4~5 的矿浆中，处理含锰为 16.296%的重选尾矿，得到的精矿品位含 Mn 36.6%，回收率为 90.1%。

锰矿石含硫化矿时，则先浮硫化矿，再浮选锰矿。

我国某锰矿处理的锰矿中，金属矿物有菱锰矿、钙菱锰矿、锰方解石及黄铁矿。脉石矿物有石英、石髓和碳质黏土。菱锰矿呈细粒集合体及致密块状，钙菱锰矿呈层状结构，锰方解石呈集合体或细脉状出现。锰矿物的单体分离一般在 0.02mm 以下。

锰矿浮选全部在浮选柱中进行，其流程如图 5-17 所示。原矿磨到 85% -0.074mm 后，用旋流器脱泥，加松醇油（200g/t）浮出碳质脉石，加丁黄药（400g/t）浮选黄铁矿，硫经一次扫选（加丁黄药 200g/t），一次精选（加丁黄药 250g/t，松醇油 100g/t），得硫精矿。硫精选尾矿和碳粗选精选合并，加丁黄药 250g/t，进行碳质脉石的精选，浮出碳，其尾矿用碳酸钠调整 pH 值至 8.5 左右，并加水玻璃（300g/t），氧化石蜡皂（150g/t），进行锰的扫选，得到一部分Ⅲ级锰精矿。硫扫选尾矿，加碳酸钠（250g/t）调整 pH 值到 8.2，加水玻璃（800g/t），氧化石蜡皂（300g/t），进行粗选，粗选精矿进行二次精选，得Ⅰ、Ⅱ、Ⅲ级锰精矿。尾矿含 Mn 9.4%，原矿含 Mn 21.52%。所得指标如下。

锰精矿级别	精矿品位/%	回收率/%
Ⅰ级	35.02	46.61
Ⅱ级	29.34	2.71
Ⅲ级	26.11	23.05

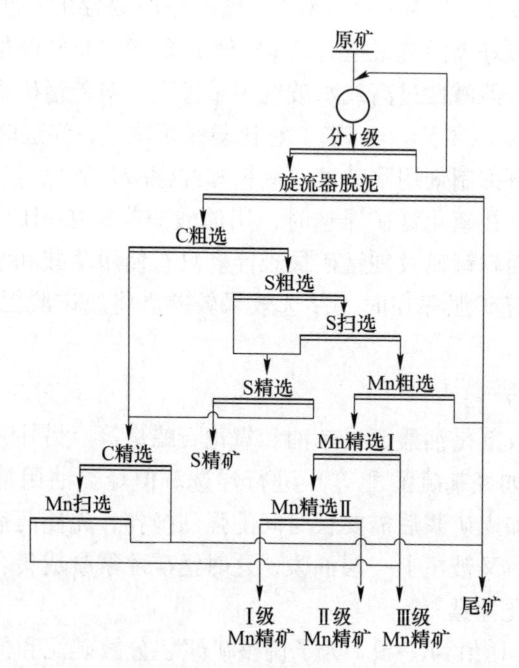

图 5-17　某碳酸锰矿浮选流程

5.2.4　钨锡矿浮选

5.2.4.1　钨矿石的浮选

钨的矿物可分为白钨矿和黑钨矿两大类。一般来说白钨矿要比黑钨矿易浮得多。

A　白钨矿浮选

a　白钨矿的浮选方法

白钨矿的分子式为 $CaWO_4$，由于分子式中含有钙，对脂肪酸类容易发生化学吸附和化学反应。常用的捕收剂为植物油油酸和 731 氧化石蜡皂。植物油油酸中山苍子油酸有优良的选择性和捕收性。731 氧化石蜡皂有较好的选择性，但是捕收力较差。

白钨矿由于常和各种钙镁的磷酸盐、硫酸盐、碳酸盐、氟化物共生，它们的可浮性相似，往往难以选出合格精矿。为了加强过程的选择性，可以使用下列方法：

(1) 用硫化钠、氰化物、铬酸盐等抑制其伴生硫化矿物（硫化矿物多时，必须先单独浮选）；用水玻璃、单宁、多聚偏磷酸钠、铬酸盐等抑制其脉石矿物：用水玻璃或碳酸钠将矿浆的 pH 值调至 9.5~10，精选时可为 11~12。

(2) “石灰—浮选”法。其要点是：用石灰（约 0.5kg/t）调浆，再加入碳酸钠（约 0.15kg/t）和水玻璃（约 2.2kg/t），最后用油酸和环烷酸（二者之比为 1∶1）捕收。该法的特点是使矿浆中的 Ca^{2+} 先吸附在脉石矿物的表面，当加入碳酸钠以后，吸附在脉石表

面的 Ca^{2+} 就变成较易被抑制的 $CaCO_3$ 皮膜。因而能大大地提高精矿品位。

（3）采用大量水玻璃加温精选法（即彼得罗夫法）。即将低品位的粗精矿，加入 40~90kg/t 水玻璃，升温到 60~90℃煮一段时间，搅拌，脱水（实质上脱去了脉石表面过量的药剂），然后调浆，再精选 4~8 次，即可得到品位较高的精矿。如果精矿中还含有较多的重晶石，可用烷基硫酸盐或磺酸盐在 pH 值等于 1.5~3 以下反浮选重晶石，当精矿含磷不合格时，可以用盐酸浸出精选精矿，以溶解其中的磷酸盐矿物，固液分离和洗涤之后，白钨精矿中的含磷量即可合格。

在白钨矿床中，往往也有一些共生矿物（如锡、钼等），这些共生矿物在重选过程中都会进入到白钨精矿，影响精矿的质量，因此，在白钨矿浮选时，也有钨锡和钨钼分离的问题。白钨矿与锡石的分离，可以用电选也可以用浮选。浮选分离时，用脂肪酸捕收白钨矿，用水玻璃抑制锡石。当白钨矿含有钼时，由于钼的可浮性好，因此可先浮钼矿，然后再浮白钨矿。

b 白钨矿浮选实例

某钨矿原矿中主要金属矿物有自然金、辉锑矿、白钨矿、含金黄铁矿，其次是黄铁矿、黑钨矿、闪锌矿等。主要脉石矿物有石英，其次有方解石、磷灰石、叶蜡石等。白钨矿一般呈粗粒状和不规则块状产于石英脉中，有时也呈薄层状及片状赋存于辉锑矿中，还有少量呈细线状产于围岩中。

该厂用重-浮联合流程，重选与浮选均产白钨精矿。重选所产白钨精矿质量较高，接近特级品，浮选所得白钨精矿质量稍低，常与重选产品混合出厂。浮选作业的给矿为重选（摇床）尾矿。浮选原则流程如图 5-18 所示。

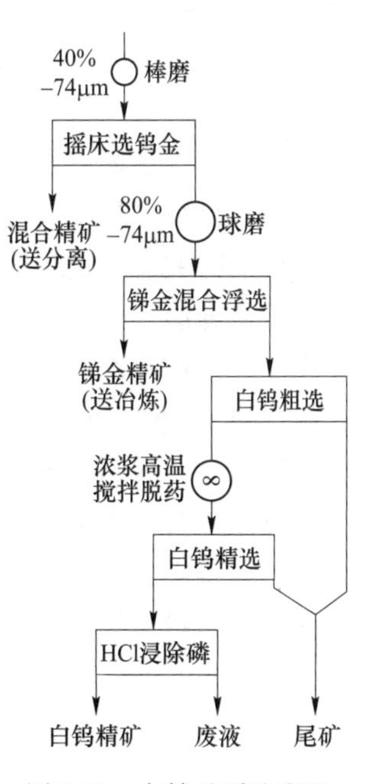

图 5-18 白钨矿浮选流程

原矿经二段磨矿。第一段粗磨至小于 0.8mm，用摇床选出粗粒的白钨、锑和金。摇床尾矿再细磨至 80% 小于 -0.074mm，加黄药、黑药、硝酸铅和硫酸铜进行锑金混合浮选，浮锑金后的尾矿再进行白钨矿浮选，并用油酸作捕收剂，碳酸钠调整矿浆 pH 值到 9 左右，水玻璃作石英等硅酸盐的抑制剂。白钨矿粗选得到含 WO_3 约为 5%的粗精矿。因为有大量方解石和磷灰石等含钙矿物也一起浮上来，所以需要进行白钨矿精选。精选采用“浓浆加温”法，即先将白钨粗精矿浓缩到 50%固体，再加大量水玻璃（90kg/t 粗精矿），通蒸汽加温到 90℃左右，搅拌一小时，然后稀释矿浆到 20%，矿浆温度保持在 26~30℃，在 pH 值为 9~10 时进行精选。这时方解石等含钙矿物被抑制，而磷灰石仍与白钨矿一起上浮，所以流程的最后有酸浸除磷的作业。浮选所得的精矿含 WO_3 50%~55%，酸浸以后含 WO_3 65%~70%，回收率 85%以上。

B 黑钨矿的浮选

常见的黑钨矿物有钨锰铁矿（$(Fe,Mn)WO_4$）、钨铁矿（$FeWO_4$）和钨锰矿（$MnWO_4$）。它们是类质同象矿物。这三种矿物的可浮性顺序为：

钨锰矿 ＞ 钨锰铁矿 ＞ 钨铁矿

浮选黑钨矿常用的捕收剂有油酸、磺丁二酰胺、苯胂酸和膦酸。水杨氧肟酸也是浮黑钨矿很有前途的捕收剂。油酸的捕收力较强，但选择性较差。

用油酸浮选黑钨矿的 pH 值与白钨矿相似，以碳酸钠作调整剂。用苯砷酸、膦酸类浮选黑钨矿，都在酸性介质中进行，使用调整剂是硫酸或盐酸。常用硝酸铅作活化剂。

浮选黑钨矿的脉石抑制剂是：氟硅酸钠，水玻璃，水玻璃和硫酸铝的混合物（6：1），重铬酸盐，硫酸与氟氢酸等。但是，黑钨矿本身可被大用量的草酸、氟硅酸钠（4kg/t 以上）和水玻璃等药剂抑制，所以必须严格控制有关抑制剂的用量。

某钨矿选矿厂处理精选细泥，其给矿粒度为 36%小于 0.074mm，金属矿物是黑钨矿、黄铁矿、褐铁矿、闪锌矿、辉铋矿等。钨的品位为 8%～10%，脉石是石榴子石和石英。用苯胂酸类和氧化石蜡皂的混合物浮选，经过一粗二扫所得指标如下：

原矿品位/%	WO_3	6～8
精矿品位/%	WO_3	40～47
回收率/%	WO_3	78～82

5.2.4.2　锡石的浮选

含锡矿物有十余种，目前，工业上使用的锡主要来源于锡石。由于锡石的密度较大（6.4～7.1g/cm³），所以锡石的主要选矿方法是重选。但是由于锡石性脆，在自然界及破碎、磨矿、选别的过程中，容易泥化，所以用浮选的方法从重选细泥和尾矿中回收细粒锡石，具有重要意义。

A　锡石的浮选方法

锡石容易被各种脂肪酸及其皂类捕收。因此油酸、妥尔油。氧化石蜡皂、尼龙 1010 下脚、烷基硫酸盐、烷基磺酸盐、磺丁二酰胺等，都可以作为锡石的捕收剂。试验研究表明，用甲苯砷酸、苄基砷酸和苯乙烯膦酸浮选锡石，有时能得到更好的指标。

用油酸作捕收剂浮选锡石时，pH 值一般在 9.0～9.5。以甲苯砷酸作捕收剂浮选锡石时，粗选的 pH 值一般为 5～6，而精选的 pH 值可降至 2.5～4.0。调整矿浆 pH 值时，常采用氢氧化钠、碳酸钠和硫酸等药剂。

锡石浮选时，通常还要加入水玻璃抑制伴生的硅酸盐矿物，用六聚偏磷酸钠、羧甲纤维素抑制钙镁矿物，加草酸抑制黑钨矿。

浮选的原料一般是小于 0.04mm 的重选尾矿，先脱除小于 0.01mm 的矿泥。如果浮选的矿石是脉锡矿，往往伴生有铁、砷、锑、铅、铜、锌等金属的硫化矿物。此时，要用硫化矿物的活化剂先浮出硫化矿物，然后浮选锡石，以免硫化物污染锡石精矿。

B　锡石浮选实例

某地锡矿的原矿为高、中温热液锡石硫化矿床。矿物组成复杂，金属矿物有磁黄铁矿、磁铁矿、黄铁矿、毒砂、辉铋矿、方铅矿、闪锌矿及黄铜矿等，非金属矿物有碳酸盐、硅酸盐和卤化物。锡石为黄褐色及黑色，呈微细粒嵌布，大部分呈粉状集合体嵌布在磁黄铁矿中，少部分呈散粒状分布于磁铁矿和硅卡岩矿物中。晶粒最大者 0.55mm，最小者 0.002mm，一般介于 0.15～0.02mm。锡石浮选的给矿为脱硫、脱铁及摇床回收粗粒锡石后的尾矿。其浮选流程如图 5-19 所示。

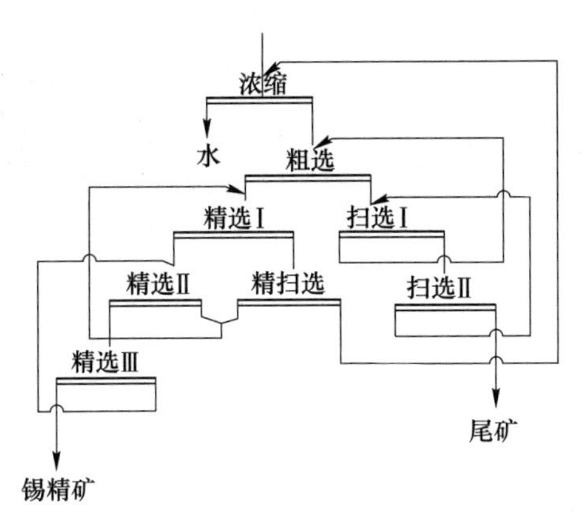

图 5-19 某锡石浮选流程

摇床尾矿先进浓密机脱水，脱水后经离心机丢尾矿。离心机精矿再经浓密机脱水后进搅拌槽加药调浆。用水杨氧肟酸作捕收剂，碳酸钠调整矿浆 pH 值为 7~8，栲胶作抑制剂，2 号油作起泡剂。经过一粗、二扫、三精和一次精扫选出锡精矿。原矿含锡 1.0%~1.3%，浮选精矿品位 1.3%~16%，回收率 72%~76%。

生产实践表明，低毒的水杨氧肟酸，完全能够取代剧毒的胂酸，大大减少了药剂生产和使用中的环境污染问题。

5.2.5 钛钽铌锂铍矿浮选

5.2.5.1 钛矿的浮选

常见的含钛矿物有钛铁矿、金红石、钙钛矿和榍石。它们的可浮性如下所述。

钛铁矿（$FeTiO_3$）和金红石（TiO_2）用羧酸及胺类捕收剂都能浮游。但用羧酸类捕收时，脉石矿物不易浮游，故羧酸类用得较多。工业上常用的具体药剂有油酸、妥尔油和环烷酸及其皂。而且常用煤油为辅助捕收剂。钛铁矿和金红石浮选之前，先用硫酸洗涤矿物表面，可以提高它们的可浮性，降低捕收剂的用量。

用羧酸捕收钛铁矿和金红石时，pH 值在 6~8，两种矿物都浮游得比较好。在 pH 值小于 5 的酸性介质中，吸附于钛铁矿表面的油酸容易洗脱，洗涤后钛铁矿的可浮性显著下降。

硅氟酸钠和氟化钠可以阻碍十三酸和油酸钠在钛铁矿的表面固着，降低它们在钛铁矿表面的固着量，因而能抑制钛铁矿，硅酸钠对于钛铁矿也有一定的抑制作用。

钛铁矿浮选的回收率与调整时矿粒的絮凝和分散状态有关。如果作调整槽传动轴的净功耗与调整时间的关系曲线，可按其功耗的大小将调整时间分成五个阶段。即感应阶段、絮凝阶段、絮凝顶峰阶段、絮凝破坏阶段和分散阶段，如图 5-20 所示。各阶段的回收率和精矿品位的关系如图 5-21 所示。

由图 5-21 所见。矿浆开始絮凝时（絮凝阶段），净功耗、钛铁矿回收率和脉石回收率都上升；到达絮凝顶峰阶段，矿浆充分絮凝，净功耗、钛铁矿回收率和脉石回收率都达到了顶点；到达絮凝破坏阶段，钛铁矿的回收率不变，精矿品位增加，净功耗和絮凝程度下降；到达分散阶段，精矿品位下降，回收率最小。

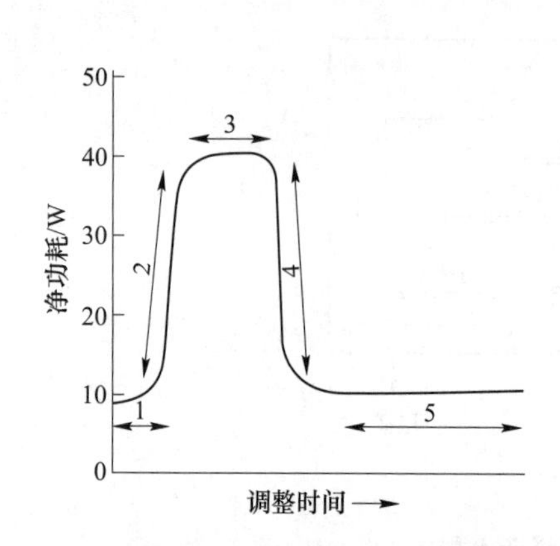

图 5-20 调整净功耗与调整时间的关系

1—感应阶段；2—絮凝阶段；3—絮凝顶峰阶段；4—絮凝破坏阶段；5—分散阶段

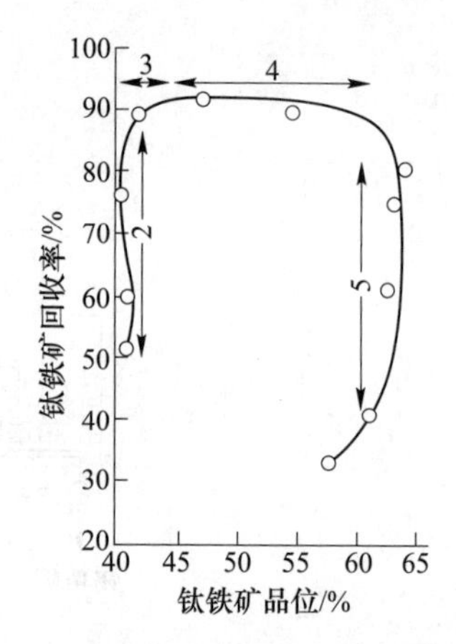

图 5-21 钛铁矿的回收率与品位的关系

2—絮凝阶段；3—絮凝顶峰阶段；4—絮凝破坏阶段；5—分散阶段

升高矿浆温度，捕收剂膜的疏水性增大，钛铁矿的回收率增加而精矿品位下降。充气对钛、锆矿物有明显的影响。充空气 60~120s，金红石和钛铁矿的回收率都上升而锆英石的回收率下降。若只充入氮气，则两种钛矿物受到抑制而锆英石能照常浮游。

钙钛矿（$CaTiO_3$）可以先用硫酸处理，经冲洗后用油酸或其他脂肪酸浮游。苏打和水玻璃可以抑制它，而铬酸盐和重铬酸盐可以活化它。当矿石中方解石多时，会使酸洗的耗酸量增大。为了减少酸的用量，在浮钙钛矿之前可以先浮方解石。

榍石（$CaTiSiO_5$）可以用煤油乳化的油酸捕收，可以被水玻璃抑制。其可浮性较其他含钛矿物差，更比磷灰石等碱土金属盐类矿物差，如果伴生的磷灰石多可以先浮磷灰石。

A 钛锆矿的选别方法

钛铁矿、金红石和锆英石经常伴生，密度都在 4.0~4.7g/cm³，用重选法选别时，它们同时进入重砂中。它们的可浮性也很接近，用乳化油酸浮选时，它们同时进入混合精矿中。它们的混合精矿原则上有两种分离方法：

（1）先用磁选法分出钛铁矿（磁选也可以放在浮选之后），其非磁性部分用硅氟酸钠抑制锆英石，用乳化油酸在 pH 值为 3.8~4.6 的介质中浮选金红石。

（2）用硫酸抑制金红石，用乳化油酸或阳离子捕收剂浮选锆英石。

B 某钛锆矿浮选实例

该矿矿石为石英砂矿床，80%~95%的钛铁矿及金红石小于 0.15mm，100%的锆英石小于 0.15mm。先用摇床选别得到它们的混合精矿。然后将摇床精矿按图 5-22 所示的流程处理。

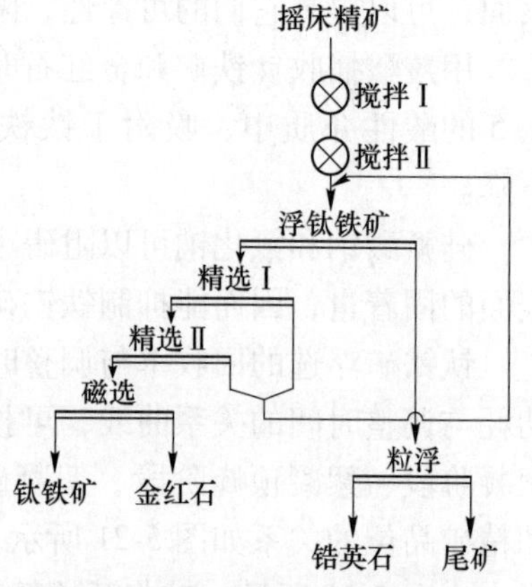

图 5-22 钛锆摇床精矿分离流程

5.2.5.2 锂矿浮选

A 锂矿物可浮性

主要含锂矿物有锂辉石、锂云母、透锂长石等。它们的可浮性如下：

锂辉石（$Al_2O_3 \cdot Li_2O \cdot 4SiO_2$），含 Li_2O 4.5%~8%。表面纯净的锂辉石很容易用油酸及其皂类浮起，但其表面因风化污染，或在矿浆中被矿泥污染，其可浮性变坏。另外，矿浆中一些溶盐的离子（铜、铁和铝的离子等）不仅活化锂辉石，而且也活化脉石矿物，所以浮选前要脱泥并用碱处理。用氢氧化钠处理时，锂辉石的回收率随其用量的增加而提高，搅拌时间也相应缩短。随搅拌强度提高，回收率也提高。如转速提高 7 倍，回收率可提高 40%。

用油酸或环烷酸作捕收剂时，锂辉石在中性和碱性介质中，都能很好地浮游。用十八胺和膦酸酯钠盐为捕收剂时，只在弱碱性或中性介质中锂辉石才能浮游。用油酸作捕收剂，氟化钠和木质素磺酸盐为调整剂，氢氧化钠和碳酸钠调整 pH 值为 7~7.5 时，锂辉石的浮选效果最好。

经过活化的锂辉石，用阴离子或阳离子捕收剂都能浮起。未经活化锂辉石，在油酸用量很高时也难浮起。

无论采用哪种捕收剂，水玻璃、糊精和淀粉都是锂辉石强烈的抑制剂。其中，淀粉的选择性较好，糊精次之。它们先抑制锂辉石，后抑制脉石。但水玻璃的选择性较差，对锂辉石和脉石同时起抑制作用。

锂辉石的浮选粒度，一般在 0.15mm 以下。粒度为 0.2mm 时，浮选的回收率为 61%，粒度为 0.3mm 时，浮选回收率为 22%。粗粒难浮是锂辉石浮选特点之一。

锂云母（$Al_2O_3 \cdot 3SiO_2 \cdot 2(KLi)F$），含 Li_2O 1.2%~5.9%。粗粒锂云母用手选、风选或摩擦选富集，细粒的锂云母才用浮选法回收。锂云母的捕收剂以阳离子捕收剂最好，用十八胺时，在酸性和中性介质中都能很好地浮选锂云母。未经活化的锂云母不能被油酸捕收，用氢氟酸活化后，能得到较好的指标。

矿浆中的一些铁盐、铝盐、铅盐、硫化钠、淀粉及磷酸氢钠等均能抑制锂云母。锂的碳酸盐和硫酸盐能活化锂云母。用十八胺选别锂云母时，最好的活化剂是水玻璃和硫酸锂，而强的抑制剂是漂白粉、硫化钠和淀粉的混合物。铜、铝和铅的硝酸盐是锂云母的抑制剂，而铜和铝的硫酸盐却是锂云母的活化剂。

透锂长石（$Al_2O_3 \cdot Li_2O \cdot 8SiO_2$），含 Li_2O 2%~4%，用阴离子捕收剂如油酸、油酸钠、异辛基肿酸钠来浮选透锂长石，在任何 pH 值下均不浮游。用阳离子捕收剂，如用十八胺来浮选透锂长石，则其浮游性很好。用十八胺作捕收剂，矿浆 pH 值为 5.5~6.0 时，其回收率为 78%，而采用烷基胺盐在碱性介质（pH 值为 7.5~9.5）中浮选时，其回收率可提高到 90%~92%。

采用烷基胺盐为捕收剂时，氯化铁（300~500g/t）能强烈地抑制透锂长石，在介质的 pH 值为 5.8 时，它的回收率下降到 10%~15%，在酸性和碱性介质中，其抑制作用加强。氯化钙能活化透锂长石，在中性介质和碱性介质中（pH 值为 9.2）能提高其回收率。采用烷基胺盐时，透锂长石的抑制剂有硫化钠、硅酸钠、淀粉、单宁、碳酸钠、氟硅酸钠及磷酸氢钠等。

B 锂矿的浮选方法

锂辉石的浮选有正浮选和反浮选两种方案。正浮选是在酸性介质中进行，所以又称“酸法”。它用油酸及其皂类作捕收剂，将锂辉石浮入泡沫产品中。反浮选是在碱性介质中进行，所以又称“碱法”。它用阳离子作捕收剂，浮出脉石矿物，槽内产品就是锂辉石精矿。

正浮选的方法是，开始就向矿浆中加氢氧化钠进行搅拌、擦洗以除去表面的污染物，脱泥和洗矿后，然后按下面三种方法处理：

（1）先浮云母，后浮锂辉石，最后浮长石。其步骤是：

1）在弱酸性介质中，用阳离子浮云母；

2）将浮选尾矿浓缩至50%固体，用油酸类捕收剂及醇类起泡剂调和后，稀释至17%固体，浮锂辉石；

3）将浮完锂辉石的尾矿用氢氟酸处理后，再加阳离子捕收剂浮选长石。

（2）先浮锂辉石，后浮云母，再浮长石。其步骤是：

1）将矿浆浓缩至64%固体，加油酸、硫酸和起泡剂搅拌后，稀释至21%固体，浮锂辉石；

2）锂辉石浮选尾矿中的云母，用阳离子捕收剂浮出；

3）云母浮选尾矿加氢氟酸活化长石，并加阳离子捕收剂浮长石。

（3）锂辉石和云母混合浮选，最后浮长石。其步骤是：

1）在浓浆中加硫酸调和，然后加阴离子捕收剂，浮选云母和锂辉石；

2）混合精矿在酸性介质中搅拌，将云母和含铁矿物浮出，槽中产物便是锂辉石；

3）混合浮选后的尾矿，加氢氟酸处理后，用阳离子捕收剂浮长石。

锂辉石的正浮选可举美国布列克—西尔斯选矿厂为例。该厂采用油酸作捕收剂，直接浮选锂辉石，流程如图 5-23 所示。原矿含 Li_2O 1.26%，磨矿时加 0.3kg/t 氢氧化钠，磨矿后先脱泥。脱泥后的浓浆（60%~70%固体）中加入 1kg/t 氢氧化钠进行搅拌、擦洗。粗选前加入 200g/t 油酸和 250g/t 环烷酸及起泡剂。精选Ⅰ和精选Ⅱ中，均加入水玻璃、栲胶或起泡剂及乳酸，并加入适量的油酸。通过二次精选，得含 Li_2O 4.92% 锂精矿，回收率为 63.59%。

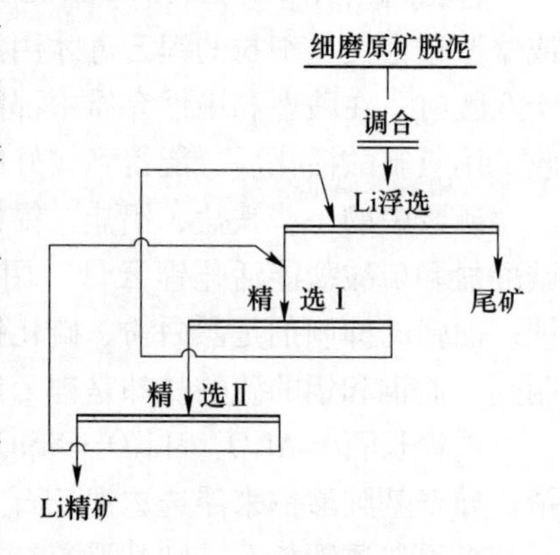

图 5-23　美国布列克—西尔斯矿锂辉石正浮选流程

锂辉石的反浮选在碱性矿浆中进行，以糊精、淀粉等作为锂辉石的抑制剂，松醇油作起泡剂，用胺类阳离子捕收剂浮选石英、长石和云母等脉石矿物，槽内产品去铁之后，就是锂辉石。

美国金兹山选矿厂反浮选法回收锂辉石。该厂处理的矿石中，有用矿物为锂辉石、锡石和绿柱石，还有少量的铌铁矿、独居石和金红石等。脉石矿物有云母、石英。选矿厂所用的原矿含锂辉石 15%~38%、长石 30%~56%、石英 22%~72%和云母 3%~5%。

浮选时先浮脉石矿物，并从浮出的脉石矿物中分选出云母、长石和石英精矿。浮完脉石后的尾矿再浮含铁矿物，槽内产品便是锂精矿。精矿含锂辉石 80%左右，回收率 65%~71%左右。浮选流程如图 5-24 所示。

浮选药剂制度如下：

药名	用量/g · t^{-1}	添加地点
氢氧化钠	2000	棒磨机
石灰	450；230	脉石浮选，脉石精选
糊精	230；230	脉石浮选，脉石精选
胺盐	300；230；80	脉石浮选，云母浮选；长石浮选
松油	230；90	脉石浮选，脉石精选
	50；140	云母浮选，含铁矿物浮选
氢氟酸	680；160	长石浮选，含铁矿物浮选
树脂酸钠盐	900	含铁矿物浮选

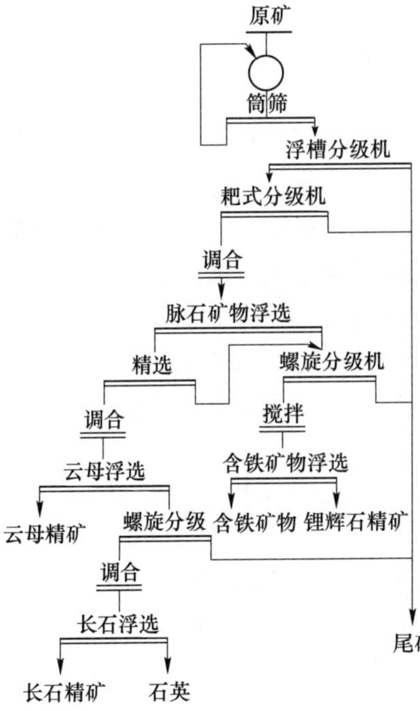

图 5-24 美国金兹山矿锂辉石反浮选流程

5.2.5.3 铍矿浮选

A 铍矿物的可浮性

绿柱石（$3BeO \cdot Al_2O_3 \cdot 6SiO_2$），含 BeO 8%～12%，可浮性较好，加油酸在弱酸性、中性和碱性介质中均可浮游。加磺化石油在酸性介质中亦可浮。

绿柱石不加硫酸时完全不浮，随硫酸用量的增加，其可浮性增大。当硫酸用量为 0.98g/L 时，可浮性最好，但超过此浓度，绿柱石被抑制。用油酸为捕收剂时，氢氟酸对绿柱石有活化作用，当用量达到 200g/t 时，活化作用最好。但其用量超过 500g/t 时，会完全抑制绿柱石的浮游。用油酸作捕收剂时，绿柱石经氢氧化钠处理后回收率显著增高。这时长石的回收率增加很少。这是绿柱石和长石分离的方法之一。硫化钠是石英和长石的抑制剂，又是绿柱石的活化剂。用油酸作捕收剂，用硫化钠预先处理，可得含 BeO 5.9% 的绿柱石精矿。

绿柱石浮选可采用阴离子捕收剂和阳离子捕收剂。研究结果表明，用油酸捕收时，回收率仅达 50%，若预先用氢氧化钠或氢氟酸处理，回收率增至 80%以上。阳离子捕收剂中以十八胺醋酸盐捕收性最强。用胺盐捕收时，最好的 pH 值为 9~10.5。

B 铍矿的浮选方法

绿柱石的浮选研究表明，绿柱石不加调整剂时，无论用阴离子捕收剂或用阳离子捕收剂均不能与脉石分离，所以浮选前必须进行预先处理。预先处理的方法又可分酸法（采用硫酸、盐酸和氢氟酸等）和碱法（采用氢氧化钠、碳酸钠等）两种。预先处理的目的是清洗矿物表面，除去黏附在绿柱石表面的重金属盐，选择性地溶掉其表面的硅酸，使铍离子突出，增加其可浮性，并降低脉石矿物的可浮性。

现将绿柱石的酸法及碱法浮选简述如下。

a 绿柱石的酸法浮选

酸法浮选分为混合浮选和优先浮选两种。混合浮选是矿浆经酸处理后，把绿柱石和长石都浮到泡沫产品中，然后再进行分离。其具体步骤是，矿石经粗磨后，用黄药浮选硫化矿，然后在酸性介质中，用烷基胺盐浮出云母，浮完云母以后加入氢氟酸活化绿柱石，再加烷基胺盐浮出绿柱石和长石。混合粗精矿经三次稀释、浓缩脱药后加入碳酸钠，并用烷基胺盐浮选绿柱石，经多次精选后得绿柱石精矿。

优先浮选是先浮云母再浮绿柱石。具体步骤是，经细磨的矿石，在硫酸介质中用阳离子捕收剂浮出云母，将其尾矿进行浓缩，并用氢氟酸处理，再用烷基胺盐浮选绿柱石，尾矿为长石和石英。

绿柱石粗选精矿中，加入氢氟酸和阳离子捕收剂，再经多次精选，得绿柱石精矿。

国外某选厂用酸法浮选绿柱石。原矿含绿柱石 1.3%（含 BeO 0.14%）、云母 21%、长石 47%、石英 27%，其他矿物 3.7%。绿柱石单体分离需细磨到 -0.83mm。选矿流程如图 5-25 所示。

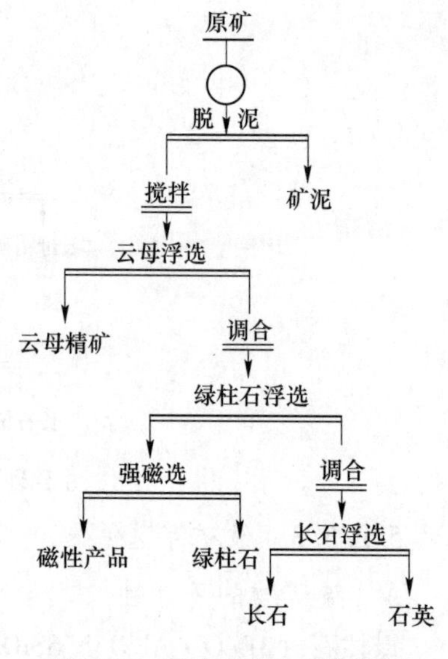

图 5-25 绿柱石酸法浮选流程

原矿脱泥后加硫酸处理，进行云母浮选，然后浮绿柱石，再浮长石。长石浮选尾矿就是石英精矿。绿柱石浮选精矿中，因含有石榴子石、电气石和少量的云母，所以采用磁选分离。所得非磁性产品为绿柱石精矿，含 BeO 8.05%，回收率为 69.3%。所用药剂如下：

药名	用量/$g \cdot t^{-1}$	添加地点
硫酸	1000	云母浮选
硫酸铝	1000	云母浮选
阳离子捕收剂	150~200	云母浮选；长石浮选
中性油	2500，1000；3500	云母浮选；绿柱石浮选，长石浮选
氢氟酸	1000	绿柱石浮选
碳酸钠	500	绿柱石浮选
油酸	600	绿柱石浮选
松油	500	绿柱石浮选

b 绿柱石的碱法浮选

碱法浮选是将矿石磨矿后进行脱泥，然后用氢氧化钠或碳酸钠处理后洗矿，使矿浆呈弱碱性，再用油酸浮绿柱石，精选若干次后，得绿柱石精矿。此法适用于共生矿物比较简单的矿石。

美国菲克斯—科沃里绿柱石浮选厂用碱法浮绿柱石。原矿中有绿柱石、长石、云母和石英等。原矿经细磨后脱泥，加氢氧化钠（2.5kg/t）处理后洗矿，当pH值为8时加油酸（0.4kg/t）浮选绿柱石，粗选精矿经二次精选后，得到含BeO 12.2%的绿柱石精矿，回收率为74.7%。选厂流程如图5-26所示。

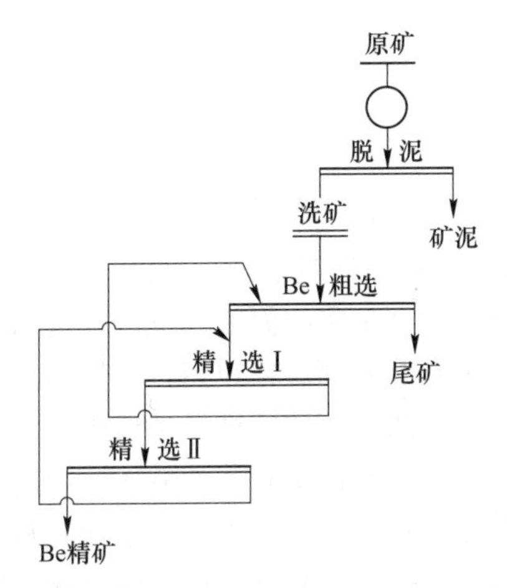

图5-26 美国菲克斯—科沃里矿绿柱石碱法浮选流程

5.2.5.4 钽铌矿浮选

A 钽铌矿的可浮性

含钽铌的矿物主要是钽铌铁矿和烧绿石。钽铌铁矿中含钽多的称为钽铁矿，含铌多的称为铌铁矿。

钽铌铁矿和烧绿石可用阳离子捕收剂捕收，也可用阴离子捕收剂捕收。用络合捕收剂（如羟肟酸钠）浮选效果较好。

用油酸作捕收剂，在pH值为6~8时，钽铌矿的浮游性最好，在酸性介质中钽铁矿和铌铁矿都被抑制，而石英、长石和白云石在任何pH值下浮游性都不好。因此在pH值为6~8时，用油酸作捕收剂，很容易将钽铌矿与石英等脉石分离。用10%的酸（硫酸）处理钽铌矿后，它变得很容易浮游。随酸的用量增大，钽铌矿的可浮性增大，用硫酸效果比用盐酸效果好。用1%的氢氟酸处理，活化程度与硫酸相似。

用油酸作捕收剂，硫化钠的浓度为10~20mg/L时，就能抑制钽铌矿及部分脉石。用阳离子捕收剂时，硫化钠最初活化钽铌矿等一些矿物，但随着其用量的增加，钽铌矿的回收率将下降。

用油酸捕收钽铌矿时，少量的硅氟酸钠，能使全部矿物抑制。

B 钽铌矿的浮选

细粒的钽铌矿，常用浮选及联合流程处理。当原矿中有钽铌矿、烧绿石、方解石及磷灰石等时，可先浮出脉石矿物，然后再浮钽铌矿和烧绿石。脉石矿物浮选在碱性介质中进行，用水玻璃和硫酸铵作抑制剂，用油酸作捕收剂。浮选钽铌矿时，在酸性介质中，用烃基硫酸酯钠盐作捕收剂，或在中性介质中用油酸作捕收剂。

当原矿中有钽铌矿、云母、锂辉石及其他矿物时，需先脱泥，然后用阳离子捕收剂浮选云母。尾矿用碱处理后进行混合浮选，丢弃尾矿。精矿用酸处理后进行钽铌浮选，并加硫酸酯钠盐，在酸性矿浆中进行精选和扫选。精矿为钽铌精矿，尾矿为锂辉石及其他矿物。

5.2.6 磷矿和萤石矿浮选

5.2.6.1 萤石矿浮选

A 萤石的可浮性

萤石（CaF_2）含 F 48.9%，Ca 51.1%，萤石的可浮性较好，多用脂肪酸类作捕收剂。矿浆的 pH 值对萤石的浮选效果有很大影响。使用油酸做捕收剂，当矿浆的 pH 值为 8~11 时，萤石的浮游性较好。其次，升高矿浆的温度，也可以提高萤石的浮选指标。同时，不同粒度的萤石，它们的浮选行为亦有差别。粗粒萤石浮选的特点是选择性强；因此其精矿品位高，但回收率较低；中等粒度的萤石浮选结果是精矿品位和回收率都较高；细粒萤石浮选的精矿品位和回收率均较低。当浮选萤石用油酸作捕收剂时，对浮选用水也有较高的要求。即水质为硬水时，则首先要将进入浮选工艺的水预先软化。

萤石浮选的捕收剂除油酸外，烃基硫酸酯、烷基磺化琥珀胺、油酰氨基磺酸钠及其他磺酸盐和胺类都可以作为萤石浮选的捕收剂。常用碳酸钠作矿浆调整剂。根据脉石性质不同，可采用水玻璃、偏磷酸钠、木质素磺酸盐、糊精等作脉石抑制剂。

B 萤石的浮选方法

萤石浮选的主要问题是与共生脉石（如石英、方解石、重晶石等）的分离。同时还有与某些硫化物分离的问题。根据不同情况，可以采用以下几种方法：

（1）含硫化矿的萤石矿，一般是先用黄药类捕收剂将硫化矿浮出，然后再加脂肪酸类药剂浮选萤石。有时在萤石浮选作业中，加入少量硫化矿的抑制剂（如氰化物）来抑制残留的硫化物，以保证萤石精矿的质量。

（2）萤石和重晶石、方解石的分离。一般先用油酸作捕收剂浮出萤石。在用油酸浮选萤石时，加入少量的铝盐活化萤石，加入糊精抑制重晶石和方解石。

对含有较多方解石、石灰石、白云石等比较复杂的萤石矿，抑制这些脉石矿物用栲胶、木质素磺酸盐效果较好。

（3）萤石与石英的分离。用脂肪酸作捕收剂浮选萤石，水玻璃作石英的抑制剂，碳酸钠矿浆 pH 值为 8~9。水玻璃的用量要控制好，少量时对萤石有活化作用，但对石英的抑制作用不够，过量时萤石也会被抑制。为了使添加的水玻璃用量最少，又能达到对石英脉石的抑制强度，常常在添加水玻璃的同时，再加入多价金属离子（如 Al^{3+}、Fe^{3+}）及明矾、硫酸铝等。此外，加入 Cr^{3+}、Zn^{2+} 也有效，这些离子不仅对石英，而且对方解石也有抑制作用。

（4）萤石和重晶石的分离。一般先将萤石和重晶石混合浮选，然后进行分离。混合浮选时用油酸作捕收剂，水玻璃作抑制剂。混合精矿分离一般可采用以下方法：

1）用糊精或单宁同铁盐抑制重晶石，以油酸浮萤石。

2）用烃基硫酸酯浮选重晶石，浮选槽内留下的为萤石精矿。

C 萤石浮选实例

某单一萤石矿，含 CaF_2 约为 40%，SiO_2 54%，$CaCO_3$ 2%。采用一粗一扫丢尾，粗精矿再磨后精选六次，中矿循序返回的流程，以碳酸钠为调整剂，油酸为捕收剂，水玻璃为抑制剂。精矿中 CaF_2 含量大于 98%，回收率大于 75%。

5.2.6.2 磷矿的浮选

磷矿是生产化肥的主要原料，磷矿的生产对发展我国的农业生产具有现实意义。

A 磷矿石的分类

按其成因不同，磷石可分为两类：磷灰（石）岩和磷块岩。

磷灰石的主要化学成分是磷酸钙，其中还含有氟（F）、氯（Cl）等元素。至于铁、铝、锰、镁的磷酸盐矿物仅占磷矿物的 5%。

磷灰（石）岩是指磷以晶质磷灰石形式出现在岩浆岩和变质岩中的磷灰石。磷灰石晶体多种多样，可从巨大晶体到普通显微镜也观察不到的微晶。这类矿石一般品位较低，但可选性较好。

磷块岩是指以含胶磷矿为主的磷矿石，主要是沉积成因或风化淋滤成因的磷灰石。

胶磷矿是指在高倍显微镜下也分辨不出晶体的那些磷酸盐矿物的统称。以前人们在显微镜下观察具有的许多胶体结构，认为它是非晶质物质，但实践证明它是结晶质的，只是结晶体非常细小，一般不易观察，其可选性次于磷灰（石）岩。

B 磷矿石的浮选方法

磷矿石浮选的主要问题是含磷矿物与含钙的碳酸盐（如方解石、白云石等）的分离。用一些常用脂肪酸类捕收剂浮选时，它们的可浮性都相近似，其分离的方法有以下几种：

（1）使用水玻璃和淀粉等抑制剂，对碳酸盐等脉石矿物进行抑制，再用脂肪酸作捕收剂浮出磷矿物。

（2）首先加入偏磷酸钠抑制磷矿物，然后用脂肪酸先浮出碳酸盐等脉石矿物，再浮磷矿物。

（3）用选择性的烃基硫酸酯作捕收剂，先浮出碳酸盐的矿物，而后再用油酸浮选磷矿物。

C 磷矿石浮选实例

某矿原矿物质组成如下：主要矿物为胶磷矿、次要矿物为结晶磷灰石和纤维状胶磷矿。而主要脉石矿物为碳酸盐、石英、玉髓，其次是长石、白云母、绢云母、黄铁矿及氧化铁等物质。矿石结构为鲕状、假鲕粒状、胶状、网络状及砂状等。矿石构造为块状、条带状、扁豆状等。处理流程如图 5-27 所示。

以擦洗分级脱泥—浮选联合流程处理该矿，所获技术经济指标为：精矿含 P_2O_5 32.4%；回收率为 86.70%。

某磷矿处理的钙质沉积磷块岩矿石，属含碘微碳氟磷灰石，矿石中磷矿物含磷约占 70%，呈非晶质和隐晶质产出，脉石矿物以白云石为主，约占 21%，硅质脉石小于 5%。

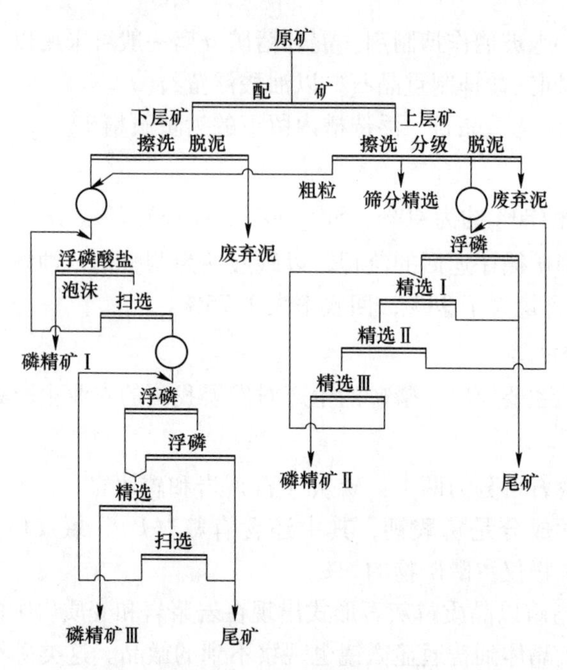

图 5-27　某磷矿擦洗分级脱泥—浮选流程

矿石中碳酸盐矿物与磷矿物胶结。由于碳酸盐脉石的嵌布粒度较磷矿物粗，易于粉碎，且原矿含 P_2O_5 比较高，故在较粗磨的条件下，用反浮选使白云石成为泡沫产品除去。

在反浮选过程中，用硫酸作磷矿物的抑制剂，脂肪酸作捕收剂，在常温条件下进行白云石浮选。

经过日处理 1.5t 的连续扩大试验获得的浮选产品指标为：精矿中含 P_2O_5 为 35.3%；回收率为 94.18%。

在用反浮选的同时，对该矿进行了焙烧—消化流程（见图 5-28）的试验研究，所得精矿质量较好，同时也考虑到碘的综合回收。条件是将粒度为 0~12mm 的原矿在 1000℃ 的温度下焙烧半小时，然后加水消化，分级。大于 0.074mm 粒级的为磷精矿，碘在焙烧炉气中回收，利用 CO_2 对小于 0.074mm 粒级的石灰乳进行碳酸化，过滤得到碳酸盐尾矿，滤液返回消化作业使用。

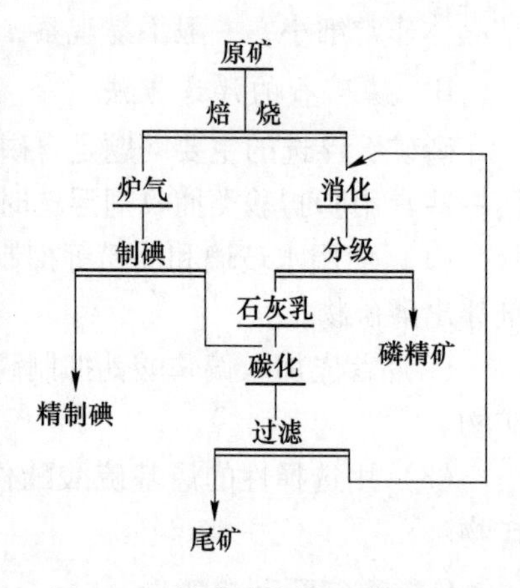

图 5-28　某磷矿焙烧—消化流程

经过焙烧—消化流程可得到精矿含 P_2O_5 37.54%；磷回收率 96.89%。碘的回收率可达 65%左右。

本章小结

本章以硫化矿和氧化矿两大类矿石的浮选为主，全面介绍了两大类矿石中主要矿物的可浮性特点，可采用的选别流程种类、条件。并针对硫化矿和氧化矿中不同矿物，选取国内外的典型实例，力求反映新技术、新工艺、新药剂在其中的使用及进展。要求对一些常见或典型矿石的浮选方法熟悉、掌握。

复习思考题

5-1 常见的硫化铜矿物有哪几种？它们的可浮性有什么特点？

5-2 铜硫矿浮选有哪几种典型流程和典型的药剂制度？

5-3 试讨论铜硫铁矿可用的原则流程及其优缺点。

5-4 铅锌矿物分离有哪些方法？

5-5 铜锌硫化矿有哪些分离方法？

5-6 铜铅分离有哪些方法？

5-7 选择多金属硫化矿的分离方法时应考虑哪些问题？

5-8 自然金的可浮性与黄铜矿和方铅矿有何异同，金矿选矿中常用哪些联合流程？

5-9 氧化铜矿物主要有哪几种，它们的可浮性如何？

5-10 氧化铜矿石的处理方法有哪些，都有什么特点？

5-11 说明氧化铅、锌矿的处理方法，主要氧化铅、锌矿的种类有哪些？它们的可浮性如何？

5-12 白钨矿、黑钨矿、锡石等矿物的可浮性及处理的方法如何，它们在浮选时常用什么药剂？又各有什么特点？

5-13 铜或铅—锌的混合矿如何处理？

5-14 某钨（含白钨矿和黑钨矿）、钼（含辉钼矿）、铋（含辉铋矿）矿作试验，可以考虑用哪些原则流程（讨论题）？

6 浮选试验操作技术

6.1 概　　述

6.1.1 选矿试验的目的和任务

选矿试验按目的可分为以下三种：

（1）具体矿产的选矿工艺试验，统称之为“矿石可选性试验”。

（2）选矿新工艺、新设备和新药剂的研究。

（3）选矿基础理论的研究。

在实际工作中，这三方面的工作往往是互相联系的。有关新工艺、新设备和新药剂，以及基础理论的研究工作，常常是根据某类矿产选矿工艺试验和生产发展的需要提出的，而在这些方面的每项较大突破都可能促使某类矿产的选矿工艺发生较大的变革。例如，各种选冶联合流程的应用，有可能解决许多有色金属氧化矿和复合难选矿石的加工问题；强磁选机的研制成功，则为红铁矿的选矿生产开辟了新的途径；现代浮选理论的发展，则有助于我们去探寻新的浮选工艺和药剂。因而在具体矿产的可选性研究工作中，也必须经常注意去研究和采用新的工艺、设备、药剂，只有这样，才能使我国的选矿科学技术逐步赶上世界先进水平，适应国民经济稳定、协调发展的需要。

矿石的可选性，是指在现阶段选矿技术水平的前提下，矿石中各种可能利用的矿物依靠其物理、化学性质的差别（密度、粒度、形状、磁导率、电导率、表面物理化学性质等），相互分选及与脉石分选的难易程度。

矿石可选性试验是对矿石进行系统的选矿试验工作，根据试验的结果，判断矿石可选的难易程度，并确定应用的选矿方法、选别流程、选别条件及可能达到的选别指标。

矿石可选性研究的基本任务，在于合理地解决矿产的工业利用问题。任何一个矿产的工业利用，都要经过从找矿勘探、设计建设到生产3个阶段，每个阶段都可能需要做选矿试验，其深度和广度则各不相同。下面将分别说明不同阶段对选矿试验的不同要求。

6.1.1.1 找矿勘探工作中的选矿试验

普查找矿阶段，矿产的可选性评价，主要是根据矿石物质组成的研究以及与已开发的同类矿产对比，一般没有必要进行专门的矿石可选性试验。

初步勘探阶段，矿床的可选性评价必须通过试验，称为“初步可选性试验”，试验规模一般仅限于实验室研究。其要求是：能初步确定主要成分的选矿方法和可能达到的指标，以便据此评价该矿床矿石的选矿在技术上是否可能和经济上是否合理，并要求指出各个不同类型和品级的矿石的可选性差别，作为地质勘探工作者划分矿石类型和确定工业指标的依据。

详细勘探阶段的任务，是对矿床作出确切的工业评价，并据此编写最终储量报告，此阶段的可选性试验可称作“详细可选性试验”。其要求是：在初步可选性试验的基础上进一步确定矿石的加工工艺、合理流程和技术经济指标；除了要对不同类型和品级的矿石分别进行试验以外，通常还须对组合试样进行研究，以便确定各类矿石采用统一原则流程的可能性，并据此确定矿山的产品方案。

6.1.1.2　选矿厂设计前的选矿试验

设计前的选矿试验，是选矿厂建设的主要技术依据，在深度、广度和精度上都应能满足设计的需要。应在详细的方案对比基础上，提出最终推荐的选矿方法和工艺流程，确切地提出各个试验阶段所能提出的各项技术经济指标，包括计算流程、明确设备和各项消耗定额所必需的许多原始指标或数据。对于大型、复杂、难选的矿床，或实践经验不足的新工艺、新设备和新药剂，在实验室研究的基础上，一般都还要求进一步做中间规模或工业规模的试验。

6.1.1.3　生产现场的选矿试验

选矿厂建成投产之后，在生产过程中又会出现许多新的矛盾，提出许多新的问题，要求进行新的试验研究工作，将生产水平推向新的高度。它包括：

（1）研究或引用新的工艺、流程、设备或药剂，以便提高现场生产指标。

（2）开展资源综合利用的研究。

（3）确定该矿床中新矿体矿石的选矿工艺。

6.1.2　选矿试验的程序和试验计划的拟订

6.1.2.1　选矿试验的程序

选矿试验研究的程序一般如下：

（1）由委托单位提出任务，说明要求，有时需编制专门的试验任务书。

（2）在收集文献资料和调查研究的基础上，初步拟订试验工作计划，进行试验筹备工作。包括人员的组织和物质条件的准备，并配合地质部门和委托单位确定采样方案。

（3）采取和制备试样。

（4）进行矿石物质组成和物理化学性质的研究，并据此拟订试验方案和计划。

（5）按照试验要求进行选矿试验。

（6）整理试验结果，编写试验报告。

有关的试验任务书、合同和试验计划等通常都必须经过一定的组织程序审查批准；最终试验报告亦必须逐级审核签字，有时还需组织专家评议和鉴定，然后才能作为开展下一步研究工作或建设的依据。

选矿试验研究的阶段，按规模可分为：

（1）实验室试验。试验在实验室范围内进行，所需的试样量较小，主要设备的尺寸均比工业设备小，一般是实验室型，有时是半工业型，试验操作基本上是分批的，或者说是不连续的。

（2）中间试验。包括实验室试验与工业试验间不同中间规模的试验。同实验室试验相比，其特点是设备尺寸较大，能比较正确地模拟工业设备，试验操作基本上是连续的（全流程连续或局部连续），试验过程能在已达到稳定的状态下延续一段时间，因而试验条件和结果均比较接近工业生产，并能查明和确定在实验室条件下无法查明和确定的一些因素和参数，如设备型号和操作参数，以及消耗定额等。为了进行中间试验，除了可利用实验室或试验车间中的连续性试验装置或半工业设备外，有时可能需要建立专门的试验厂——纯供试验用的试验厂或生产性的试验厂。

（3）工业试验。指在工业生产规模和条件下进行的试验。若试验的主要任务是考查设备，则试验设备的尺寸一般应与生产原型相同，即比例尺为1∶1。若试验任务主要是考查流程方案或药剂等工艺因素，而且已有足够的实践经验证明设备尺寸对工艺指标影响很小，则为了节省试验工作量，也可用较小号的工业型设备代替生产原型。若待建选矿厂包括多个平行系列，试验只需在一个系列中进行。

6.1.2.2　试验计划的拟订

试验研究计划的目的是使整个试验工作有一个正确的指导思想、明确的研究方向、恰当的研究方法、合理的组织安排和试验进度，以便能用较少的人力和物力，得出较好的结果。计划应有灵活性，试验中常会出现难以预料的情况，下一步工作往往取决于上一步试验结果，计划必须考虑各种可能性，以便在试验过程中容易修改或补充。试验计划一般包括下列内容：

（1）试验的题目、任务和要求。

（2）试验方案的选择、技术关键、可能遇到的问题和预期结果。

（3）试验内容、步骤和方法，工作量和进程表。

（4）试验人员组织和所需的物质条件，包括仪器设备、材料和经费等。

（5）需要其他专业人员配合进行的项目、工作量和进程表，如岩矿鉴定计划和化学分析计划等。

试验计划的核心是试验方案。试验方案确定以后，才能估计出试验工作量和所需的人力、物力。因此，对试验方案须作详细论证。

此外，还可以试验计划为基础，按试验进程分阶段编制试验作业计划，其内容更为具体，包括试验所用的设备、条件和分析项目等。

试验计划的制订，要在调查研究的基础上进行。调查研究的内容包括以下几个方面：

（1）了解委托方对试验的广度和深度的具体要求，明确试验任务。

（2）了解该矿床的地质特征和矿石性质，以及过去所做研究工作的情况。

（3）了解矿区的自然环境和经济情况，特别是水、电、燃料和药剂等的供应情况，以及对环境保护的具体要求。

（4）深入有关厂矿和科研设计单位，考查类似矿石的生产和科研现状。

（5）查阅文献资料，广泛地了解国内外有关科技动态，以便能在所研究的课题中，尽可能采用先进技术。

科学技术的迅速发展和文献情报资料数量的增多，使得即使是有经验的科技工作者也很难及时掌握甚至是属于本身工作领域内的科学技术发展的全部现状和动态。试验前的文献工作和实践调查将是整个研究工作中必不可少和非常重要的一环。文献检索可以利用各种检索工具，如各种索引和文摘。现代信息技术的飞速发展，为文献检索提供了更大的方便，通过电子文献、数据库、多媒体资源、Internet 等进行电子资源检索，将大大提高检索的效率。

6.2 根据矿石性质拟定选矿试验方案的原则及程序

6.2.1 矿石性质研究的内容和程序

选矿试验方案，是指选矿试验中准备采用的选矿方法、选矿流程和选矿设备等。正确地拟订选矿试验方案，首先必须对矿石性质进行充分的了解，同时还必须综合考虑政治、经济、技术诸方面的因素。

矿石性质研究内容大多是由各种专业人员承担，并不要求选矿人员自己去做。因而，在这里只准备着重讨论三个问题：

（1）初步了解选矿试验研究所涉及的矿石性质研究的内容、方法和程序。

（2）如何根据试验的目的和任务提出对于矿石性质研究工作的要求。

（3）通过一些常见的矿产试验方案实例，说明如何分析矿石性质的研究结果，并据此选择选矿方案。

6.2.1.1 矿石性质研究的内容

矿石性质研究的内容取决于各具体矿石的性质和选矿研究工作的深度，一般包括以下几个方面：

（1）化学组成的研究，其内容是研究矿石中所含化学元素的种类、含量及相互结合情况。

（2）矿物组成的研究，是研究矿石中所含的各种矿物的种类和含量，有用元素和有害元素的赋存形态。

（3）矿石结构构造，有用矿物的嵌布粒度及其共生关系的研究。

（4）选矿产物单体解离度及其连生体特性的研究。

（5）粒度组成和比表面的测定。

（6）矿石及其组成矿物的物理、化学、物理化学性质以及其他性质的研究。其内容主要有密度、磁性、电性、形状、颜色、光泽、发光性、放射性、硬度、脆性、湿度、氧化程度、吸附能力、溶解度、酸碱度、泥化程度、摩擦角、堆积角、可磨度、润湿性、晶体构造等。

矿石性质的研究不仅包括对原矿试样的性质进行研究，也包括对选矿产品的性质进行考察，只不过前者一般在试验研究工作开始前就要进行，而后者是在试验过程中根据需要逐步去做。二者的研究方法也大致相同，但原矿试样的研究内容要求比较全面、详尽，而选矿产品的考查通常仅根据需要选做某些项目。

6.2.1.2 矿石性质研究程序

矿石性质研究须按一定程序进行，一般可按图 6-1 进行。

但研究程序也不是一成不变的，如对于简单的矿石，根据已有的经验和一般的显微镜鉴定工作即可指导选矿试验。

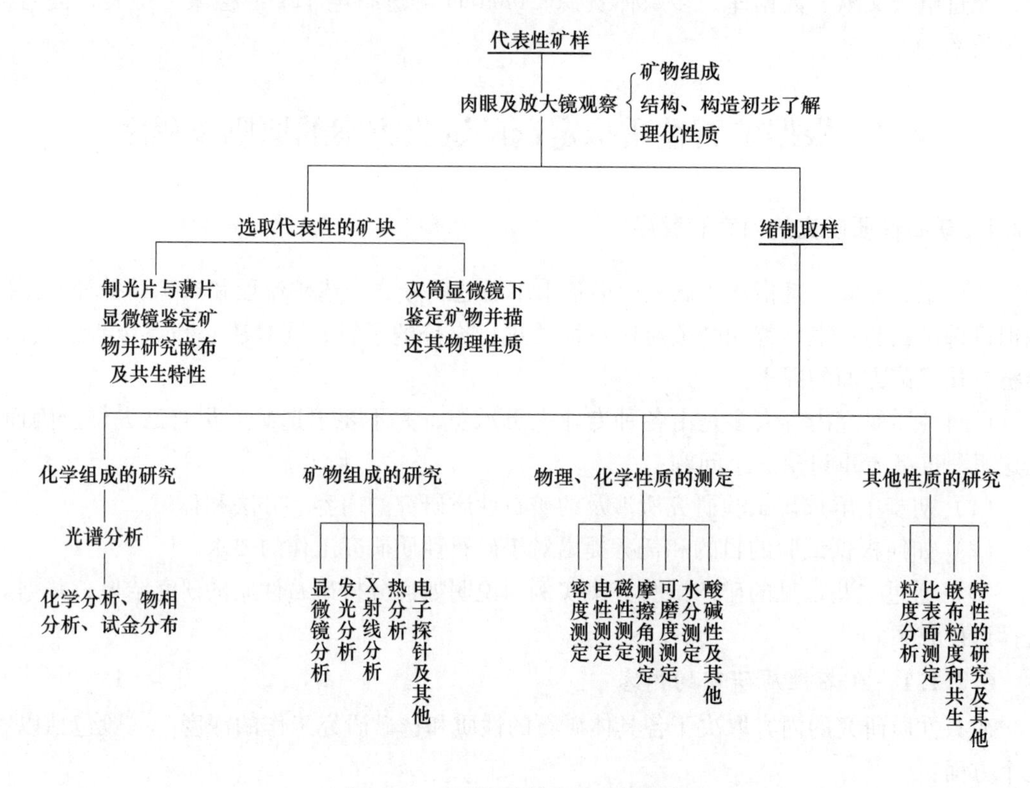

图 6-1 矿石性质研究的一般程序

6.2.2 矿石物质组成研究的方法

矿石的物质组成研究包括矿石的化学组成研究和矿物组成研究，其方法可分为元素分析和矿物分析两大类。在实际工作中经常借助于粒度分析（筛析、水析）、重选（摇床、溜槽、淘砂盘、重液分离、离心分离等）、浮选、电磁分离、静电分离、手选等方法预先将物料分类，然后进行分析研究。

近年来也用电磁重液法、超声波分离法等新的分离方法和设备，解决一些过去难以分离的矿物试样的分离问题。

6.2.2.1 元素分析

元素分析的目的是研究矿石的化学组成，查明矿石中所含元素的种类、含量，分清主要元素、次要元素和有益、有害元素。元素分析通常采用光谱分析、化学分析等方法。

A 光谱分析

光谱分析是根据矿石中的各种元素经过某种能源的作用发射不同波长的光谱线，通过摄谱仪记录，然后与已知含量的谱线比较而得知矿石中含有哪些元素的分析方法。

光谱分析能迅速而全面地查明矿石中所含元素的种类及其大致含量范围，不致遗漏某些稀有、稀散和微量元素。因而选矿试验常用此法对原矿或产品进行普查，查明了含有哪些元素之后，再去进行定量的化学分析。这对于选冶过程考虑综合回收及正确评价矿石质量是非常重要的。

光谱分析的特点是灵敏度高，测定迅速，所需用的试样量少（几毫克到几十毫克），但精确定量时操作比较复杂，一般只进行定性及半定量。

有些元素，如卤素和 S、Ra、Ac、Po 等，光谱法不能测定；还有一些元素，如 B、As、Hg、Sb、K、Na 等，光谱操作较特殊，有时也不做光谱分析，而直接用化学分析方法测定。

B 化学全分析和化学多元素分析

化学分析方法能准确地定量分析矿石中各种元素的含量，据此决定哪几种元素在选矿工艺中必须考虑回收，哪几种元素为有害杂质需将其分离。因此，化学分析是了解选别对象的一项很重要的工作。

化学全分析是为了了解矿石中所含全部物质成分的含量，凡经光谱分析查出的元素，除痕迹外，其他所有元素都作为化学全分析的项，分析之总和应接近 100%。

化学多元素分析是对矿石中所含多个重要和较重要的元素的定量化学分析，不仅包括有益和有害元素，还包括造渣元素。如单一铁矿石可分析全铁、可溶铁、氧化亚铁、S、P、Mn、SiO_2、Al_2O_3、CaO、MgO 等。

金、银等贵金属需要用类似火法冶金的方法进行分析，所以专门称之为试金分析，实际上也可看作化学分析的一个内容，其结果一般合并列入原矿的化学全分析或多元素分析表内。

化学全分析要花费大量的人力和物力，通常仅对性质不明的新矿床，才需要对原矿进行一次化学全分析。单元试验的产品，只对主要元素进行化学分析。试验最终产品（主要指精矿或需要进一步研究的中矿和尾矿），根据需要，一般要进行多元素分析。

下面以某铜矿为例，来说明如何应用光谱分析和化学分析结果指导矿石可选性研究工作的问题。

该铜矿样光谱分析和化学多元素分析结果分别见表 6-1 和表 6-2。

表 6-1 某铜矿样光谱分析结果

元素	含量	元素	含量	元素	含量	元素	含量
铝	百分之几	钴	万分之几	锡	无	钙	千分之几
铍	无	硅	百分之几	银	有	锶	无
钒	无	镁	千分之几	铅	千分之几	钡	无
钨	无	锰	无	锑	无	钾	—
铷	无	铜	百分之几	钛	无	钠	千分之几
锗	无	钼	痕迹	铬	无	锂	无
铁	百分之几	砷	无	锌	百分之几	铋	—
镉	无	镍	无	锆	无		

表 6-2　某铜矿样化学元素分析结果

分析项目	w(Cu)	w(Pb)	w(Zn)	w(Fe)	w(Co)	w(Bi)	w(S)	w(P)	w(SiO_2)	w(Al_2O_3)	w(CaO)	w(MgO)	w(Au)	w(Ag)
含量（质量分数）/%	1.52	0.055	0.68	13.50	0.01	0.007	9.50	0.02	60.66	7.28	0.60	2.38	0.5①	24.5①

① 金和银的含量单位为 g/t。

由表 6-1 所列光谱分析结果看出，矿石中主要有用成分为铜和锌，有可能综合利用的为铅和银，钴需要进一步用化学分析检查，铁要在了解它的存在形态之后才能知道是否可以利用。此外，还可以看出，矿石中的主要脉石成分为硅铝酸盐，碱性的钙镁化合物不多，由此确定下一步化学分析的对象为：（1）有可能利用的金属 Cu、Zn、Pb、Ag、Fe、Co。（2）主要脉石成分 SiO_2、Al_2O_3、CaO、MgO。（3）光谱分析中未测定的重要元素有 S、P、Bi、Au 等。表 6-2 所列即该矿样的化学多元素分析结果，据此可以进一步确定：（1）主要有用成分为铜。（2）选矿过程中可以综合回收的为黄铁矿。（3）金、银和钴含量较低，在选矿过程中不易单独回收，但有可能富集到选矿产品里，在冶炼过程中回收。（4）铅含量很低，可不考虑；锌虽然含量也较低，但由于可能进入铜精矿中成为有害于冶炼的杂质，因而在选矿过程中仍需注意。（5）脉石以石英为主。

6.2.2.2　*矿物分析*

光谱分析和化学分析只能查明矿石中所含元素的种类和含量，矿物分析则可进一步查明矿石中各种元素呈何种矿物存在，以及各种矿物的含量、嵌布粒度特性和相互间的共生关系。其研究方法通常为物相分析和岩矿鉴定。

A　物相分析

物相分析是利用矿石中的各种矿物在各种溶剂中的溶解度和溶解速度不同，使矿石中各种矿物分离，从而测出试样中某种元素呈何种矿物存在和含量多少的分析方法。一般可对如下元素进行物相分析：

铜、铅、锌、锰、铁、钨、锡、锑、钴、镍、钛、铝、砷、汞、硅、硫、磷、钼、锗、铟、铍、铀、镉等。

选矿人员一般不需掌握物相分析的具体方法，但必须了解哪些元素可以做物相分析，每种元素需要分析哪几个相，各种矿物的可选性怎样。

与岩矿鉴定相比较，物相分析操作较快，定量准确，但不能将所有矿物一一区分，更重要的是无法测定这些矿物在矿石中的空间分布以及嵌布、嵌镶关系，因而在矿石物质组成研究工作中只是一个辅助的方法，不可能代替岩矿鉴定。

由于矿石性质复杂，有的元素物相分析方法还不够成熟或处在继续研究和发展中。因此，必须综合分析物相分析、岩矿鉴定或其他分析方法所得资料，才能得出正确的结论。例如，某铁矿石中矿物组成比较复杂，除含有磁铁矿、赤铁矿外，还含有菱铁矿、褐铁矿、硅酸铁或硫化铁，由于各种铁矿物对各种溶剂的溶解度相近，分离很不理想，结果有时偏低或偏高（如菱铁矿往往偏高，硅酸铁有时偏低）。在这种情况下，就必须综合分析元素分析、物相分析、岩矿鉴定、磁性分析等资料，才能最终判定铁矿物的存在形态，并据此拟定正确合理的试验方案。

B　岩矿鉴定

通过岩矿鉴定可以确切地知道有益和有害元素存在于什么矿物之中；查清矿石中矿物的种类、含量、嵌布粒度特性和嵌镶关系；测定选矿产品中有用矿物单体解离度。

测定的常用方法包括肉眼和显微镜鉴定等。常用的显微镜有实体显微镜（双目显微镜）、偏光显微镜和反光显微镜等。

实体显微镜只有放大作用，是肉眼观察的简单延续，用于放大物体形象，观察物体的表面特征。观察时，先把矿石碎屑在玻璃板上摊为一个薄层，然后直接进行观察，并根据矿物的形态、颜色、光泽和解理等特征来鉴别矿物。这种显微镜的分辨能力较低，但观察范围大，能看到矿物的立体形象，可初步观察矿物的种类、粒度和矿物颗粒间的相互关系，估定矿物的含量。

偏光显微镜只能用来观察透明矿物。

反光显微镜在显微镜筒上装有垂直照明器，适用于观察不透明矿物，要求把矿石的观察表面磨制成光洁的平面，即把矿石制成适用于显微镜观察的光片。大部分有用矿物属于不透明矿物，主要运用这种显微镜进行鉴定。

在显微镜下测定矿石中矿物含量的方法主要有面积法、直线法和计点法三种，即具体测定统计待测矿物所占面积（格子）、线长、点子数的百分率，工作量都比较大。选矿试验中若对精确度要求不高，也可采用估计法，即直接估计每个视野中各矿物的相对含量百分比，此时最好采用十字丝或网格目镜，以便易于按格估计。经过多次对比观察积累经验后，估计法亦可得到相当准确的结果。应用上述各种方法都是首先得出待测矿物的体积分数，乘以各矿物的密度即可算出该样品的矿物质量分数。

有关显微镜的构造和使用、薄片和磨光片的制备，以及具体的测试技术等，可参考有关地质和矿石学方面的书籍。

6.2.2.3　矿石物质组成研究中的某些特殊方法的应用

对于矿石中元素赋存状态比较简单的情况，一般采用光谱分析、化学分析、物相分析，偏光显微镜、反光显微镜鉴定等常用方法即可。对于矿石中元素赋存状态比较复杂的情况，需进行深入的查定工作，采用某些特殊的或新的方法，如热分析、X射线衍射分析、电子显微镜、极谱、电渗析、激光显微光谱、离子探针、电子探针、红外光谱、拉曼光谱、电子顺磁共振谱、核磁共振波谱、穆斯鲍尔谱等。

6.2.3　矿石其他性质与可选性的关系

6.2.3.1　有用和有害元素赋存状态与可选性的关系

有用和有害元素在矿石中的赋存状态可分为如下三种主要形式：(1) 独立矿物。(2) 类质同象。(3) 吸附形式。他们的赋存状态是拟订选矿试验方案的重要依据，因此，研究他们的赋存状态是矿石性质研究中必不可少的一个组成部分。

元素的赋存状态不同，处理方法及其难易程度都不一样。矿石中的元素呈独立矿物存在时，一般用机械选矿方法回收。除此之外，按目前选矿技术水平都存在不同程度的困难。如铁元素呈磁铁矿独立矿物存在，采用磁选法易于回收；然而呈类质同象存在于硅酸铁中的铁，通常机械选矿方法是无法回收的，只能用直接还原等冶金方法回收。

6.2.3.2 矿石的结构、构造与可选性的关系

矿石的结构、构造，是说明矿物在矿石中的几何形态和结合关系。结构是指某矿物在矿石中的结晶程度、矿物颗粒的形状、大小和相互结合关系；而构造是指矿物集合体的形状、大小和相互结合关系。在一般的地质报告中都会对矿石的结构、构造特点给以详细的描述。

矿石的结构、构造特点，对于矿石的可选性同样具有重要意义，而其中最重要的则是有用矿物的颗粒形状、大小和相互结合的关系，因为它们直接决定着破碎、磨碎时有用矿物单体解离的难易程度以及连生体的特性。

嵌布粒度是指矿石中有用矿物和脉石矿物相互嵌镶的粒度关系，嵌布粒度特性是指矿石中矿物颗粒的粒度分布特性。

根据矿石中矿物颗粒的浸染粒度，矿石可大致划分为以下几个类型：

（1）粗粒嵌布。矿物颗粒的尺寸为20~2mm，可用肉眼看出或测定。这类矿石可用重介质选矿、跳汰或干式磁选法来选别。

（2）中粒嵌布。矿物颗粒的尺寸为2~0.2mm，可在放大镜的帮助下用肉眼观察或测量。这类矿石可用摇床、磁选、电选、重介质选矿、表层浮选等方法选别。

（3）细粒嵌布。矿物颗粒尺寸为0.2~0.02mm，需要在放大镜或显微镜下才能辨认，只有在显微镜下才能测定其尺寸。这类矿石可用摇床、溜槽、浮选、湿式磁选、电选等方法选别。矿石性质复杂时，需借助化学的方法处理。

（4）微粒嵌布。矿物颗粒尺寸为20~2μm，只能在显微镜下观测。这类矿石可用浮选、水冶等方法处理。

（5）次显微嵌布。矿物颗粒尺寸为2~0.2μm，需采用特殊方法（如电子显微镜）观测。这类矿石可用水冶方法处理。

（6）胶体分散。矿物颗粒尺寸在0.2μm以下，需采用特殊方法（如电子显微镜）观测。这类矿石一般可用水冶或火法冶金处理。

实践中可能遇到的矿石嵌布粒度特性大致可分为以下四种类型：

（1）有用矿物颗粒具有大致相近的粒度（如图6-2中曲线1所示），可称为等粒嵌布矿石，这类矿石可将矿石一直磨细到有用矿物颗粒基本完全解离为止，然后进行选别，其选别方法和难易程度则主要取决于矿物颗粒粒度的大小。

（2）粗粒占优势的矿石，即以粗粒为主的不等粒嵌布矿石（如图6-2中曲线2所示），一般应采用阶段碎磨、阶段选别流程。

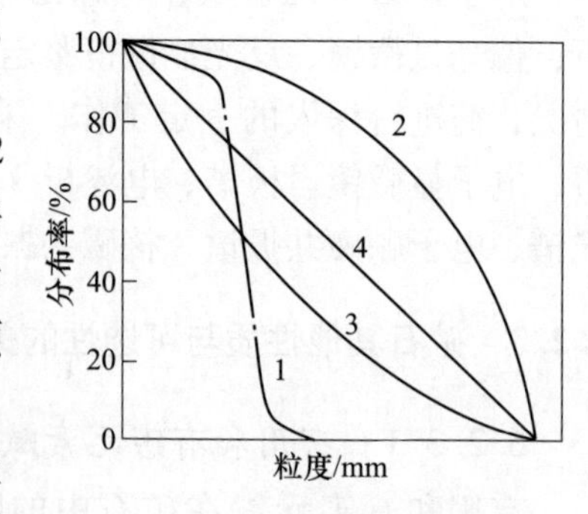

图6-2 矿物嵌布粒度特性曲线

（3）细粒占优势的矿石，即以细粒为主的不等粒嵌布矿石（如图6-2中曲线3所示），一般须通过技术经济比较之后，才能决定是否需要采用阶段破碎磨碎、阶段选别流程。

（4）矿物颗粒平均分布在各个粒级中（如图6-2中曲线4所示），即所谓极不等粒嵌

布矿石，这种矿石最难选，常需采用多段破碎磨碎、多段选别的流程。

由上可见，矿石中有用矿物颗粒的粒度和粒度分布特性，决定着选矿方法和选矿流程的选择，以及可能达到的选别指标，因而在选矿试验研究工作中，矿石嵌布特性的研究通常具有极重要的意义。

6.2.4 有色金属硫化矿选矿试验方案示例

某铅锌萤石矿选矿试验方案拟定实例。

6.2.4.1 矿石性质研究资料分析

根据表6-3化学多元素分析和表6-4物相分析结果可知，主要回收对象为铅、锌、萤石，其他元素无工业价值。铅、锌主要以方铅矿和闪锌矿形式存在，铅锌氧化率均在10%以下。金属矿物呈粗粒不等粒嵌布，只有少量铅锌呈星点状嵌布于千枚岩中。大多数呈不规则粒状，其次呈自形和半自形立方体，并且大多是单独出现，在石英中呈粗粒或细粒嵌布。矿石以块状构造为主。因此，该矿石的嵌布特性和嵌镶关系、结构、构造等均有利于破碎、磨矿和选别，属于粗粒不等粒嵌布的简单易选硫化铅锌萤石矿。

表6-3 某铅锌萤石矿化学元素分析结果

名称	$w(Pb)$	$w(Zn)$	$w(PbO)$	$w(ZnO)$	$w(Cu)$	$w(Fe)$	$w(CaF_2)$	$w(CaCO_3)$	$w(BaSO_4)$	$w(SiO_2)$	$w(R_2O_3)$
含量（质量分数）/%	1.18	1.57	0.22	0.26	0.09	2.14	10.73	0.95	0.33	67.84	9.92

注：R代表稀土元素。

表6-4 某铅锌萤石矿物相分析结果

名　称	铅含量/%	名　称	锌含量/%
铅矾（$PbSO_4$）	0.0032	闪锌矿（ZnS）	1.530
白铅矿［$PbCO_3(PbO)$］	0.0420	铁闪锌矿（ZnFeS）	0.000
方铅矿（PbS）	1.0700	水溶性硫酸锌（$ZnSO_4$）	0.000
铅铁矾及其他［$PbO_4Fe_2(SO_4)_3 \cdot 4Fe(OH)_3$］	0.0170	红锌矿（ZnO）	0.000
铬酸铅（$PbCrO_4$）	痕迹（0.00085）	菱锌矿（$ZnCO_3$）	0.000
		异极矿（$H_2Zn_2SiO_5$）	0.000

6.2.4.2 同类矿石的生产实践

国内选别铅锌矿以浮选法为主，方案有下列几种：混合浮选、优先浮选和少数选厂采用的等可浮流程，个别选厂还采用浮选—重选联合流程。

在国外仍以浮选为主，也有采用浮选—重选联合流程的，如用重介质预选铅、锌及铜矿，然后浮选。在选别流程上也以混合浮选、优先浮选为主。

混合浮选主要优点是能大大节省设备、动力和药剂消耗，但要选择适宜的分离方法，技术操作要求较严。

6.2.4.3　试验方案的选择

根据矿石性质，结合国内外选矿实践，处理该矿石可采用三个方案：

（1）优先浮选流程。根据矿石性质研究结果可知，该矿石属于粗粒不等粒嵌布的简单易选硫化铅锌萤石矿。方铅矿和闪锌矿的结构构造、嵌布特性和嵌镶关系都有利于选别，磨矿时易于单体分离，不需要细磨，加之方铅矿的可浮性很好，天然的闪锌矿较易浮选，这些都是采用优先浮选的有利条件。萤石可以从硫化矿浮选尾矿中用浮选回收。

（2）铅锌混合浮选流程。铅锌混合浮选的主要矛盾是铅锌分离的问题，如果此问题未解决好，混合精矿分选时，铅锌的回收率就会降低；同时在混合精矿分选时，要除去过剩的药剂，处理过程比较繁杂。如果混合浮选和优先浮选的指标相近，则应该选择优先浮选方案。

（3）重介质跳汰—浮选流程。该矿石嵌布粒度粗，如方铅矿粒度一般为1~5mm，最大可达20mm；闪锌矿粒度一般为2~10mm，最大可达22mm，加之密度较大，故可考虑采用重选法。

先做密度组分分析。采用 HgI_2 和 KI 作为重液（比重为2.65），分选给矿粒度3~25mm的矿石，可以首先丢掉原矿中25%~32%废弃尾矿，废弃尾矿品位：Pb 0.01%~0.2%、Zn 0.17%~0.14%、CaF_2 1.1%~4.2%。上述情况表明本矿石可采用重介质选矿丢尾。通过显微镜观察、重力分析等均证明在较粗的粒度下也可得到合格精矿，故决定先按以下两个方案进行重选试验：

（1）将矿石中−25mm+3mm的级别进行重介质选矿，以丢弃部分废石。

（2）用跳汰分选出合格精矿，并除去一部分废弃尾矿。进行跳汰选矿试验时，可以将原矿直接跳汰，也可将原矿经重介质分选后所获得的重产物再进行跳汰。

跳汰结果表明，获得高品位铅精矿（78%）比较容易，而要获得高品位锌精矿很困难，获得合格的萤石精矿及有用金属含量低于0.2%的废弃尾矿则是不可能的，同时给矿粒度最大不能超过12mm。

矿物鉴定结果表明，不能获得高品位锌精矿的主要原因，是由于已解离的闪锌矿不能很好地与重晶石及萤石分开；不能获得废弃尾矿的原因，是尾矿中的脉石上含有扁状晶粒和星点状嵌布的方铅矿和闪锌矿，占10%~15%，并且绝大多数与石英连生，即使将它磨至0.5~1mm也不易解离，因此不可能采用跳汰法丢尾矿。

跳汰可产部分精矿，不能废弃的尾矿可进行浮选试验。合理的方案应该是经重介质（比重2.65）分选后的重产物用跳汰回收粗颗粒的铅和锌精矿，然后将重选尾矿和未进重选的细粒物料送浮选。

试验结果表明，重浮联合流程同单一浮选指标相近，但可在磨矿前丢去25%~30%的废弃尾矿，减少磨矿费用，降低生产成本。

优先浮选和混合浮选两个方案对比，二者指标相同，磨矿细度也相同。选厂技术管理水平较高时推荐混合浮选流程，一般情况推荐优先浮选流程。

原试验报告最终推荐两个方案供设计部门考虑，即：（1）重介质—跳汰—浮选联合流程。（2）单一浮选流程（优先浮选）。根据当时的实际情况，设计部门最后选用单一浮选流程。多年生产实践证明，该流程基本上是合理的。

6.2.5 有色金属氧化矿选矿试验方案

6.2.5.1 氧化铜矿选矿试验方案

氧化铜矿的选矿方案，目前国内已投产厂矿大多采用硫化钠预先硫化，然后用单一浮选法选别。而对于难选氧化铜矿石用单一浮选法难以回收，这部分资源的利用，总的趋势是采用选矿—冶金联合流程或冶金方法处理。

氧化铜矿选矿可供选择的主要方案有：(1) 浮选（包括优先浮选和混合浮选)。(2) 浸出—沉淀—浮选。(3) 浸出—浮选（浸渣浮选)。下面分别介绍：

(1) 单一浮选方案。根据国内外已有经验，一般简单氧化铜矿经硫化后有可能用黄药进行浮选。

(2) 浸出—沉淀—浮选。当矿石含泥量较高，氧化铜矿和硫化铜矿兼有的情况下，一般采用浸出—沉淀—浮选法。

(3) 浸出—浮选（浸渣浮选)。此方案包括酸浸—浮选和水浸—浮选，采用这一方案比较适合复杂难选矿石。浸出后渣、液分别处理，浸液中的铜可用一般方法提取，如加铁粉置换，硫化钠沉淀等方法，也可用萃取剂萃取，使其增浓净化，然后直接电解，生产电解铜。

近年来对难选氧化铜矿，还可采用浸出—置换—磁选法、离析浮选法、细菌浸出法等方案，或直接用水冶、火法冶金等方法处理。

6.2.5.2 氧化铅锌矿选矿试验方案

根据矿石的氧化程度，可将铅锌矿石分为三类：硫化铅锌矿石（氧化率小于10%)，氧化铅锌矿石（氧化率大于75%)，混合铅锌矿石（氧化率在10%~75%)。硫化铅锌矿石和混合铅锌矿石主要用浮选法选别，而氧化铅锌矿石由于氧化率高，含泥量多，较难选别，一般需采用选矿-冶金方法处理或单一冶金方法处理。

A 氧化铅矿石

对于易选氧化铅矿石，主要矿物为白铅矿（$PbCO_3$）和铅矾（$PbSO_4$），可单独采用浮选或重选与浮选的联合流程，浮选可采用硫化后黄药浮选法。

对于难选氧化铅矿石的研究，应该从机械选矿方法的试验出发逐步地转入冶金的方法。

B 氧化锌矿石

主要的氧化锌矿物为菱锌矿和异极矿，可采用的浮选方法有以下四种：

(1) 加温硫化法。主要适用于菱锌矿矿石。首先将矿浆加温到70℃左右，加硫化钠硫化，再加硫酸铜活化，用高级黄药作捕收剂进行浮选。

(2) 脂肪酸反浮选法。用氟化钠抑制菱锌矿，然后用油酸作捕收剂浮选脉石矿物。

(3) 脂肪酸正浮选法。用油酸浮选菱锌矿，用氢氧化钠、水玻璃、柠檬酸作抑制剂。

(4) 胺法。原矿经脱泥后，在常温下加硫化钠硫化，用8~18个碳的第一胺在碱性矿浆中浮选锌矿物。

上述四种浮选方法，主要采用的是第一、四两种。若浮选法无效时亦可采用烟化法。

C　铅锌混合矿石

铅锌混合矿石的浮选试验可参照硫化矿石和氧化矿石的试验方法进行，但试验中要确定适当的浮选顺序，常用的方案有：（1）硫化铅、氧化铅、硫化锌、氧化锌。（2）硫化铅、硫化锌、氧化铅、氧化锌。

6.2.6　铁矿石选矿试验方案示例

某地表赤铁矿试样选矿试验方案拟定实例。

6.2.6.1　*矿石性质研究资料分析*

A　*光谱分析和化学多元素分析*

该试样的光谱分析结果见表6-5，化学多元素分析结果见表6-6。

表6-5　某地表赤铁矿光谱分析结果

元素	w(Fe)	w(Al)	w(Si)	w(Ca)	w(Mg)	w(Ti)	w(Cu)	w(Cr)
大致含量（质量分数）/%	>1	>1	>1	>1	0.5	0.1	0.005	—
元素	w(Mn)	w(Zn)	w(Pb)	w(Co)	w(V)	w(Ag)	w(Ni)	w(Sn)
大致含量（质量分数）/%	0.02	<0.002	<0.001	<0.001	0.01~0.03	0.00005	0.005~0.001	—

表6-6　某地表赤铁矿化学多元素分析结果

项目	w(TFe)	w(SFe)	w(FeO)	$w(SiO_2)$	$w(Al_2O_3)$	w(CaO)	w(MgO)	w(S)	w(P)	w(As)	w(灼减)
含量（质量分数）/%	27.40	26.27	3.25	48.67	5.39	0.68	0.76	0.25	0.15	—	3.10

从表6-5中可以看出：矿石中主要回收元素是铁，伴生元素含量均未达到综合回收标准，主要有害杂质硫、磷含量都不高，仅二氧化硅含量很高，故只需考虑除去有害杂质硅。

化学多元素分析表中TFe、SFe、FeO、SiO_2、Al_2O_3、CaO、MgO等项是铁矿石必须分析的重要项目。该矿全铁（TFe）含量仅27.40%，属贫铁矿石。SiO_2含量很高，为酸性矿石，冶炼时需配大量的碱性熔剂。因此选矿时要尽可能地降低硅的含量，减少熔剂的消耗。

综合上述分析资料可知，本试样属于硅高而硫、磷等有害杂质含量较低的贫铁矿石，其亚铁比为8.43，属氧化矿类型。由于SiO_2含量高，为酸性矿石，冶炼时需配大量的熔剂。

B　*岩矿鉴定*

a　矿物组成

该试样所含铁矿物的相对含量列于表6-7中。

表6-7　各种铁矿物的相对含量

铁矿物	赤铁矿	磁铁矿	褐铁矿
含量（质量分数）/%	69	14	17

从表6-7中可知，铁矿物主要是赤铁矿，其次是磁铁矿和褐铁矿。磁铁矿采用弱磁选易选别，主要是解决赤铁矿和褐铁矿的选矿问题。

脉石矿物以石英为主，绢云母、绿泥石、黑云母、白云母、黄铁矿等次之。由于含有一定数量的含铁矿细泥和含铁脉石矿物，会使选矿过程中尾矿品位偏高。

b 铁矿物的嵌布粒度特性

在显微镜下用直线法测定结果见表6-8。

表6-8 铁矿物的嵌布粒度特性

粒 级	-2mm+0.2mm	-200μm+20μm	-20μm+2μm	按12μm计	
				+12μm	-12μm
含量（质量分数）/%	4	69	27	80	20

从表6-8中可以看出，该矿石属于细粒、微粒嵌布，故在选别前需细磨。但是，磁铁矿、赤铁矿、褐铁矿的嵌布粒度并不完全一样，其中磁铁矿较粗而均匀，大部分粒度在-200μm+20μm范围内；赤铁矿最细，多数为-20μm+2μm，大部分不超过50μm，极少数达100μm；褐铁矿介于二者之间。由于主要选别对象是赤铁矿，嵌布细，故较难选。

该矿石大部分呈磁铁矿-赤铁矿连生，连生体约占铁矿物总量的50%左右。又因地表风化作用使部分磁铁矿氧化成为褐铁矿，并部分呈磁铁矿-褐铁矿连生体产出。磁-赤和磁-褐连生体具有较强的磁性。铁矿物的这种嵌镶关系对弱磁选是一个非常有利的因素，但必须注意控制磨矿细度，防止磁-赤和赤-褐连生体破坏。

岩矿鉴定结果表明：根据试样中磁铁矿含量为14%和磁铁矿-赤铁矿连生体约占铁矿物总量50%左右的特点，选矿流程中应该采用弱磁选作业。由于主要含铁矿物为赤铁矿，故不能采用单一弱磁选流程，必须与其他方法联合。

此外，由于地表风化作用严重，必须增加脱泥作业。

6.2.6.2 试验方案的选择

综合上述分析，本试样属高硅、低硫低磷的细微粒嵌布贫赤铁矿类型的单一铁矿石。可供选择的选别方案主要有：

（1）浮选法。（2）焙烧磁选法。（3）浮选-磁选法。（4）弱磁-重选法。（5）弱磁-强磁法。（6）弱磁-强磁-浮选法等。

在选择时要综合考虑矿区资源特点、矿石性质和经济条件，选择几个进行试验。在本例中，经过方案比较，最后综合成弱磁-强磁-离心机，加上选择性絮凝脱泥的方案，获得了较好的指标。

6.3 试验设计在选矿试验中的应用

选矿试验中一般有两类情况。一类是试验本身花费的时间不长，而为检验产物获得试验结果所需等待的时间却较长。例如，一批试验可以在一个工作日内完成，但第二批试验却必须等到第一批试验的结果出来后才能进行。这时决定试验进度的是试验的批（次），而不是试验的个数。实验室浮选试验就属于这一类。第二类情况是每个试验所要花费的时间较长，而为检验产物获得试验结果所需等待的时间相对较短。这时决定试验进度的就是试验个数，而不是试验批次。此外，如果为完成每个试验所花费的代价很大，如工业性选矿试验，则节约试验个数也将是主要矛盾。

为了提高工作效率，以较少的试验次数、较短的时间和较低的费用，获得较精确的信息，更好地完成试验任务，事先必须对要做的试验进行科学合理的计划和安排，这就是试验设计（或称试验方法）的问题。

常用的试验方法有许多种。从如何处理多因素的问题出发，可将试验方法分为单因素法和多因素组合试验法。

所谓单因素试验法，就是将其他因素暂时固定在某一适当的水平上，而每次只变动一个因素，待找到这个因素的最优水平后，便固定下来，再依次考查其他因素。该法试验安排简单容易，一般用于生产现厂中较为简单的选矿试验安排。其主要缺点是：当因素间存在交互作用时，难于可靠地找到最优条件，且试验工作量较大。

多因素组合试验法则是将多个需要考查的因素组合在一起同时试验，而不是一次只变动一个因素，因而有利于揭露各因素间的交互作用，可以较迅速地找到最优条件。

从如何处理多水平问题的角度出发，可将试验方法分为同时试验法和序贯试验法。

同时试验法是将试验点（试验条件）在试验前一次安排好，根据试验结果，找出最佳点，如穷举法就属于同时试验法。

序贯试验法是先选做少数几个水平，找出目标函数（选别指标）的变化趋势后，再安排下一批试点，这样就可省去一些无希望的试点，从而减少整个试验工作量，但试验批次却会相应地增加。消去法和登山法就属于序贯试验法。消去法要求预先确定试验范围，然后通过试验逐步缩小搜寻范围，直至达到所要求的试验精度为止。单因素优选法中的平分法、分批试验法、0.618 法（黄金分割法）、分数法等都属于消去法。登山法则好像瞎子爬山，是从小范围探索开始，然后根据所获得的信息逐步向指标更优的方向移动，直至不能再改进为止。最陡坡法、调优运算和单纯形调优法等属于登山法。

为了由易到难，由浅入深地学习，先讨论单因素试验方法，再讨论多因素试验方法，最后讲述正交法的应用。

6.3.1　单因素试验方法

6.3.1.1　穷举法

穷举法属于同时试验法的一种。在进行浮选条件试验时，许多因素的水平往往可以根据生产实践经验、理论知识及预先试验的结果，确定在较小的试验范围内。所需要比较的试点不多，多半可以在一个工作日内一批做完，这时可采用穷举法进行试验安排。

例如：根据实践经验，硫化铅的浮选 pH 值以 8~10 为宜。选矿试验时，就只需做 pH 值为 7、8、9、10、11 或再加上 12 这几个试点。在一个工作日内就完全可以把这一批试验全部做完，而不必采用先做几个试点，等检验结果出来后又补做一两个试点的办法。因为分批次以后，试验个数虽然可能节省 1~2 个，试验进度反而会拖慢。

穷举法试验设计主要考虑以下 3 个问题：

（1）试验范围。一般可根据生产实践经验和理论知识，估计最优点所在范围，然后适当向外延伸。如磨矿细度试验，就可以根据矿石的嵌布粒度，估计大致的磨矿细度，然后以此为中点，在此附近布点。

如果根据已有的经验和知识，无法估计最优点所在范围，就应改用其他方法进行预先试验探索范围。

（2）试验间隔。试验间隔太小，则试点增多；间隔太大，又可能落掉最优点或至少不能确切地找到最优点的位置。因此，各试验点的间隔要与试验误差相适应，即由于因素水平的变化所引起试验结果的变动要有可能较显著地超过试验误差。例如，当黄药用量为每吨100g左右时，5g甚至20g以下的变动对选矿指标的影响就会落在试验误差的范围内。因此，这时黄药用量的变化间隔至少要在20g/t以上，否则将毫无意义。

另外，在试验范围内，各个水平的取值方法一般有两种。1）在试验范围不宽时，可使各个水平成等差关系。例如黄药用量在40~120g/t范围内进行试验时，即可取40g/t、60g/t、80g/t、100g/t、120g/t 5个水平；2）在试验范围很宽时，同样一个幅度的波动，在低水平时可能对试验结果有很大的影响，而在高水平时却显不出来，这时应使各个水平成等比关系。例如，对泥质铜矿，石灰用量的试验范围定为500~8000g/t，试点可定为0.5kg/t、1.0kg/t、2.0kg/t、4.0kg/t、8.0kg/t 5个水平，这比选用0.5kg/t、2.5kg/t、4.5kg/t、8.5kg/t 4个水平要好得多。

又如磨矿细度试验，若用细度表示因素的水平，可使各个水平成等差关系，如50%、60%、70%、80%、90% -74μm（-200目）等。若用磨矿时间表示因素的水平，最好使它成等比关系，例如可用14min、20min、28min、40min 4个试点，这比用10min、20min、30min、40min的安排要好得多，因为在磨矿的头几分钟内细度变化较大。

（3）试验顺序。选定了一批5个左右的试点以后，实际工作中一般先从中间水平做起好。这样可以根据试验现象判断该水平是否已明显偏高或偏低，若已明显偏低，即可临时去掉低水平各试点而增加高水平的试点；若已明显偏高，就可以不再做高水平各点，而增加低水平的试点。若采用按顺序做的办法，就可能直到最后才发现问题，因而白做一些本来有可能不做的试点。

以上讨论的3个问题，其原则对其他试验方法也是适用的。

6.3.1.2 序贯试验法

A 消去法

即先在大范围内探索，然后逐步消去无希望的区段，直至逼近最优点。如分批试验法、平分法、0.618法等。

a 分批试验法

即根据一个批次可以做的试验个数，将整个试验范围划分成若干区段，第一批试验跳着做，找出最优点所在的区段，然后再在该区段内补做几个试点，即可找到最优点。这样其他区段内剩下的试点就没有必要做了，试验的工作量可大大减少，而试验精度也不会受到影响。分批试验法的区段划分，主要有下面两种办法，如图6-3所示：

（1）均分分割法：如果一批可以做 n 个试验，就将整个试验范围平均分成 $n+1$ 段。显然，这时有 n 个分点，于是第一批试验就在这 n 个分点上做。例如，某一硫化矿浮选时，预定水玻璃用量的试验范围为0~1500g/t，要求的水平间隔为100g/t，每个工作日只能做四个试验。若用穷举法就有16个试点，需要4个工作日才能做完。现用分批试验法，将试验范围先划分成4+1=5个区段（0~300g/t、300~600g/t、600~900g/t、900~1200g/t、

1200~1500g/t，如图 6-3 所示）。第一批做第 4、7、10、13 四个点，即水玻璃用量为 300g/t、600g/t、900g/t、1200g/t 的四个水平。若试验结果最好点是 4 号（300g/t），则第二批做的试点就为 1、2、3、5、6 五个，此时，就应鼓足干劲，适当延长工作时间，将五个试验一批做完。若第一批最好点是 12，情况与此类似。由此可见，在用均分分批试验法代替穷举法时，试验个数减少到 8~9 个，试验批次可由 4 次减到 2~3 次。

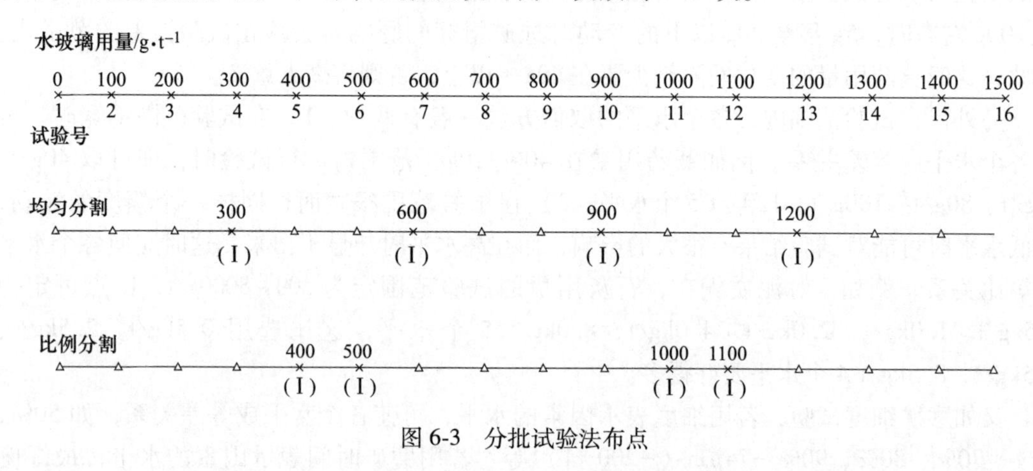

图 6-3　分批试验法布点

（2）比例分割法：仍以上例说明，第一批试验的试点取在 5、6、11、12 号（400g/t、500g/t、1000g/t、1100g/t）。可以看到，不论哪一个点相对最好，需要补做的只有四个试点。若 5 号点最好，需补做的就是 1、2、3、4 四个点。因而不论第一批试验的好点在哪里，剩下要做的试验都可以在第二批一次做完。

两种分割法比较，由于比例分割法布点是两两相连，找到相对最好点后只需要在该点一侧补点，因此比均匀分割法更能节省试验个数。当然，在选矿试验精度不高，试验点数较少时，均匀分割法还是可取的。

b　平分法

即确定试验范围以后，先取中间试点进行试验，根据试验结果判断该水平是偏低还是偏高。若已偏低，即可将中间水平以下各点消去，而将中点以上的区段作为新的试验范围。第二次再在新的中点进行试验，每做一个试验即将试验范围消去一半。与分批试验法相比，平分法能明显地节约试验个数，但是会增加试验批次，在选矿试验中，主要用于预先试验。

例如：红铁矿浮选时，脂肪酸可能的用量范围为 50~800g/t，很难用穷举法一次（一个工作日）找到最佳用量，这时就可以先用对分法缩小试验范围。先按穷举法依等比关系布点 1、2、3、4、5、6、7、8、9（50g/t、70g/t、100g/t、140g/t、200g/t、280g/t、400g/t、560g/t、800g/t），第一个试验首先做中间的 5 号试点（200g/t），直接根据试验现象判断结果。若浮选现象表明 200g/t 已明显过多，即可消去 6~9 号四个试点，进而做 3 号试点（100g/t）；若浮选现象表明 200g/t 明显偏少，即可消去 1~4 号四个试点，进而做 7 号试点（400g/t）。一般最多对分 2~3 次即可确定正式试验的范围。用对分法一直做到底是不好的，因为在试验最后阶段，由于用量差别不大，已无法根据现象判断结果好坏而必须等待化验结果，此时再用一次只做一个试验的办法就不合适了。

c 0.618 法（黄金分割法）

即将预定的试验范围作为一个单位，每次对比两个试验点，一点位于0.618处，另一点是它的对称点0.382。若0.618点（或0.382）结果较好，即可将0.382以下（或0.618以上）的水平消去，而将0.382~1（或0~0.618）的区段作为新的试验范围，重新当作1。可以证明，原来的0.618点（或0.382点）在新范围内成为0.382点（或0.618点），新的0.618点（或0.382点）则位于老0.618点（或0.382点）的对称位置。因而第二次实际只需再补做一个试验就可以有两个对比数据。如此连续，直到所要求的精度逼近最优点为止。

下面仍然以在0~1500g/t的范围内寻找水玻璃的最佳用量为例，设用穷举法和分批试验法找到的最优点为700g/t，试验精度为100g/t。在用0.618法时则会出现下列情况（见图6-4）：即第一次做573g/t和927g/t两个水平，结果573g/t较好，消去327g/t以上水平。第二次补做354g/t的试点，同573g/t对比，仍是573g/t较好，消去354g/t以下水平。第三次补做709g/t的试点，同573g/t对比，709g/t较好，消去573g/t以下水平。第四次补做791g/t试点，同709g/t对比，仍是709g/t较好，到此结束试验。确定最优点为709g/t，波动范围为573~791g/t，即82~136g/t。

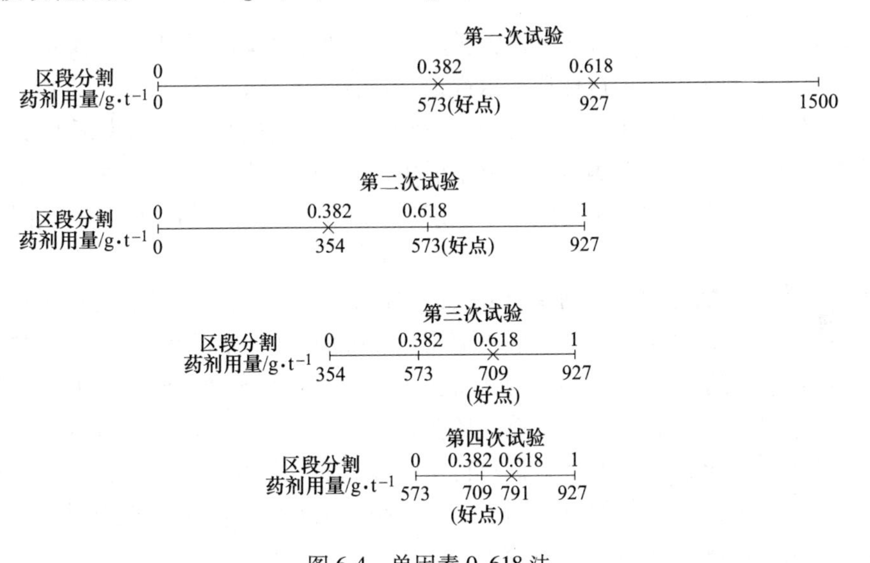

图6-4 单因素0.618法

通过在0~1500g/t范围内寻找水玻璃最佳用量（精度要求±100g/t）为例，现将穷举法、分批试验法、0.618法的试验工作量对比，见表6-9。

表6-9 几种试验方法工作量对比

试验方法	穷举法	分批试验法	0.618法
试验个数	16	8	5
试验批次	4	2	4
精度/g·t^{-1}	±100	±100	−136和+82

由表6-9可以看出，0.618法虽能最大限度地节约试验个数，却不能减少试验批次。分批试验法却最大限度地减少试验批次，同时试验个数也比穷举法少得多。

B　登山法

即以现有生产条件或过去试验的最佳条件为起点，在此附近对所研究的因素做小范围探索，若发现某方向有可能改善指标，即可沿该方向继续变动试验因素的水平，直至指标不再提高为止。如果后一步指标已开始下降，即可缩回一步或半步，最后确定最优点的位置。

工业性试验时，为了避免不必要的损失，不宜一开始就对操作条件做大幅度调整。实验室试验时，有时为了套用过去最佳条件也不希望从大范围的探索开始，此时即可采用登山法。

使用登山法时，若试验条件调节幅度较小，试验结果的差别就可能落在试验误差的范围内，以致无法辨别。因此在使用登山法试验最佳条件时，必须特别注意减少试验误差。同时，第一步可适当走大一点，以免一开始就弄错方向。

6.3.2　多因素试验方法

选矿试验中，多因素试验方法有两大类。一类是每次变动一个因素，而将其他因素暂时固定在一个适当的水平上，这样逐步依次地寻找各个因素的最佳水平。其实质是用单因素试验方法解决多因素选优问题，数学上称降维法。第二类是各个因素同时变动同时试验，其试验方法也大多是从单因素试验方案引申而来的，同样可分穷举法、消去法、登山法三大类。因而不论采用哪一个办法，单因素试验方法中所讲到的一些基本原则在多因素选优中也是适用的。

一次一因素试验法比同时变动多个因素的方法简单，但在各个因素之间存在交互效应时，就可能导致错误的结论。例如：捕收剂用量和抑制剂用量就经常是互相制约的。捕收剂用得少抑制剂就可能用得少；捕收剂加得多，抑制剂也要多加。而两种组合的效果可能是等同的，甚至两种药量都少的组合效果还要好些。如果在做抑制剂用量试验时，错误地将捕收剂用量固定在较高的水平上，试验得出的抑制剂“最佳用量”也会很高。然后再做捕收剂的用量试验时，由于抑制剂的用量已经选高，又必然会得出捕收剂用量也要高的结论，结果就找不到两种药剂都少的组合。

多因素试验方法的选择办法是：在正式优选之前，首先分析各个因素之间的相互关系，只对那些相互之间有明显影响的因素采取同时试验的办法，而对那些比较独立的因素采取单独试验的办法。

下面仅介绍一些易懂的多因素试验设计方案。

6.3.2.1　一次一因素试验法（降维法）

一次一因素试验安排可参照单因素试验方法中所讲到的一些基本原则进行，但是在有交互作用存在的情况下，采用一次一因素试验法，要求将其他因素固定在比较恰当的水平上，否则就可能得出错误的结论。为此，在正式的选优试验之前，应对矿石性质和有关专业知识有一充分的了解并进行必要的预先试验。另一方面，还要注意妥善地安排各个因素的试验顺序。一般安排各个因素的试验顺序的原则如下：

（1）进行选矿条件试验时，必须先试验那些对选别指标起决定性影响的因素，即主要因素。

这里也有一个矛盾，既然是主要因素，试验结果就更加要求准确。现在放在前面做，由于其他因素尚未固定在最佳水平上，结果就不太可靠。补救的办法是在其他条件确定之后，对一些主要条件再次进行校核。例如，有用矿物的单体分离是选别的前提，因而磨矿细度试验一般总是放在最前面做。但对于复杂矿石，药方确定以后，一般还要对磨矿细度再进行校核。

（2）有些因素对选别指标的影响虽然很大，但很容易通过一两个预先试验比较准确地确定其大致最佳水平，对于这样的因素就可以留在比较后面去做。例如，捕收剂用量及起泡剂用量的变化，都可大幅度地影响选别指标，但比较容易在预先试验中直接根据浮选现象判断其用量是否恰当，因而在系统的条件试验中总是放在比较后面去做。

6.3.2.2 多因素穷举法

即将各个因素的各个水平排列组合，全部进行试验。例如：二因素五水平就有 $5×5=25$ 种组合，三因素五水平就有 $5^3=125$ 种组合，四因素五水平就有 $5^4=625$ 种组合，n 因素五水平有 5^n种组合，n 因素 P 水平有 P^n种组合。

二因素五水平组合情况如图 6-5 所示。25 个结点代表 25 种组合。浮选条件试验每个因素要求试验的水平至少在 5 个左右，有时更多。由上可以看到，在三因素的情况下即有 125 种组合。因而这种多因素多水平穷举法，或者称为多因素多水平全面试验法，实际上是不可能采用的。

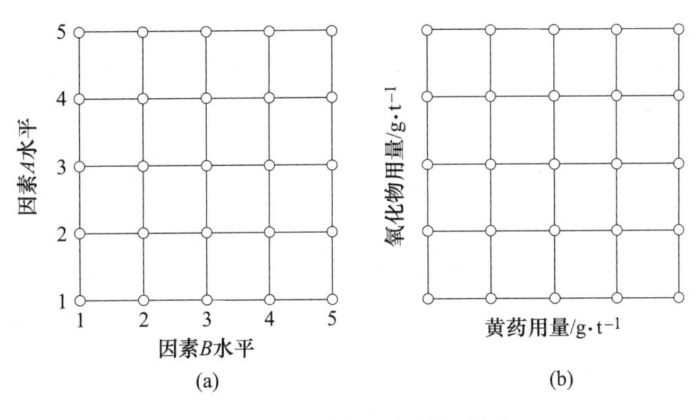

图 6-5 二因素五水平组合图

（a）一般形式；（b）示例

6.3.2.3 多因素分批试验法

现仅讨论二因素五点安排。它是从单因素三点安排引申而来，即先作一个中间水平和几个端点，对二因素五点安排就是平方格的中心点和四个顶点。这些顶点相应于各因素最低水平和最高水平的全部组合，分批试验完成后，可使每个因素的水平范围消去一半。

例如图 6-6 中，最初确定的试验范围为点 2、3、4、5 所固定的方格，即黄药用量为 40~120g/t，氰化物用量为 50~250g/t。第一批试验布点 1 为（黄药 80g/t，氰化物 150g/t）、2（40g/t，250g/t）、3（120g/t，250g/t）、4（40g/t，50g/t）、5（120g/t，50g/t）。一般来说，中点应选择在估计的最佳水平上，因而这点的试验结果可能是较好和最好，再比较

4个顶点，若其中顶点3结果最好，就可将试验水平缩减到点7、3、8、1所固定的范围内（图中用虚线表示），即黄药80~120g/t，氰化物150~250g/t，此时每种因素的试验范围均已消去一半。第二批试验的安排，即6、7、3、8、1五点（实际上只要再补做6、7、8三点）或按穷举法做全部九种组合中剩下未做的七点，也可在五点安排的基础上灵活地增加一两个有希望的点（要根据第一批五点结果变化的趋势判断）。一般做完两批试验后，即可估计出最佳点所在位置，必要时可再补做两个点进行校核。

若第一批试验四个顶点结果都不太好，而中点结果较好。说明最优点就在中点附近，第二批试验范围则定在9、6、11、10方格内（图中用点划线表示），即黄药60~100g/t，氰化物100~200g/t。试验布点的原则同前。

若对角线两点3和4结果都较好，而2和5点结果都较差，则说明可能有两个最优点，因而第二批试验要在7、3、3、1和12、1 、13、4两个方格范围内布点。

6.3.2.4　0.618法（黄金分割法）

现以二因素的情况为例（见图6-7）。第一次试验的水平范围为*ABCD*，第一批试验因素甲和乙均取两个水平，即0.382和0.618。这样，第一批试验的布点即为1（甲：0.382，乙：0.618）、2（甲：0.382，乙：0.382）、3（甲：0.618，乙：0.382）、4（甲：0.618，乙：0.618）四个点，代表四种组合。若第一批试验的结果第4点最好，则将两个因素的0.382以下水平消去，而将*EFGD*作为新的试验范围。然后将新的区段作为“1”个单位，重新在新的0.382和0.618处布点，得出第二批试点4、5、6、7。如此继续直到所要求的精度逼近最优点为止。

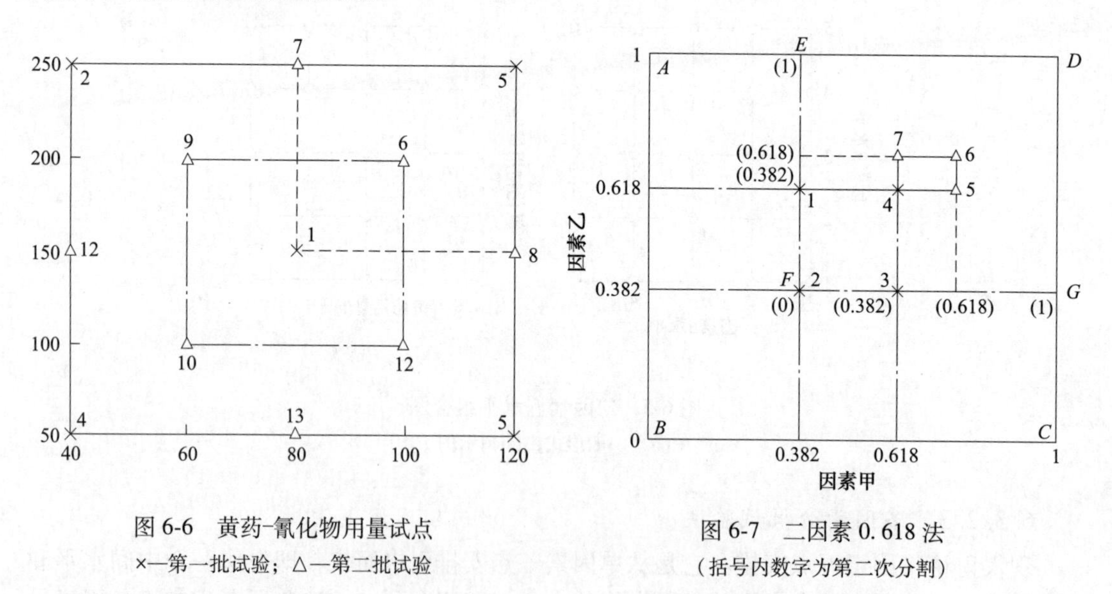

图6-6　黄药-氰化物用量试点
×—第一批试验；△—第二批试验

图6-7　二因素0.618法
（括号内数字为第二次分割）

在浮选二因素和三因素组合试验中，0.618法的效果与分批试验法相近。

6.3.2.5　登山法

同单因素一样，在试验条件不宜做大幅度调整时，最好采用登山法。

二因素和三因素登山法的基本试验安排与分批试验法相似，也是五点安排。但顶点不是布置在极端水平的位置。而是布置在中间水平的附近，即顶点与中点的水平间隔很小，只是应注意不要小到落在试验的误差范围内。例如，对于药剂的用量试验，用量变动幅度应不小于20%。

用登山法进行选矿条件试验，以二因素五点安排为例，可能出现的情况主要有以下几种：

（1）四个顶点与中点结果相近，应扩大范围进行试验。

（2）四个顶点结果均不如中点，说明中点已在最优点附近。若试验精度允许，可缩小范围再做试验。

（3）有一个顶点结果最好，即可向该顶点方向登山一步，继续试验，如图6-8（a）所示。

（4）某一个边的两个顶点结果都好，则沿该边垂线方向登山一步，继续试验，如图6-8（b）所示。

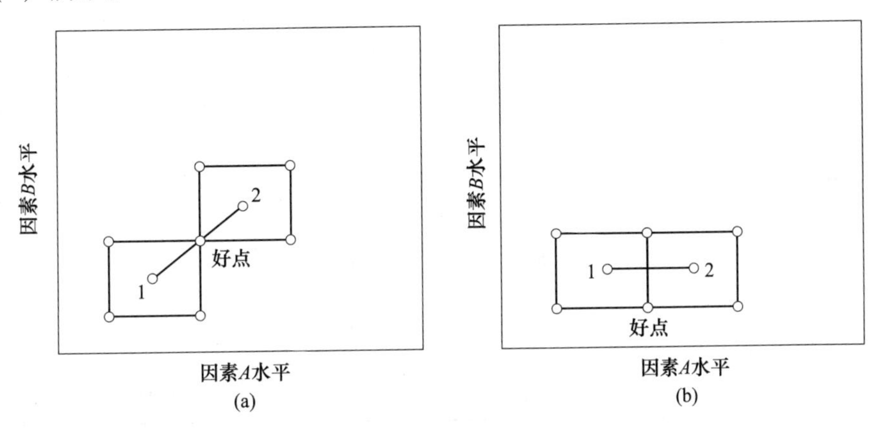

图6-8　二因素登山示意图

6.3.3　正交试验设计

正交试验设计就是利用正交表来安排试验，并对试验结果进行计算和分析的试验安排方法。它是一种安排多因素试验的较好的方法，其优点是：试点分布均匀，当某个因素的水平变化时，其他各因素的水平可以认为是统计相等的，因而可利用统计分析的方法分别揭露各个因素的影响。

正交试验设计的工具是正交表（常用正交表见本书附录）。正交表的记号如$L_8(2^7)$、$L_{16}(2^{16})$、$L_9(3^4)$ $L_{27}(3^{13})$、$L_{16}(4^5)$、$L_{16}(4^3×2^6)$、$L_{25}(5^6)$ 等，符号L代表正交表，其他为$L_{试验个数}$（$水平^{因素}$），例如，$L_{27}(3^{13})$ 表示按正交表进行试验，共需做27个试验，每个因素取3个水平，最多允许安排13个因素。又如$L_{16}(4^3×2^6)$ 表示按这个正交表进行试验，共需做16个试验，其中最多允许安排3个4水平的因素和6个2水平的因素。

用正交表安排试验一般按如下步骤进行：

（1）明确试验目的，确定试验指标。

（2）根据实践经验和专业知识，确定试验因素和每个因素变化的水平。主要因素不能漏掉，因素的水平要选择合理。

上面两步是试验成败的关键，也是数学方法无能为力的。

（3）选择适当的正交表：根据因素，水平和试验条件选用一张正交表安排试验计划。

（4）根据安排的计划进行试验。

（5）把试验结果填在正交表上。

（6）计算 *K* 值和 *R* 值，用 *K* 值作图。

（7）分析因素（包括交互作用）的主次。

（8）选择最优水平组合。

（9）试验误差太大的，要分析原因并考虑重复试验。

例如，某铜冶炼厂的炼铜转炉渣的浮选试验，主要目的是从炉渣中回收铜，可能影响选矿指标的各因素及各因素的考查水平列于表 6-10。

表 6-10　影响因素（试验条件）

试验水平	因素 *A*	因素 *B*	因素 *C*	因素 *D*	因素 *E*
	细度（−270 目）/%	2 号油用量 /$g \cdot t^{-1}$	水玻璃用量 /$g \cdot t^{-1}$	丁黄药用量 /$g \cdot t^{-1}$	浓度 /g
1	75	45	0	60	300
2	85	68	500	90	400
3	95	90	1000	120	500
4	98	113	2000	150	600

根据本试验中 5 个因素，每个因素 4 个水平，确定选用表 $L_{16}(4^5)$ 来安排试验。这张表有 16 个横行、5 个竖列，其中整齐地排着“1”“2”“3”“4”四个数字（见表 6-11）。

安排试验时，把 5 个因素依次放在这张表的 5 个列上，各因素对应的水平换成相应的 4 个水平所表示的具体条件，这样就把上面表 $L_{16}(4^5)$ 改换成一个正交试验计划方案（见表 6-12）。

表中①、②、③……⑯代表试点号，该试验方案中每个试验的条件就是这个试点相应的横行中各因素的条件，例如表 6-12 中的：

第①号试验，细度为 75%；2 号油为 45g/t；水玻璃为 0；丁黄药为 60g/t；浓度为 300g。

第⑨号试验，细度为 95%；2 号油为 45g/t；水玻璃为 1000g/t；丁黄药为 50g/t；浓度为 400g。

第⑮号试验，细度为 98%；2 号油为 90g/t；水玻璃为 500g/t；丁黄药为 50g/t；浓度为 300g。

这样选出的 16 个试验的特点是：均衡搭配。也就是说，这样选出的 16 个试验，在 5 个因素的各种水平之间，搭配是均衡的。

然后根据安排的计划进行试验，将各项试验结果填入表 6-12 中的试验结果部分。

表 6-11 正交表 $L_{16}(4^5)$

试验号 \ 列号	1	2	3	4	5
1	1	1	1	1	1
2	1	2	2	2	2
3	1	3	3	3	3
4	1	4	4	4	4
5	2	1	2	3	4
6	2	2	1	4	3
7	2	3	4	1	2
8	2	4	3	2	1
9	3	1	3	4	2
10	3	2	4	3	1
11	3	3	1	2	4
12	3	4	2	1	3
13	4	1	4	2	3
14	4	2	3	1	4
15	4	3	2	4	1
16	4	4	1	3	2

表 6-12 正交试验方案及结果

因素	试验方案										试验结果		
	A		*B*		*C*		*D*		*E*		精矿品位 β/%	回收率 ε/%	尾矿品位 θ/%
	细度		2 号油		水玻璃		丁黄药		浓度				
试验号	水平	因素值(-270 目)/%	水平	因素值/$g \cdot t^{-1}$	水平	因素值/$g \cdot t^{-1}$	水平	因素值/$g \cdot t^{-1}$	水平	因素值/g			
①	1	75	1	45	1	0	1	60	1	300	10.93	89.00	0.38
②	1	75	2	68	2	500	2	90	2	400	8.36	92.60	0.29
③	1	75	3	90	3	1000	3	120	3	500	8.38	91.74	0.31
④	1	75	4	113	4	2000	4	150	4	600	8.29	92.47	0.30
⑤	2	85	1	45	2	500	3	120	4	600	10.62	92.11	0.28
⑥	2	85	2	68	1	0	4	150	3	500	9.71	92.83	0.27
⑦	2	85	3	90	4	2000	1	60	2	400	9.75	92.12	0.29
⑧	2	85	4	113	3	1000	2	90	1	300	9.07	92.39	0.29
⑨	3	95	1	45	3	1000	4	150	2	400	12.38	91.48	0.28
⑩	3	95	2	68	4	2000	3	120	1	300	9.98	93.25	0.24
⑪	3	955	3	90	1	0	2	90	4	600	9.96	93.10	0.21

续表 6-12

因素	试验方案										试验结果		
	A		*B*		*C*		*D*		*E*				
	细度		2 号油		水玻璃		丁黄药		浓度				
试验号	水平	因素值(-270 目)/%	水平	因素值/$g \cdot t^{-1}$	水平	因素值/$g \cdot t^{-1}$	水平	因素值/$g \cdot t^{-1}$	水平	因素值/g	精矿品位 β/%	回收率 ε/%	尾矿品位 θ/%
⑫	3	95	4	113	2	500	1	60	3	500	11.55	92.59	0.26
⑬	4	98	1	45	4	2000	2	90	3	500	14.66	90.80	0.30
⑭	4	98	2	68	3	1000	1	60	4	600	12.13	92.65	0.26
⑮	4	98	3	90	2	500	4	150	1	300	10.64	93.20	0.25
⑯	4	98	4	113	1	0	3	120	2	400	10.94	93.32	0.24

最后用正交表的直观分析法对试验结果进行处理，得到各项指标的效应值。效应值与因素、水平的关系见表 6-13，表中：当采用精矿品位 β 作基本判据时，A_1（因素 *A* 的水平 1）的效应值 K_1 的计算，是取正交表里 *A* 列对应 1 的 β 数据的平均值，即 $K_1 = 1/4 \times (10.93+8.36+8.38+8.29) = 1/4 \times 35.96 = 8.99$；同理因素 *A* 的其他水平的效应值：

$K_2 = 1/4 \times (10.62+9.71+9.75+9.07) = 1/4 \times 39.15 = 9.79$；

$K_3 = 1/4 \times (12.38+9.98+9.96+11.55) = 1/4 \times 43.87 = 10.97$；

$K_4 = 1/4 \times (14.66+12.13+10.64+10.94) = 1/4 \times 48.37 = 12.09$。

则因素 *A* 的极差等于 4 个水平相应的效应值中最大值与最小值之差，即 $R = K_4 - K_1 = 12.09 - 8.99 = 3.10$。

其余 *K* 和 *R* 值的计算方法同上。将计算出来的 *K* 和 *R* 的结果列于表 6-13 中。

表 6-13　*K* 和 *R* 值计算结果

因素		*A* 细度	*B* 2 号油	*C* 水玻璃	*D* 丁黄药	*E* 浓度
精矿品位/%	K_1	8.99	12.15	10.39	11.09	10.16
	K_2	9.79	10.05	10.29	10.54	10.36
	K_3	10.97	9.68	10.49	9.98	11.08
	K_4	12.09	9.96	10.67	10.26	10.25
	R	3.10	2.47	0.38	1.11	0.92
回收率/%	K_1	91.45	90.85	92.06	91.59	91.96
	K_2	92.36	92.83	92.63	92.22	92.38
	K_3	92.61	92.54	92.07	92.61	91.99
	K_4	92.49	92.69	92.16	92.50	92.58
	R	1.16	1.98	0.57	1.02	0.62
尾矿品位/%	K_1	0.32	0.31	0.28	0.30	0.29
	K_2	0.28	0.27	0.27	0.27	0.28
	K_3	0.25	0.27	0.29	0.27	0.29
	K_4	0.26	0.27	0.28	0.28	0.26
	R	0.07	0.04	0.02	0.03	0.03

进行评价时，因素效应值的极差值越大，则说明这个因素所起的作用越大，反之，因素效应值的极差值越小，则说明这个因素所起的作用越小或不起作用，然后根据各项指标的要求评价。例如，对于精矿品位和回收率来说，指标越高越好，尾矿品位则越低越好。因此对于因素 A 的精矿品位，$R=K_4-K_1=3.10$，则水平 4 比水平 1 好。但是对于因素 A 的尾矿品位 $R=K_3-K_1=-0.07$，则水平 3 比水平 1 好。

为了易于评价，可将所考查的 5 个因素 3 个选矿指标的关系画成曲线图则更明显（见图 6-9）。

试验结果的分析由表 6-13 和图 6-9 可以看出：五因素对于精矿品位影响程度的大小顺序为：

大————→小

$A\quad B\quad D\quad E\quad C$

$A_4B_1C_4D_1E_3$ 为高精矿品位的组合条件（这里的英文字母及注脚数字，分别代表表 6-10 中所列相应的五因素及水平值）。

五因素对于回收率影响程度的大小顺序为：

大————→小

$B\quad A\quad D\quad E\quad C$

$A_3B_2C_2D_3E_4$ 为高回收率的组合条件。

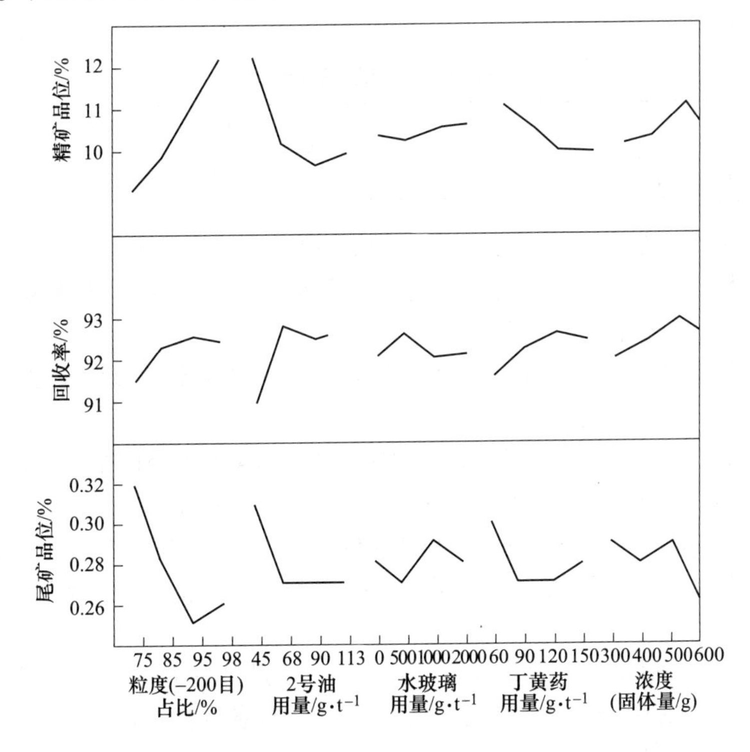

图 6-9 五因素与三指标的关系

五因素对于尾矿品位影响程度的大小顺序为：

大——→小

$A\ B\ E\ D\ C$

$A_3B_2C_2D_2E_4$ 为低尾矿品位的组合条件。综合上述分析得出表 6-14。

表 6-14　试验综合结果

项　目	主次因素顺序 大——→小	最佳组合条件
精矿品位	$A\ B\ D\ E\ C$	$A_4B_1C_4D_1E_2$
回收率	$B\ A\ D\ E\ C$	$A_3B_2C_2D_3E_4$
尾矿品位	$A\ B\ E\ D\ C$	$A_3B_2C_2D_2E_4$
综合结果	$A\ B\ D\ E\ C$	$A_3B_2C_1D_3E_4$

由于本试验是粗选作业的条件对比试验，因此在分析综合结果时，主要着眼于回收率，适当考虑精矿品位指标。

从主次因素顺序的排列可以看出，水玻璃对整个试验的作用并不显著，又考虑到药剂的节约，故在综合结果中没有采用 C_2 而采用 C_1，即在试验中不加水玻璃。

综上所述，最后确定 $A_3B_2C_1D_3E_4$ 为本试验得出的最佳组合条件，以此条件做了最终验证试验，其结果列于表 6-15 中。

表 6-15　验证试验结果

指标	原矿品位/%	产率/%	精矿品位/%	尾矿品位/%	回收率/%
最佳综合条件验证试验	2.70	26.34	9.75	0.19	94.83

由表 6-15 可知，在回收率、尾矿品位、处理量（浓度）等方面，最佳综合条件验证试验的结果都优于先前的 16 个试验。这说明试验本身误差较小，比较稳定，也在一定程度上说明应用正交表选优是成功的。

通过这一浮选试验实例，可以看出正交试验法较之通常的多因素试验法有以下优越性：

（1）减少了试验次数和工作量。如按常规，同样的包括 5 个因素、4 个水平的条件试验需要做试验 20 个以上，而正交法只需做 16 个试验就可达到目的。

（2）缩短了周期，节省了时间。在目前条件下，如按常规做一次试验，需要等待一批分析结果，周期长。而用正交法，在试验中不必等待分析结果，一批做完，一次分析，时间缩短一半以上。

（3）运用该法可以比较合理地优选试验条件。通过极差 R 或者考查指标与各因素的关系图，比较直观地找出试验中的主要矛盾，以及掌握各因素对试验的影响程度和规律，为改进试验指出了方向。

（4）由于正交法评价试验结果时采用的是诸因素同水平值之和的平均值 K 进行比较，因此，基本上避免了因试验过程中出现的偶然误差而造成对于试验结果判断正确性的影响。

6.4 浮选试验的内容和程序

浮选是选别细粒嵌布的矿石，特别是选别有色金属、稀有金属、非金属矿和可溶性盐类等的一种主要方法。在大多数选矿试验研究中，浮选试验是一项必不可少的内容。

6.4.1 浮选试验的内容

浮选试验的主要内容包括：确定选别方法和流程；通过试验分析影响过程的因素，查明各因素在过程中的主次位置和相互影响的程度，确定最佳工艺条件；提出最终选别指标和必要的其他技术指标。而浮选试验的关键是用各种药剂调整矿物可浮性的差异，以达到各种组成矿物选择性分离的目的。

6.4.2 浮选试验的程序

浮选试验通常按照以下程序进行：

（1）拟定原则方案。根据所研究的矿石性质，结合已有的生产经验和专业知识，拟定原则方案。例如，多金属硫化矿的浮选，可能的原则方案有全混合浮选、部分混合浮选、优先浮选等方案；对于红铁矿的浮选，可能的原则方案有正浮选、反浮选、絮凝浮选等方案。

如果原则方案不能预先确定，只能对每个可能的方案进行系统试验，找出各自的最佳工艺条件和指标，最后进行技术经济比较予以确定。

（2）做好试验前的准备工作。主要是试样制备、设备和仪表的检修，以及了解药剂和水的组成与性质等。

（3）预先试验。目的是探索所选矿石可能的研究方案、原则流程、选别条件的大致范围和可能达到的指标。

（4）条件试验。根据预先试验确定的方案和大致的选别条件，编制详细的试验计划，进行系统试验来确定各项最佳浮选条件。

（5）闭路试验。目的是确定中矿的影响，核定所选的浮选条件和流程，并确定最终指标。它是在不连续的设备上模仿连续的生产过程的分批试验，即进行一组将前一试验的中矿加到下一试验相应地点的实验室闭路试验。

实验室小型试验结束后，一般还须进一步做实验室浮选连续试验，有时还需要做半工业试验甚至工业试验。目的是在接近生产或实际生产条件下，核定实验室试验各项选别条件和指标。

6.5 浮选试验的准备和操作技术

6.5.1 浮选试验前的准备工作

6.5.1.1 试样的准备

考虑到试样的代表性和小型磨矿机的效率，浮选试验的粒度一般小于1~3mm。

在试验前应准备好一定数量的单份试样，每份试样质量为 0.5~1kg，个别品位低的稀有金属矿石可多至 3kg。

若矿石中含有硫化矿，特别是含有大量磁黄铁矿时，氧化作用对矿石浮选试验结果可能具有显著的影响。这时应将大量试样在-25mm 的粒度（如果试样不多，可选-6mm 的粒度）下保存，然后根据试验所需用量分批制备。试样应贮存在干燥、阴凉、通风的地方。

在试样制备过程中，都要防止试样污染。少量机油的混入，将影响浮选正常进行，因此切忌机油和其他物料的污染。污染可能来自试样的采取和运输过程；或来自试样加工和缩分设备中所漏的机油；或来自前一试验残留在设备中的物料和药剂，等等。

6.5.1.2 试验用水的准备

一般实验室采用所在地区的自来水进行试验，待确定了主要工艺条件以后，再用将来选矿厂可能使用的水源进行校核。

对于试验中的补给水，如果发现 pH 值对浮选过程的影响较大，最好是配制与开始时 pH 值相同的补给水。如果发现矿浆中某些离子影响较大时，则用矿浆滤液作补给水。

用脂肪酸作捕收剂时，为了消除钙、镁等离子对浮选的不良影响，有时还需要事先将硬水进行软化。

6.5.1.3 浮选药剂的准备

试验前，准备的药剂数量和种类要满足整个试验用。药剂应保存在干燥、阴凉的地方。对于黄药、硫化钠等易分解、氧化的药剂，宜密封储存于干燥器中。药剂使用前，必须了解所用药剂的性质和来源，检查是否变质。

6.5.1.4 试验设备的准备

A 磨矿机的准备

实验室应备有几种不同尺寸的磨矿机，如 ϕ160mm×180mm、ϕ200mm×200mm 的筒形球磨机，ϕ240mm×90mm 的锥形球磨机，它们均用于给矿粒度小于 1~3mm 的试样。还有 ϕ160mm×160mm 等较小尺寸的筒形球磨机和滚筒磨矿机，它们用于中矿和精矿产品的再磨。

磨矿介质多半用球，球的直径可为 12~32mm。对于 ϕ160mm×180mm 磨矿机选用 25mm、20mm、15mm 三种球径，XMQ-67 型 ϕ240mm×90mm 锥形球磨机可配入部分更大的球（球径 28~32mm）。球径 12.5mm 的球则仅用于再磨作业。用棒作介质时，棒的直径一般为 10~25mm。如 XMB-68 型 ϕ160mm×200mm 棒磨机常配用直径 17.5mm 和 20mm 两种棒。各种尺寸球的比例没有规定，但在一般情况下，可考虑各种尺寸球的个数相等。磨矿介质的体积一般是磨矿机容积的 45%~50%。

如果试验要求避免铁质污染，可采用陶瓷球磨机，并用陶瓷球做介质；但陶瓷磨矿机的磨矿效率较低，因而所需磨矿时间较长。

磨矿浓度随矿石性质、产品粒度、装球大小和比例以及操作习惯而异。常用的有 50%、67%、75%三种，此时液固比分别为 1∶1、1∶2、1∶3，因而加水量的计算比较简单。如果采用其他浓度值，则可按下式计算磨矿水量：

$$L = \frac{100\% - C}{C}Q \tag{6-1}$$

式中 L——磨矿时所需添加的水量，L；

C——要求的磨矿浓度,%；

Q——矿石质量，kg。

在一般情况下，原矿较粗、较硬时，应采用较高的磨矿浓度。原矿含泥多，或矿石密度很小，或产品粒度极细时，可采用较低浓度。在实际操作中，若发现产品粒度不匀，可考虑提高浓度，但浓度高时大球不能太少。反之，若产品太黏，黏附在机壁和球上不易洗下来，就要降低浓度。

长久不用的磨矿机和介质，试验前要用石英砂或所研究的试样预先磨去铁锈。平时在使用前可先空磨一阵，洗净铁锈后再开始试验。试验完毕必须注满石灰水或清水。

此外，对于不带接球筛的磨矿机，还必须准备好接球筛，以便清洗钢球。

B 浮选机的准备

实验室用浮选机大多是小尺寸的机械搅拌式浮选机，国产浮选机有单槽式、多槽式浮选机；挂槽浮选机和精密浮选机。

实验室应备有不同尺寸的浮选机。单槽浮选机的充气搅拌装置是模拟现有生产设备制成，它由水轮、盖板、十字格板、竖轴、充气管等部件组成，并设有专门的进气阀门调节和控制充气量，带有自动刮泡装置。其规格有 0.5L、0.75L、1.0L、1.5L、3.0L 5 种，除了 3L 的槽体是固定的金属槽外，其余的都是悬挂的有机玻璃槽。

挂槽浮选机的搅拌装置为装在实心轴上的简单搅拌叶片，空气完全靠矿浆搅拌时形成的旋涡吸入，吸入的空气量随搅拌叶片与槽底距离而变，试验前要特别注意调整其距离。位置调好后，整个试验就应固定在此位置上。挂槽浮选机的槽体是悬挂的有机玻璃槽，规格从最小的 5~35g 到最大的 1000g。槽体较大的挂槽浮选机的充气量常常不足。给矿量大于 500g 以上时，特别是对于硫化矿的浮选，多用单槽浮选机。

为了提高试验结果的重复性，减少试验误差，便于操作，国内外设计并制造了一些自动化程度较高的实验室浮选机。如国产 XFDC 型和 RC 型立式、台式实验室精密浮选机，具有无级调速、液位调整装置、充气量调整装置、酸度和转速数字显示装置等，国外已设计出能稳定硫化矿浮选时氧化-还原电位、pH 值和带自动加药装置等浮选机。

6.5.1.5 其他

除上述各项准备工作以外，对浮选所用的仪表和工具，例如秒表、pH 计、量筒、移液管、给药注射器及针头、洗瓶、药瓶、大小不等的盛装器皿等，都须事先准备好，并清洗干净。若矿浆需进行特别处理，所需用具也应预先准备好。

某些有色金属氧化矿、稀有金属硅酸盐矿石、铁矿石、磷酸盐矿石、钾盐，以及其他可能受到矿泥影响的矿石，有时在浮选前要进行擦洗、脱泥。

擦洗的方法有：（1）在高矿浆浓度（例如 70% 固体）下，加入浮选机中搅拌。（2）采用大约 10r/min 的低速实验室球磨机擦洗，其中装入金属凿屑或其他只擦损而不研磨矿石的介质。（3）采用回转式擦洗磨机或其他擦洗设备。擦洗之后，要除去矿泥。

脱泥的方法包括：（1）淘析法脱泥。即在磨矿或擦洗中加入矿泥分散剂，如水玻璃、六偏磷酸钠、碳酸钠、氢氧化钠等，然后将矿浆倾入玻璃缸中，稀释至液固比 5∶1 以上，搅拌静置后用虹吸法脱除悬浮的矿泥。（2）浮选法脱泥。即在浮选有用矿物之前，预先加入少量起泡剂，使大部分矿泥形成泡沫刮出。（3）选择性絮凝脱泥。即加分散剂后，再加入具有选择性絮凝作用的絮凝剂（如 F703、腐植酸、木薯淀粉、聚丙烯酸胺等）使有用矿物絮凝沉淀，而需脱除的矿泥仍呈悬浮体分散在矿浆中，然后用虹吸法将矿泥脱除。上述脱泥过程中选用的分散剂或絮凝剂，以不影响浮选过程为前提，必要时可用清洗沉砂的办法，脱除影响浮选过程的残余分散剂或絮凝剂。

6.5.2　浮选试验操作技术

浮选试验一般由磨矿、调浆、浮选（刮泡）和产品处理等操作组成。

6.5.2.1　*磨矿*

磨矿细度是浮选试验中的首要因素。进行磨矿细度试验，必须用浮选试验来确定最适宜的细度。

试验时，先将洗净的球装入干净的球磨机中，然后加水加药，最后加矿石。也可留一部分水在最后添加，但不能先加矿石后加水，这样会使矿石黏附到端部而不易磨细。磨矿时要注意磨矿机的转速是否正常，并准确控制磨矿时间。磨好后把磨矿机倾斜，用洗瓶或连接在水龙头上的胶皮管以细小的急水流冲洗磨矿机的内壁，将矿砂洗入接矿容器中。对不带挡球格筛的磨矿机，要在接矿容器上放一接球筛，隔除钢球，待磨矿机内壁洗净后，提起接球筛，边摇动边用细股急水流冲洗球，直至洗净为止，最后将球倒回磨矿机，供下次使用。对于本身带挡球格筛的球磨机，排矿时，将锥形筒体向排矿端倾斜，打开排矿口，将矿浆放入接矿容器中。取下给矿口塞，引入清水，间断开车搅拌冲洗干净即可。

在清洗磨矿机时必须严格控制水量。若水量过多，浮选机容纳不下时，需待澄清后用注射器抽出或用虹吸法吸出多余的矿浆水，待浮选时作补加水用。

实验室采用分批开路磨矿，与闭路磨矿相比，两者磨矿产物的粒度特性不一致。在与分级机成闭路的磨矿回路中，比重较高的矿物比其余的矿物磨得更细一些。如何减少上述差别，有待进一步的改进。

为了避免过粉碎，实验室开路磨矿磨易碎矿石时，可采用仿闭路磨矿。其方法是原矿磨到一定时间后，筛出指定粒级的产品，筛上产品再磨，再磨时的水量应按筛上产品质量和磨原矿时的磨矿浓度添加。仿闭路磨矿的总时间等于开路磨矿磨至指定粒级所需的时间。例如，某多金属有色金属矿石，采用开路磨矿和仿闭路磨矿的条件和流程做了对比磨矿试验。采用开路磨矿，磨矿产品中-20μm 含量占 47.2%，而采用仿闭路磨矿，-20μm 仅占 31.6%，泥化程度显著降低。

6.5.2.2　*搅拌调浆和药剂的添加*

调浆搅拌是在把药剂加入浮选机之后和给入空气之前进行，目的是使药剂均匀分散，并与矿物作用达到平衡，作用时间可以从几秒至半小时或更长。这时浮选机应尽量避免充气，若使用具有充气阀的单槽浮选机，则应将气阀关闭；若使用挂槽浮选机，则应将挡板提起；若使用倒向开关启动浮选机，亦可使搅拌叶轮反转。有时需不加药剂预先充气调浆，以扩大矿物可浮性差异，如某些硫化矿的分离。

一般调浆加药顺序是：pH 值调整剂、抑制剂或活化剂、捕收剂、起泡剂。

水溶性药剂配成水溶液添加，量具可用移液管、量筒、量杯等。为便于换算和添加，当每份原矿试样质量为500g时，对用量较小的药剂，可配成0.5%的浓度，用量较大的药剂可配成5%的浓度。当原矿量为1kg时，根据药剂用量大小可分别配成1%和10%两种浓度。所谓10%的浓度，实际配药时，是将10g药剂加水溶解成溶液总量为100mL，即实际浓度单位为“10g/100mL”，但习惯上仍称为10%。溶液浓度很稀时，二者实际差别不大。添加药剂数量可按下式进行计算：

$$V = \frac{qQ}{100C} \tag{6-2}$$

式中 V——添加药剂溶液体积，mL；

q——单位药剂用量，g/t；

Q——试验的矿石质量，kg；

C——所配药剂浓度,%。

非水溶性药剂，如油酸、松醇油、黑药等，采用注射器直接滴加，但需预先测定每滴药剂的实际质量，可用滴出10滴或更多滴数的药剂在分析天平上称量的方法测定。必要时亦可用有机溶剂如乙醇溶解，但必须确定溶剂对浮选的影响。另一个办法是在药剂中混入适宜的表面活性化合物，进行激烈搅拌，使之在水中乳化，例如油酸中加入少量油酸钠。

难溶于水的药剂，可以加入磨矿机中，如石灰就以固体形式添加在磨矿机中。

由于分解、氧化等原因变质较快的药剂，配制好的溶液不能搁置时间太长，如黄药、硫化钠之类的药剂，必须当天配当天用。

6.5.2.3 刮泡

根据浮选液面泡沫大小、颜色、虚实（矿化程度）、韧脆等外观现象，通过调整起泡剂用量、充气量、矿浆液面高低，严格操作，可控制泡沫的质量和刮出量。泡沫体积的控制通常是靠分批添加起泡剂达到；充气量靠控制进气阀门开启大小（挂槽浮选机是靠调节叶轮与槽底的距离）和浮选机转速进行调节。试验中阀门开启大小（或叶轮与槽底距离）和转速一经确定，就应固定不变，以免引入新的变量，影响试验的可比性；控制矿浆液面高低，实质是保持最适宜的泡沫层厚度，实验室浮选机泡沫层厚度一般控制在20~50mm。由于泡沫的不断刮出，矿浆液面下降，为保证泡沫的连续刮出，应不断补加水。如矿浆pH值对浮选影响不大，可补加自来水。反之，应事先配成与矿浆pH值相等的补加水。人工刮泡时，要严格控制刮泡速度和深度，如果操作不稳定，试验结果就很难重复。黏附在浮选槽壁上的泡沫，必须经常用细水把它冲洗入槽。开始和结束刮泡之时，必须测定和记录矿浆的pH值和温度。浮选结束后，放出尾矿，将浮选机清洗干净。

6.5.2.4 产品处理

试验的产品应进行脱水、烘干、称重、取样做化学分析。浮选试验的粗粒产品可直接过滤；若产品很细或含泥多而过滤困难时，可直接放在加热板上或烘干箱中蒸发，也可以添加凝聚剂（如少量酸或碱、明矾等）加速沉淀，抽出澄清液并烘干产品。在烘干过程中，温度应控制在110℃以下，温度过高，试样氧化导致结果报废。

6.6 条件试验

在预先试验的基础上，系统地考查各因素对浮选指标影响的试验，称为浮选条件试验。根据试验结果，分析各因素对浮选过程的影响，最后确定各因素的最佳条件。

条件试验项目包括：磨矿细度、药剂制度（矿浆 pH 值、抑制剂用量、活化剂用量、捕收剂用量、起泡剂用量）、浮选时间、矿浆浓度、矿浆温度、精选中矿处理、综合验证试验等。试验顺序也大体如此。重点是磨矿细度和药剂制度的试验，其他项目应根据矿石性质及对试样目的的要求不同而定，不一定对所有项目都进行试验。

6.6.1 磨矿细度试验

浮选前的磨矿作业，目的是使矿石中的矿物得到解离，并将矿石磨到适于浮选的粒度。根据矿物嵌布粒度特性的鉴定结果，可以初步估计出磨矿的细度，但最终必须通过试验加以确定。

矿石中矿物的解离，是任何矿物进行选别分离的前提，因此条件试验一般都从磨矿细度试验开始。但对复杂多金属矿石以及难选矿石，由于药剂制度对浮选过程的影响较大，故往往在找出最适宜的药剂制度之前，很难一次查明磨矿细度的影响，其他条件之后，再一次校核磨矿细度；或者是在一开始时不做磨矿细度试验，而是根据矿石嵌布特性选取一个比矿物基本单体解离稍细的粒度进行磨矿，先做其他条件试验，待主要条件确定后，再做磨矿细度试验。

磨矿细度试验的常规做法是，取三份以上的试样，保持其他条件相同，在不同时间（例如，10min、12min、15min、20min、30min）下磨矿，然后分别进行浮选，比较其结果；同时平行地取几份试样，也在上述不同时间下磨矿，而将磨矿产物进行筛析，找出磨矿时间和磨矿细度的关系。有时仅对结果较好的一两个试样进行筛析。

浮选时泡沫分两批刮取。粗选时得精矿，捕收剂、起泡剂的用量和浮选时间在全部试验中都要相同；扫选时得中矿，捕收剂用量和浮选时间可以不同，目的是使欲浮选的矿物完全浮选出来，以得出尽可能贫的尾矿。如果从外观上难以判断浮选的终点，则中矿的浮选时间和用药量在各试验中亦应保持相同。

为确定磨矿时间和磨矿细度关系所需的筛析试样，在磨矿产物烘干后缩取，数量一般为100g 左右。筛析用联合法进行，即先在 74μm（200 目）的筛上湿筛，筛上产物烘干，再在 200 目筛子上或套筛上干筛，小于 200 目的物料合并计重，以此算出该磨矿产物中 -200 目级别的含量。然后以磨矿时间（min）为横坐标，磨矿细度（-200 目级别的质量分数）为纵坐标，绘制两者间的关系曲线。

浮选产物分别烘干、称重、取样、送化学分析，然后将试验结果填入记录表内，并绘制曲线图。表的格式随着试验的性质和矿石的组成不同而不同，总的要求是条理清楚，便于分析问题。表 6-16 是单金属矿石浮选试验常用的记录格式之一。一组试验中的共同条件，一般以正文的形式记述在表上或表下，也可直接列在表的备注栏中。

曲线图通常以磨矿细度（-200 目级别的质量分数）或磨矿时间（min）为横坐标。浮选指标（品位 β 和回收率 ε）为纵坐标绘制，参见图 6-10。

表 6-16 不同磨矿细度浮选试验记录

试验编号	产物名称	质量/g	产率 γ/%	铜品位 β/%	产率×品位 $\gamma\times\beta$	铜回收率 ε/%	试验条件	备注
1	精矿	131	13.1	9.06	118.69	56.9	-74μm（-200目）占60%	pH=9
	中矿	63	6.3	9.03	56.89	27.3		
	尾矿	806	80.6	0.41	33.05	15.8		
	原矿	1000	100.0	2.09	208.63	100.0		
2	精矿	133	13.3	12.1	160.93	81.1	-74μm（-200目）占75%	pH=8.5
	中矿	134	13.4	1.0	13.40	6.7		
	尾矿	733	73.3	0.33	30.76	12.2		
	原矿	1000	100.0	1.99	198.52	100.0		

注：浮选的共同条件：原矿，矿石 1kg；水 600mL；石灰 2000g/t；浮选，丁黄药 30g/t；松醇油 25g/t；刮泡 10min（精矿）；丁黄药 10g/t；松醇油 5g/t；刮泡 15min（中矿）。

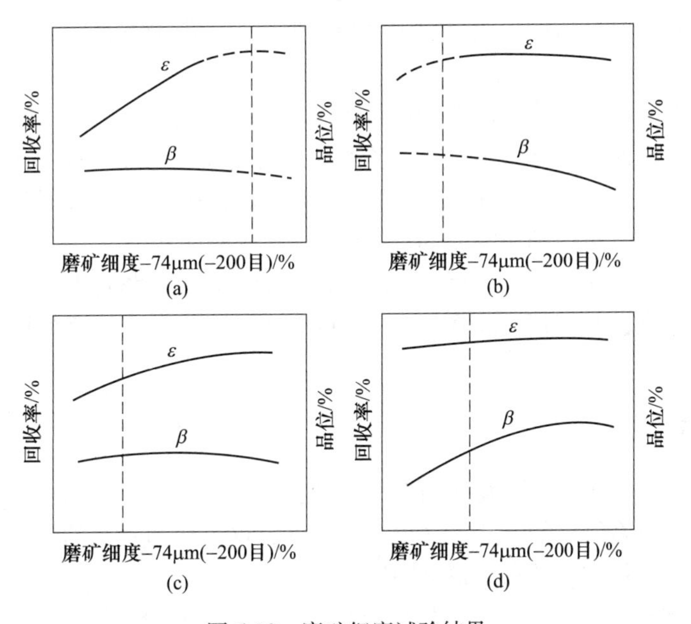

图 6-10 磨矿细度试验结果

根据曲线的变化规律，可以判断哪个磨矿细度为最适宜，还应作哪些补充试验。如果随着磨矿细度的增加，累计回收率 ε 曲线一直上升，没有转折点，并且累计品位 β 曲线不下降或下降不显著，就应在更细的磨矿条件下进行补充试验（补充试验结果用虚线表示），如图 6-10（a）所示。累计品位 β 和累计回收率 ε 的计算可为：

$$\beta = \frac{\gamma_{精}\beta_{精} + \gamma_{中}\beta_{中}}{\gamma_{精} + \gamma_{中}} \tag{6-3}$$

$$\varepsilon = \varepsilon_{精} + \varepsilon_{中} \tag{6-4}$$

式中 β，γ，ε——产品的品位、产率和回收率，%。

如果曲线不升高，或升高不显著，就应当在较粗的磨矿细度条件下进行补充试验，如

图 6-10（b）所示。

同时，也应注意第一份产物精矿中金属的品位。如果粗磨时第一份产物的金属品位不降低，相差的只是回收率，这说明可以采用阶段浮选，如图 6-10（c）所示。如果相反，根据累计曲线看出，粗磨时回收率与细磨时同样高，而泡沫产物质量下降很显著时，如图 6-10（d）所示，这意味着连生体的浮游性很强，有可能采用在粗磨的条件下选出废弃尾矿和下一步再磨贫精矿或中矿的流程。

6.6.2　pH 值调整剂试验

pH 值调整剂是为药剂和矿石的相互作用创造良好条件，并兼顾消除其他影响，如团聚、絮凝等影响，调整剂试验的目的是寻求最适宜的调整剂种类及其用量，使欲浮矿物具有良好的选择性和可浮性。

目前对多数矿石，通过生产实践经验可确定其调整剂种类和 pH 值。但 pH 值与矿石物质组成以及浮选用水的性质有关，故仍需进行 pH 值试验。试验时，在最佳的磨矿细度基础上，固定其他浮选条件不变，只进行调整剂的种类和用量试验。将试验结果绘制曲线图，以品位、回收率为纵坐标，调整剂用量为横坐标，根据曲线进行综合分析，找出调整剂的最佳用量。

在有把握根据生产经验确定调整剂种类和 pH 值的情况下，测定 pH 值和确定调整剂用量的方法如下：将调整剂分批地加入浮选机的矿浆中，待搅拌一定时间以后，用电 pH 计、比色法等测 pH 值，若 pH 值尚未达到浮选该种矿物所要求的数值时，可再加下一份调整剂，依此类推，直至达到所需的 pH 值为止，最后累计其用量。

其他药剂种类和用量的变化，有时会改变矿浆的 pH 值，此时可待各条件试验结束后，再按上述方法作检查试验校核，或将与 pH 值调整剂有交互影响的有关药剂进行多因素组合试验。

6.6.3　抑制剂试验

抑制剂在多金属矿石、非硫化矿石及一些难选矿石的分离浮选中起着决定性的作用。试验的方法也可按前面所述的方法，固定其他条件，仅改变抑制剂的种类和用量，分别进行浮选，找出其最有效的种类和最适宜的用量。

进行抑制剂试验，必须认识到抑制剂与捕收剂、pH 值调整剂等因素有时存在交互作用。例如，捕收剂用量少，抑制剂就可能用得少；捕收剂用量多，抑制剂用量也多，而这两种组合得到的试验指标可能是相等的。又如硫酸锌、水玻璃、氰化物、硫化钠等抑制剂的加入，会改变已经确定好的 pH 值和 pH 值调整剂的用量。另外在许多情况下混合使用抑制剂时，抑制剂品种之间亦存在交互影响，在存在交互影响时，采用多因素组合试验较合理。

6.6.4　捕收剂试验

捕收剂的种类，在大多数情况下，是根据长期的生产和研究实践预先选定的，或者在预先试验中便可确定，不一定单独作为一个试验项目。因而捕收剂试验通常是对已选定的捕收剂进行用量试验，其试验方法有二：

（1）固定其他条件，只改变捕收剂用量，例如其用量分别为20g/t、40g/t、60g/t、80g/t，分别进行试验，然后对所得结果进行对比分析。

（2）在一个单元试验中，分次添加捕收剂和分批刮泡，确定必需的捕收剂用量。即先加少量的捕收剂，刮取第一份泡沫，待泡沫矿化程度变弱后，再加入第二份药剂，并刮出第二份泡沫，此时的用量，可根据具体情况采用等于或少于第一份用量。以后再根据矿化情况添加第三份、第四份……药剂，分别刮取第三次、第四次……泡沫，直至浮选终点。各产物应分别进行化学分析，然后计算出累积回收率和累计品位，考查为欲达到所要求的回收率和品位，捕收剂用量应该是多少。此法较为简便，多用于预先试验。

生产实践证明，在某些情况下，使用混合捕收剂比单用一种捕收剂好。对捕收剂混合使用的试验方法，可以将不同捕收剂分成数个比例不同的组，再对每个组进行试验。例如两种捕收剂A和B，可分为1∶1、1∶2、1∶4等几个组，每组用量可分为40g/t、60g/t、80g/t、100g/t、120g/t；或者将捕收剂A的用量固定为几个数值，再对每个数值改变捕收剂B的用量进行一系列的试验，以求出最适宜的条件。

起泡剂一般不进行专门的试验，其用量多在预先试验或其他条件试验中顺便确定。

6.6.5 矿浆浓度试验

矿浆浓度对浮选影响较小，可根据实践资料确定。生产上大多数的浮选浓度在25%~40%之间（固体质量百分浓度），在特殊情况下，矿浆浓度高达55%和低到8%。一般处理泥化程度高的矿石，应采用较稀的矿浆，而处理较粗粒度的矿石时，宜采用较浓的矿浆。

在小型浮选试验过程中，随着泡沫的刮出，为维持矿浆液面不降低需添加补充水，矿浆浓度随之逐步变稀。这种矿浆浓度的不断变化，相应地使所有药剂的浓度和泡沫性质也随之变化。

6.6.6 矿浆温度试验

浮选一般在室温下进行，即介于15~25℃。当用脂肪酸类捕收剂浮选非硫化矿（如铁矿、萤石、白钨矿）时，常采用蒸汽或热水加温。某些复杂硫化矿（如铜钼、铜锌、铜铅、锌硫和铜镍等混合精矿）采用加温浮选工艺，有利于提高分选效果。在这些情况下，必须作浮选矿浆温度的条件试验。若矿石在浮选前要预先加温搅拌或进行矿浆的预热，则要求进行不同温度的试验。

6.6.7 浮选时间试验

浮选时间一般在进行各种条件试验过程中便可测出，因此，在进行每个试验时都应记录浮选时间。在浮选条件选定后，可做检查试验。此时可进行分批刮泡，分批刮取时间可分别为2min、1min、2min、3min、5min、…，依此类推，直至浮选终点。试验结果绘成曲线，横坐标为浮选时间（min），纵坐标为回收率（累积）和金属品位（加权平均累积）。根据曲线，可确定得到某一定回收率和品位所需浮选时间。

同时根据累积品位的曲线可划分粗选和扫选时间，此时以品位显著下降的地方作为分界点。

在确定浮选时间时，应注意捕收剂用量增加，可大大缩短浮选时间，若此时节省的电能及设备费用可补偿这部分药剂消耗，则增加捕收剂用量是有利的。

6.6.8　精选试验

根据浮选时间试验所确定的粗选时间刮取的粗精矿，需在小容积的浮选机中进行精选。精选次数大多数情况为1~2次，有时则多达7~8次（如萤石或辉钼矿的精选）。在精选作业中，通常不再加捕收剂和起泡剂，但要注意控制矿浆pH值，在某些情况下需加入抑制剂、解吸剂，甚至对精选前的矿浆进行特别处理。精选时间视具体情况确定。

为避免精选作业的矿浆浓度过分稀释，或矿浆体积超过浮选机的容积，可事先将泡沫产物静置沉淀，将多余的水抽出，用作浮选的洗涤水和补加水。

影响浮选过程的其他因素，可根据具体情况，参考上述的试验方法和有关资料进行试验。

6.7　实验室浮选闭路试验

实验室浮选闭路试验是由一系列的分批试验所组成，根据所确定的流程，在不连续的设备上模仿连续的生产过程进行试验，以检验和校核所选择的选别条件、选别流程，并初步确定最终选别指标。

闭路试验的目的是：找出中矿循环对选别过程的影响；找出由于中矿循环而必须调整的药剂用量；考查矿泥或其他有害物质（包括可溶性盐类）累积状况及其对浮选的影响；检查和校核所拟定的浮选流程，确定可能达到的浮选指标等。

6.7.1　浮选闭路试验的操作技术

闭路试验是按照开路试验选定的流程和条件，接连而重复地做几个试验，但每次所得的中间产品（精选尾矿、扫选精矿）仿照现场连续生产过程一样，给到下一试验的相应作业，直至试验产品达到平衡为止。例如图6-11所示的一粗、一精、一扫闭路流程，相应的实验室浮选闭路试验流程如图6-12所示。若流程中有几次精选作业，每次精选尾矿一般顺序返回前一作业，也可能有中矿再磨等。

一般情况下，闭路试验要接连做5~6个。为初步判断试验产品是否已经达到平衡，最好在试验过程中将产品（至少是精矿）过滤，把滤饼称湿重或烘干称重，如能进行产品的快速化验，那就更好。试验是否达到平衡，其标志是最后几个试验的浮选产品的金属量和产率是否大致相等。

如果在试验过程中发现中间产品的产率一直增加，达不到平衡，则表明中矿在浮选过程中没有得到分选，将来生产时也只能机械地分配到精矿和尾矿中，从而使精矿质量降低，尾矿中金属损失增加。

即使中矿量没有明显增加，如果根据各产品的化学分析结果看出，随着试验的依次往下进行，精矿品位不断下降，尾矿品位不断上升，一直稳定不下来，这也说明中矿没有得到分选，只是机械地分配到精矿和尾矿中。对以上两种情况，都要查明中矿没有得到分选的原因。如果通过产品的考察查明中矿主要是连生体组成，就要对中矿进行再磨，并将再磨产品单独进行浮选试验，判断中矿是否能返回原浮选循环还是单独处理。如果是其他方面的原因，也要对中矿单独进行研究后才能确定它的处理方法。

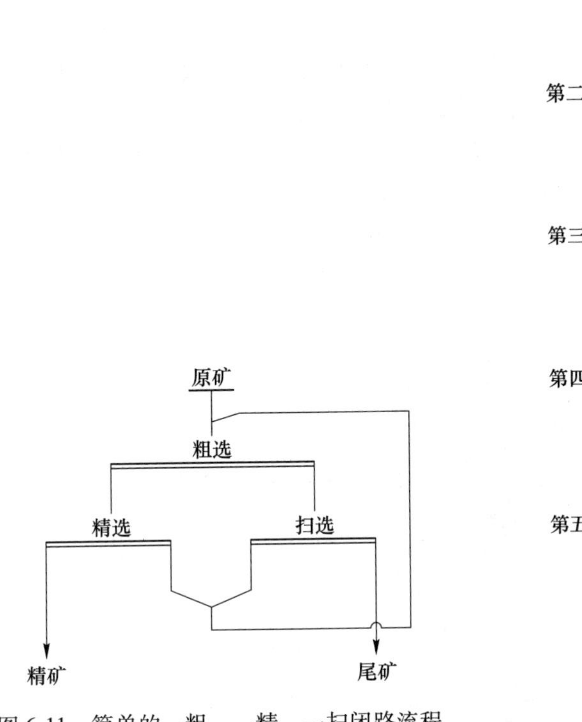

图 6-11　简单的一粗、一精、一扫闭路流程

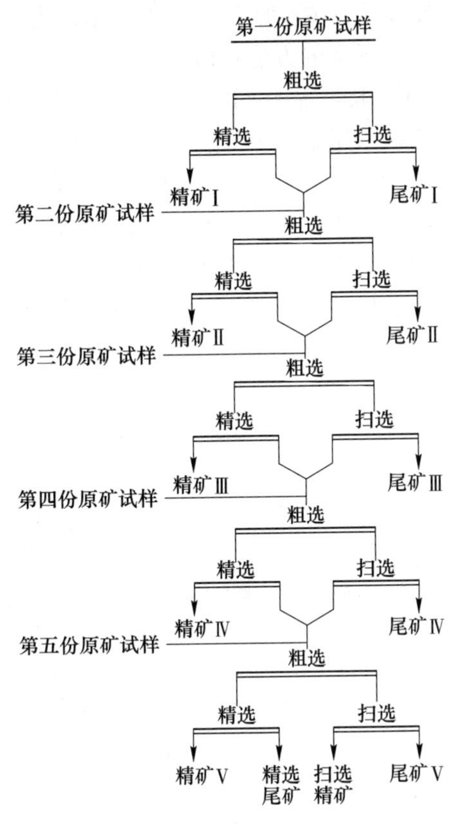

图 6-12　闭路试验流程示例

闭路试验操作中主要应当注意下列问题：

（1）随着中间产品的返回，某些药剂用量应酌情减少，这些药剂可能包括烃类非极性捕收剂，黑药和脂肪酸类等兼有起泡性质的捕收剂，以及起泡剂。

（2）中间产品会带进大量的水，因而在试验过程中要特别注意节约冲洗水和补加水，以免发生浮选槽装不下的情况，实在不得已时，把脱出的水留下来作冲洗水或补加水用。

（3）闭路试验的复杂性和产品存放造成影响的可能性，要求将整个闭路试验连续做到底，避免中间停歇使产品搁置太久，把时间耽搁降低到最低限度。应预先详细地作好计划，规定操作程序，严格遵照执行。必须预先制定出整个试验流程，标出每个产品的号码，以避免把标签或产品弄混所产生的差错。

6.7.2　浮选闭路试验结果计算方法

根据闭路试验结果计算最终浮选指标的方法如下：

（1）将所有精矿合并算作总精矿，所有尾矿合并作总尾矿，中矿单独再选一次，再选精矿并入总精矿中，再选尾矿并入总尾矿中。

（2）将达到平衡后的最后 2～3 个试验的精矿合并作总精矿，尾矿合并作总尾矿，然后根据：

$$总原矿 = 总精矿 + 总尾矿 \tag{6-5}$$

的原则反推总原矿的指标。中矿则认为进出相等，单独计算。这与选矿厂设计时计算闭路流程物料平衡的方法相似。

（3）取最后一个试验的指标作最终指标。

建议采用第 2 个方法，现将这个方法具体说明如下。

假设接连共做了 5 个试验，从第 3 个试验起，精矿和尾矿的质量及金属量即已稳定了，因而采用第 3、4、5 个试验的结果作为计算最终指标的原始数据。

图 6-13 表示已达到平衡的第 3、4、5 个试验的流程图，表 6-17 列出了表示各产品的质量、品位的符号，如果将 3 个试验看作一个总体，则进入这个总体的物料有：

$$原矿_3 + 原矿_4 + 原矿_5 + 中矿_2$$

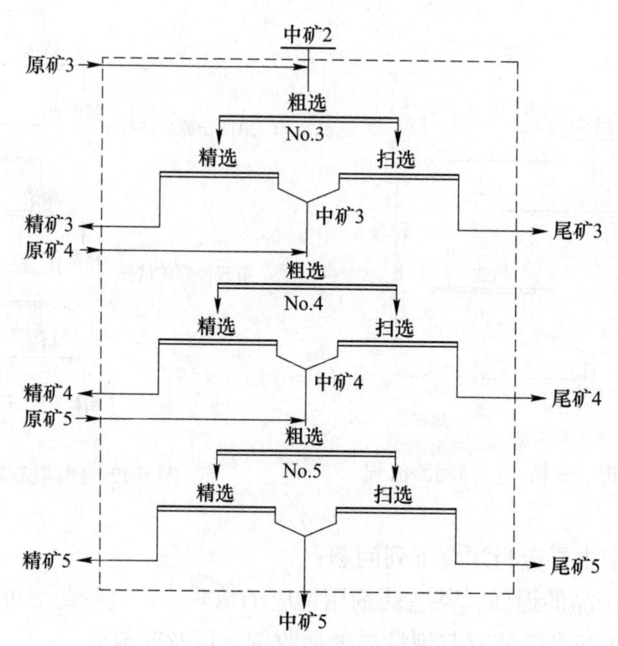

图 6-13　闭路试验结果计算流程

表 6-17　闭路试验结果

试验序号	精矿		尾矿		中矿	
	质量/g	品位/%	质量/g	品位/%	质量/g	品位/%
3	w_{c3}	β_3	w_{t3}	θ_3		
4	w_{c4}	β_4	w_{t4}	θ_4		
5	w_{c5}	β_5	w_{t5}	θ_5	w_{m5}	β_{m5}

从这个总体出来的物料有：

$$(精矿_3 + 精矿_4 + 精矿_5) + 中矿_5 + (尾矿_3 + 尾矿_4 + 尾矿_5)$$

由于试验已达到平衡，即可认为：

$$中矿_2 = 中矿_5 \tag{6-6}$$

则

原矿$_3$+原矿$_4$+原矿$_5$ = （精矿$_3$+精矿$_4$+精矿$_5$） + （尾矿$_3$+尾矿$_4$+尾矿$_5$）
下面分别计算产品质量、产率、金属量、品位、回收率等指标。

（1）质量和产率。每个单元试验的平均精矿质量为：

$$w_C = \frac{w_{C3} + w_{C4} + w_{C5}}{3} \tag{6-7}$$

平均尾矿质量为：

$$w_t = \frac{w_{t3} + w_{t4} + w_{t5}}{3} \tag{6-8}$$

平均原矿质量为：

$$w_o = w_c + w_t \tag{6-9}$$

由此分别算出精矿和尾矿的产率为：

$$\gamma_c = \frac{w_c}{w_o} \times 100\% \tag{6-10}$$

$$\gamma_t = \frac{w_t}{w_o} \times 100\% \tag{6-11}$$

（2）金属量和品位。品位是相对数值，因而不能直接相加后除 3 求平均值，而只能先计算绝对数值金属量 P，然后再算出品位。

3 个精矿的总金属量为：

$$P_c = P_{c3} + P_{c4} + P_{c5} = w_{c3} \cdot \beta_3 + w_{c4} \cdot \beta_4 + w_{c5} \cdot \beta_5 \tag{6-12}$$

精矿的平均品位为：

$$\beta = \frac{P_c}{3w_c} = \frac{w_{c3} \cdot \beta_3 + w_{c4} \cdot \beta_4 + w_{c5} \cdot \beta_5}{w_{c3} + w_{c4} + w_{c5}} \tag{6-13}$$

同理，尾矿的平均品位为：

$$\vartheta = \frac{P_t}{3w_t} = \frac{w_{t3} \cdot \vartheta_3 + w_{t4} \cdot \vartheta_4 + w_{t5} \cdot \vartheta_5}{w_{t3} + w_{t4} + w_{t5}} \tag{6-14}$$

原矿的平均品位为：

$$\alpha = \frac{(w_{c3} \cdot \beta_3 + w_{c4} \cdot \beta_4 + w_{c5} \cdot \beta_5) + (w_{t3} \cdot \vartheta_3 + w_{t4} \cdot \vartheta_4 + w_{t5} \cdot \vartheta_5)}{(w_{c3} + w_{c4} + w_{c5}) + (w_{t3} + w_{t4} + w_{t5})} \tag{6-15}$$

（3）回收率。精矿中金属回收率可按下列三式中任一公式计算，其结果均相等。即

$$\varepsilon = \frac{\gamma_c \cdot \beta}{\alpha} \tag{6-16}$$

$$\varepsilon = \frac{w_c \cdot \beta}{w_o \cdot \alpha} \times 100\% \tag{6-17}$$

$$\begin{aligned} \varepsilon &= \frac{\text{三个精矿的总金属量}}{\text{三个原矿的总金属量}} \times 100\% \\ &= \frac{w_{c3} \cdot \beta_3 + w_{c4} \cdot \beta_4 + w_{c5} \cdot \beta_5}{(w_{c3} \cdot \beta_3 + w_{c4} \cdot \beta_4 + w_{c5} \cdot \beta_5) + (w_{t3} \cdot \vartheta_3 + w_{t4} \cdot \vartheta_4 + w_{t5} \cdot \vartheta_5)} \times 100\% \end{aligned} \tag{6-18}$$

尾矿中金属的损失可按差值（即 100%-ε）计算。为了检查计算的差错，也可再按金

属量校核。

有了平均原矿的指标，也可算出中矿的指标。计算中矿指标的原始数据为中矿 5 的产品质量 w_{m5} 和品位 β_{m5}，要计算的是产率 γ_{m5} 和回收率 ε_{m5}。

$$\gamma_{m5} = \frac{w_{m5}}{w_o} \times 100\% \qquad (6\text{-}19)$$

$$\varepsilon_{m5} = \frac{\gamma_{m5} \cdot \beta_{m5}}{\alpha} \times 100\% \qquad (6\text{-}20)$$

计算中矿指标时，一定要记住中矿 5 只是一个试验的中矿，而不是第 3、4、5 个试验的“总中矿”。中矿 3 和中矿 4 还是存在的，只不过已在试验过程中用掉了。

6.8 选择性絮凝试验

随着选矿工业的发展，可利用的高品位矿石逐渐减少，选矿处理的矿石不仅日益贫化，而且有用矿物的嵌布粒度越来越细。这样的原料经细磨后用浮选法处理，将造成细粒级别难以回收，损失很大。因而普遍重视对处理细粒物料新工艺的研究，选择性絮凝就是比较有效的工艺之一。

目前，在试验研究的领域大致有：非磁性氧化铁燧岩经细磨，选择性絮凝-脱泥，然后进行反浮选获得高质量铁精矿；从锡-石英物料中选择性絮凝锡石；从石英-硅孔雀石物料中选择性絮凝硅孔雀石；从铜矿石细磨物料中选择性絮凝铜矿物；低品位高岭石-铝土矿经选择性絮凝后浮选以得到高铝硅比的铝土矿精矿等。近几年来，选择性絮凝-脱泥作为单一的选矿方法处理低品位铁矿石，试验证明效果良好。

6.8.1 选择性絮凝试验的内容

选择性絮凝是指在含有两种或两种以上的矿物悬浮液中，加入絮凝剂，由于矿物表面性质的不同，絮凝剂与某一矿物表面发生选择性吸附，通过桥联作用生成絮凝物而下沉，悬浮液中的其他矿物仍以分散状态存在，分离絮凝物和悬浮液，即可达到脱泥和分离矿物的目的。

选择性絮凝试验主要包括以下 3 个步骤：

（1）分散。絮凝之前，首先要加入分散剂。常用的分散剂有苏打、水玻璃、六偏磷酸钠、氢氧化钠、单宁等。分散剂一般加入磨矿机中。分散剂种类、用量和矿浆浓度，通过试验确定。加入分散剂的同时还要加入调整剂以调整矿浆的 pH 值。例如，对含铁石英岩一般要求用苛性钠将矿浆 pH 值调整到 10.5 左右，物料在强碱介质中才能得到充分的分散。调整剂的种类、用量通过试验确定。

（2）选择性絮凝。磨矿后的矿浆移至玻璃容器中，稀释至浓度为 17%左右，充分分散后，加入选择性絮凝剂，在一般情况下，使有用矿物产生絮凝，有时也使脉石矿物产生絮凝，而有用矿物处于分散状态。

常用的絮凝剂是各种淀粉，如木薯淀粉、土豆淀粉、芭蕉芋淀粉、腐植酸钠、橡子粉、石青粉、聚丙烯酰胺等。

絮凝剂的种类、用量通过试验确定。水质对选择性絮凝也有很大影响，自来水中常含

有 Ca^{2+}、Mg^{2+}、Fe^{3+}，它们会使絮凝过程的选择性降低，悬浮液浓度对选择性絮凝也有影响，浓度大则絮凝的选择性降低。

（3）分出絮团。矿浆中的絮团下沉后，用虹吸法脱除悬浮液，使絮团与悬浮物分离。絮团形成和下沉过程往往会夹带着部分杂质，为此须将絮团进行“再分散—再絮凝”处理。

选择性絮凝试验的目的是确定选择性絮凝工艺流程，各作业最佳工艺条件，可获得的最终指标。

6.8.2 选择性絮凝试验设备和操作技术

选择性絮凝试验常用的设备包括：电动搅拌器或超声波震荡器；500~1000mL 的量筒或较大的玻璃容器，容器外侧应贴上坐标纸条，以示矿浆容积，此外还有虹吸管、pH 计等。

把要进行选择性絮凝试验的矿石和分散剂加入磨矿机中进行磨矿，磨好的矿浆移至玻璃容器中，加水稀释至要求的浓度（5%~20%），然后加入调整剂并搅拌，再加入絮凝剂进行调浆，使絮凝剂均匀分散在矿浆中，静置待其分层，当矿浆明显地分为悬浮液和絮团沉淀物两层时，即用虹吸管吸出上部悬浮液，虹吸管口一般离絮团沉降层 10~15mm，为除去絮团夹带的杂质，可加水淘析，反复脱出悬浮物，至达到要求为止。

6.9 试验结果的处理与评价

6.9.1 试验结果精确度的概念

在科学实验中，为了说明事物的性质，分析和判断过程的变化和效率，必须要有能定量地反映这些性质、变化和效率的数字作依据，这些数字依据，就称为数据。

为了正确而科学地处理试验数据，首先必须了解试验结果的精确度。精确度指的是测试结果的重复性，而准确度指的是测试结果同真值的相差程度。在实际试验工作中，由于真值往往是不知道的，只能用平均值来代替，因而对于准确度和精确度这两个概念往往不加区别。测试结果的精确度通常就用测试误差的大小来度量。误差越小，表示精确度越高。

单项测试结果的精确度，通常取决于测试器具本身的精度。例如，用称量为 100g、感量为 1g 的台秤称重，测量结果的精确度就是±1g。因此，在测试过程中，正确地选用测试仪表，是非常重要的。例如，在实验室浮选试验中，用称量为 1kg、感量为 1g 的台秤来称量重 0.5kg 的原矿试样，相对误差仅为 0.2%，精确度是足够的；但若用同一台台秤称量重仅 10g 的精矿，相对误差就高达 10%，超过允许误差，因而此时应换用感量小一些的台秤，如称量为 100g、感量为 0.1g 的小台秤。

选矿工艺试验，是由多项直接测试和工艺操作组成。试验结果的精确度，是各个单项测试误差和各种操作条件的不可避免的随机波动的综合反映。例如，从原矿缩取、称量，到产品的截取、称量、缩分和化验，都可能产生误差。操作因素的随机波动，也必然导致试验指标相应地波动。因而选矿试验结果的精确度，不仅不可能直接根据测试器具精度推断，也难以利用误差传递理论间接地推算。例如，精矿产率的波动，主要不是由称量误差引起的，而是由操作因素的随机波动造成的，因而不能用台秤的精度来度量重复试验时产率的波动，更不能据此推算回收率的误差。

选矿工艺试验结果的精确度，主要通过重复试验测定。通常用多次重复试验的结果的平均值作为该结果的期望值，而用标准误差度量它的精确度。

例如，实验室小型试验，在找到了最优选矿方案和工艺条件之后，往往重复地做几次小型闭路试验或综合流程试验，作为提出最终指标的依据。若重复5次得出选矿回收率指标分别为83.0%、82.4%、8l.0%、83.0%、84.1%，在编写报告时，既不能任意地选取一个最高值（84.1%）作为最终推荐指标，也没有必要故意选一个最低值作为最终结果，以示保险，而是应如实地用5次试验的平均值代表最终结果，同时指出其波动范围，如本例的最终推荐指标的书写形式应为82.7%±1.4%。至于在今后设计中可能选用较低的指标，那是另外一个问题，那是考虑到生产条件和实验室条件间可能存在差别，而不是否定实验室试验结果本身。

6.9.2　试验结果的计算

6.9.2.1　选别指标的计算方法

选矿试验结果的计算，均通过产品的实际质量及其相应的化学分析数据，计算出选别结果的数质量指标。分批操作的小型单元试验，其主要选别指标一般按下列方法计算。

直接测试得到的原始数据是各个产品的质量和化验结果，即G_i和β_i，$i=1, 2, 3, \cdots, n$，i代表产品编号，n代表产品总数，需要计算的是原给矿的质量$\sum_{i=1}^{n} G_i$、产品的产率γ_i和回收率ε_i。

原给矿的质量：

$$\sum_{i=1}^{n} G_i = G_1 + G_2 + G_3 + \cdots + G_n \tag{6-21}$$

式中　$\sum_{i}^{n} G$——全部产品的累计质量，而不是给矿的原始质量。例如，若该试验单元的给矿的原始质量为500g，得精矿45g，尾矿450g，共重495g，这495g就是累计质量，或叫作“计算原矿质量”。计算选矿指标时，就应该使用这个“计算原矿质量”作为计算的基准。

在选矿试验中，全部产品的累计质量跟给矿原始质量的差值不得超过1%~3%（流程短时取低限，流程长时取高限），超过时表明试验操作不仔细，试验指标将不可靠，因而应返工重做。超差的具体原因可以是：操作损失、称量误差、试样没烘干，甚至是过多地加入了某些药剂等。

产品产率（质量百分数）：

$$\gamma_i = \frac{G_i}{\sum_{i=1}^{n} G_i} \times 100\% \tag{6-22}$$

金属回收率（金属分布率）：

$$\varepsilon = \frac{G_i\beta_i}{\sum_{i=1}^{n} G_i\beta_i} \times 100\% = \frac{\gamma_i\beta_i}{\sum_{i=1}^{n} \gamma_i\beta_i} \times 100\% \tag{6-23}$$

式中 $\frac{\sum_{i=1}^{n} \gamma_i\beta_i}{100}$——计算原矿品位。

计算原矿品位与试验给矿化验品位亦不应相差太大，其相对误差，应大致地等于质量误差与化验误差的和。因为计算给矿品位是根据各个产品的产率和品位累计出来的，其误差也应是各个产品的质量误差和化验误差的综合反映（操作上产品截取量的波动并不会影响计算原矿品位的数值）。例如，若允许质量误差为±2%，化验误差为±3%，计算原矿品位的误差就可能达到±5%，而不能保证也小于±3%。当然，这里讲的只是一个限度，若质量误差和化验误差均未达到上限数值，计算原矿品位的误差也可达到不超过允许化验误差，但不能作为标准来要求。只有当化验误差显著地大于质量误差时，才能近似地按化验允许误差确定计算原矿品位的允许误差。

6.9.2.2 有效数字问题

有效数字问题，是在一切试验数据计算工作中均可碰到的一个带共同性的问题。

有效数字是指能反映数值大小的数字，它的位数应与数值本身的精确度相适应，不论单位怎样变化，有效数字位数不应变化。例如：9704、97.04、0.0704 均为具有四位有效数字的数。

一个数的有效数字有几位，不仅取决于需要，更主要的是取决于该数所代表的量本身所具有的准确度。如前所述，选矿试验中的测试数据都不可能绝对准确，而是具有一定误差的近似值。习惯上在记载近似值时，只允许在末尾保留一位不准确的数字，而其余数字均是准确的。例如，若用最小分度为 0.01 的液体比重计测定重液的比重，读值为 1.48，则前两位数字是可靠的，最末尾一位数字虽然欠准确，但也是有意义的，它表示该数的绝对误差不会大于最末尾一位数字的一个单位，即真值应为 1.48±0.01，这三位数字都称为有效数字，但最后一位数字又称为“欠准数字”。决不允许在它的后面任意添加一个 0 而写作 1.480，因为这种写法表示该数的前三位都是准确的，仅最末尾一个“0”是欠准的，测量误差应是±0.001，这不符合实际情况。反之，若比重计最小分度是 0.001，测定结果就应写成 1.480 而不是 1.48。总之，数据的准确度仅取决于测试本身的精确度，而不会因为任意添加几位数字而变得更加准确，因而不允许随意增减。

需要特别说明的是，“0”这个数字，有时算有效数字，有时候却不能算。如前面已举过的 9704 中的 0，明显是有效数字；小数点后最末尾的 0，如 1.480 中的 0，也是有效数字；而一数最前面的零，如 0.9704 中最前面的那个 0，却不能算有效数字。

任意地增加数字的位数，不仅不能增加数据的准确度，还会使读者对测试结果的精确度作出错误判断，而且会无益地增大计算工作量。例如，两个 3 位数相乘，需运算 3×3=9 次；而两个 6 位数相乘，就要运算 6×6=36 次。因而正确地确定有效数字的位数，对于减少计算工作量具有重大意义。

在计算过程中，误差会传递，计算时应遵循以下运算原则：

（1）当有效数字位数确定后，其余数字应一律弃去。舍弃办法为“四舍六如五逢双”，即末尾有效数字后边的第一位数字大于 5，则在其前一位上增加 1，小于 5 则舍弃不计。等于 5 时，如前一位为奇数则增加 1，如为偶数则舍弃。

（2）在加减法运算中，所得结果的位数，通常只保留到各个已知数都有的最后一位为止。某些数中过多的位数，可用舍弃的原则处理，然后再进行计算。例如，将 76. 25 加 0. 069 再加上 8. 325 时，应写成 76. 25+0. 07+8. 32＝84. 64。

（3）在乘除法运算中，其积或商保留的有效数字位数与原来各个数中有效数字位数最少者相同。

结合选矿试验中工艺计算的具体情况，原始数据一般是产品的质量和品位，要计算的主要是回收率，必须认识到算出的回收率数字的误差一般应大于质量误差和化验误差，因而其有效数字位数一般应小于质量和品位数据的位数。

有经验的选矿工作者都知道，回收率的绝对误差控制到不超过 1%～2%都是很困难的，即使写成四位，如 86. 15%，大家也会认识到 86 这个 6 是不可靠的，再重复试验一次其结果就可能变为 84%、85%或 87%、88%。但考虑到编制金属平衡时会碰到一些产品的回收率只有百分之几，若小数点后的数字都按四舍五入的方法去掉，就变成只剩下一位有效数字。对这些产品而言，相对误差就太大了。因而允许在小数点后再保留一位数字。这样，对于回收率在 10%以上的数据，就有三位有效数字，对于回收率为 1%～10%的数据，也有两位有效数字，均大体符合数据本身的精确度。

6. 9. 3　试验结果的表示

科学实验工作中获得的大量原始数据常是杂乱无章的，只有通过整理，按照一定的形式表示出来，才便于分析其中的相互联系和变化规律。选矿试验中常用的表示方法有列表法和图示法两种。

6. 9. 3. 1　列表法

选矿试验的数据，一般可分为自变数和因变数两类。如选矿工艺条件试验中，工艺条件就是自变数，对应的工艺指标就是因变数。列表法就是将一组试验数据中的自变数和因变数的各个对应数值按一定的形式和顺序一一地列出来。

选矿试验中常用的表格可按其用途分为两类，一类是原始记录表，另一类是试验结果表。原始记录表供试验时作原始记录用，要求表格形式具有通用性，能详细地记载全部试验条件和结果。由于其内容比较庞杂，记录顺序只能按实际操作的先后顺序，因而不便于观察自变数和因变数的对应关系，正式编写报告时一般还须重新整理，不能直接利用。可供参考的原始记录表的形式见表 6-18。

试验结果表是由原始记录表汇总整理而得，可以是一组试验一张表，也可以是每说明一个问题一张表。总的原则是要突出所考查的自变数和因变数，因而一般只将所要考查的那个试验条件列在表内，其他固定不变的条件则最好以注解的形式附在表下或直接在报告正文中说明。试验结果只列出主要指标（一般是 γ、β、ε）。各个单元试验结果的排列顺序要与自变数本身的增减顺序相对应，这样就可鲜明地显示出自变数和因变数的相互关系和变化规律。表 6-19 是试验结果表的一种格式。

表 6-18 选矿试验记录

试验项目______________ 试验日期： 年 月 日 室温：

试验编号	产品化验编号	产品名称	质量 G/g	产率 γ/%	品位 β/%			$G\beta$ 或 $\gamma\beta$			回收率 ε/%			试验流程和条件

原始试样的名称和质量__________________ __________________试验组

表 6-19 离心选矿机给矿体积试验结果

试验编号	产品名称	产率/%	品位/%	回收率/%	给矿体积 /L · min^{-1}	备注
1	精矿				60	
	尾矿					
	原矿					
2	精矿				70	
	尾矿					
	原矿					
⋮					⋮	

注：试验的共同条件。给矿浓度，27%；转鼓转速，350r/min；给矿周期，2.5min。

往表中填写数据时应注意如下几点：

（1）数字为零时记作“0”，数据空缺时记作“—”。

（2）有单位的数据，应统一将单位注在表头，而不要逐个地写入表中。

（3）同一列中的数据，小数点应上下对齐。

（4）过大过小的数字，应改用较大或较小的单位，或写作$\times 10^{N}$或$\times 10^{-N}$的形式，以免表中数字过于烦琐。

如 5000g/t 最好改写为 5kg/t，0.010kg/t 宜改为 10g/t，0.0002mol/L 应写成 2×10^{-4}mol/L。

列表法有许多优点：（1）简单易作。（2）不需要特殊纸张和仪器。（3）形式紧凑。

(4) 同一表内可表示几个变数间的关系而不混乱。因此在选矿试验结果的处理中广泛应用。

6.9.3.2　图示法

选矿试验中常用的图示法有两类，一类是以工艺条件为横坐标，工艺指标为纵坐标，绘制 $\psi=\phi(\xi)$ 的关系曲线，式中，ψ 常为回收率、品位等指标，ξ 常为磨矿细度、磁场强度、药剂用量等条件，用于直接根据工艺指标选取工艺条件，如图 6-14（a）所示；另一类纵坐标和横坐标均为工艺指标，如 $\varepsilon=\phi(\gamma)$、$\beta=\phi(\gamma)$、$\varepsilon_a=\phi(\varepsilon_b)$、$\beta_a=\phi(\beta_b)$ 等，如图 6-14（b）所示，可以比较方便地判断产品的合理截取量。

图 6-14（a）和图 6-14（b）所示为某弱磁性铁矿石用强磁场磁力分析仪磁析结果的两种图示法。

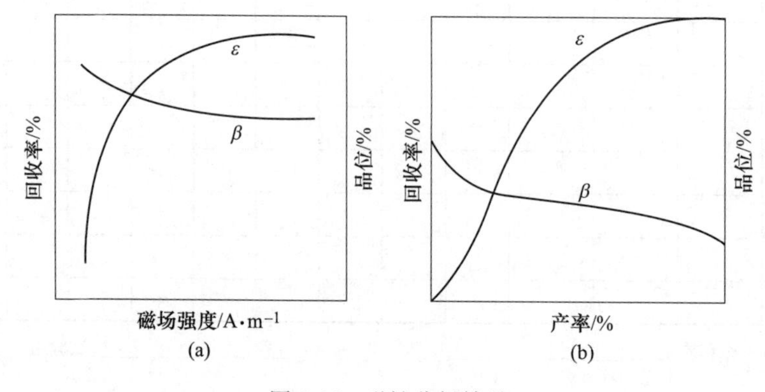

图 6-14　磁性分析结果

作图时应注意以下几点：

(1) 坐标的分度应与试验误差相适应，即坐标的比例应该大小适当，做到既能鲜明地显示出试验结果的规律性变化，又不至于将由试验误差引起的随机波动夸大为规律性的变化。

(2) 只有两个试点时不应作图，三点一般用折线连结，至少要有四点才可描成曲线。

(3) 曲线一般应光滑匀称，只有少数转折点。

(4) 曲线不一定直接通过图上各点，但曲线所经过的地方应尽可能接近所有点。原因是任何试验均有误差，实验曲线实际上是按最小二乘法原理得出的回归方程的图形，实际测试值将以一定的概率波动在回归曲线两旁的一定范围内。

(5) 位于曲线一边的点数应与另一边的点数相近，但并不要求相等。

(6) 遇有远离光滑曲线的奇异点时，应补做试验加以校核。若校核试验的试点移至曲线附近，即表明原来的试验结果有问题，这时可将原来的数据舍弃而改用新的数据；若校核性试验结果同原试验结果接近，说明曲线确实在此处有较大转折，便应如实地将此绘出，而不应片面地追求光滑匀称。

用图形表示试验结果，能更加简明直观、突出而清晰地显示出自变数和因变数之间的相互联系和变化规律，缺点是不可能将有关数据全部绘入图中，因而在原始记录和原始报告中总是图表并用。

6.9.4 试验结果的评价

试验结果的评价，是指判断试验结果好坏的方法和标准，通常是用选矿技术指标和选矿效率指标作为综合判断质与量两个方面的标准。

选矿工艺上，通常用以判断选矿过程效率的指标有回收率 ε 、品位 β 、产率 γ、金属量 P、富矿比和选矿比等。这些指标都不能同时从数量和质量两个方面反映选矿过程的效率，例如，回收率和金属量是数量指标，品位和富矿比是质量指标，产率和选矿比若不同其他指标连用则根本不能说明问题。因此，在实际工作中通常是连用其中两个指标，即一个数量指标（如回收率）和一个质量指标（如品位）。

用一对指标作判据，常会出现不易分辨的情况。例如，两个试验，一个品位较高而回收率较低，另一个品位较低而回收率较高，就不易判断究竟是哪个试验的结果较好。因此，长期以来，有不少人致力于寻找一个综合指标来代替用一对指标作判据的方法，为此提出了各式各样的效率公式。但由于选矿工艺过程的不同特点，对分离效率的要求往往不同，实际上无法找到一个通式来反映各种分选过程的效率。而只能是在不同情况下选择不同的判据，并在利用综合指标作为主要判据的时候，同时利用各个单独的质量指标和数量指标作辅助判据。

另一个评价选矿效率的方法是图解法，其实质也是利用一对指标作判据，当其中一个指标相同时，可利用图中曲线推断出另一个指标是高是低，因而不会出现不好比较的情况。

6.9.4.1 选矿效率

选矿效率也称分选效率，是用于评价选矿过程好坏的综合性技术指标。包括数量指标回收率和质量指标品位等综合成一个单一的指标，能同时反映分离过程的量效率和质效率。

以分选效率的概念判断选矿过程获得最高回收率和最小精矿产率，也就是在精矿中全部选出目的矿物，而不夹带脉石时，则分选效率最高。但实际在浮选过程中要选出全部目的矿物而不夹带脉石是不可能的，因此，任何分选过程都不能达到最高效率。选矿作业应以最小精矿产率和最高精矿回收率为目标。但由于具体分选过程各有特点，人们对效率的概念及评比的目的有差异，从而评判效率的根据（判据）也就不同。

现仅就分选过程的不同特点，介绍两种常用分选效率公式。

A 第一种分选效率公式

$$E = \frac{\varepsilon - \gamma}{100 - \alpha_0} \times 100\% \qquad (6\text{-}24)$$

式中 ε——金属在精矿中的回收率,%；

γ——精矿产率,%；

α_0——原矿中有用矿物的含量,%；若原矿中有用矿物成分含量很低，可用原矿有用成分的含量代替有用矿物的含量而不致引起大的差异；

E——选矿效率,%。

第一种分选效率公式只有在分选过程要求精矿产率大，富矿比小，回收率高的情况下适用，如稀贵矿物的粗选、扫选常用这个公式。

B　第二种分选效率公式

$$E = \frac{\varepsilon - \gamma}{100 - \gamma} \times \frac{\beta - \alpha}{\beta_{max} - \alpha} \times 100\% \quad (6\text{-}25)$$

$$E = \frac{\beta - \alpha}{\beta_{max} - \alpha} \times \varepsilon \quad (6\text{-}26)$$

式中　β——精矿品位,%；

β_{max}——理论最高精矿品位,%，即纯矿物的品位；

α——原矿品位,%；

ε——金属在精矿中的回收率,%；

E——选矿效率,%；

γ——精矿产率,%。

当要求分选过程中富矿比大，精矿品位高的场合下，可用第二种分选效率。

除此之外，根据经济效益评价选矿效率，原则上应该是很合理的，但由于经济效益往往受许多因素影响，因此还没有找到一个合适的通用判据。

6.9.4.2　图解法

曲线图解法主要用于产品能用简单物理方法分离（重液分离、磁析、筛析、水析等）的场合。用它来评价试验结果的好坏，最终判据是单一数据，容易得出明确结论。

在一般情况下，其方法是首先将每个对比方案均按分批截取精矿的方法进行试验，然后分别绘制 $\varepsilon=\phi(\gamma)$、$\varepsilon=\phi(\beta)$ 等关系曲线。此时哪个方案的曲线位置较高，其分选效率必然是较优的，如图 6-15 和图 6-16 所示，因为在 $\varepsilon=\phi(\gamma)$ 图上，曲线位置较高，即意味着在相同精矿产率下 ε 较高，既然 γ 相同，ε 较高则 β 也必然较高；而在 $\varepsilon=\phi(\beta)$ 图中，曲线位置较高表明 β 相同时 ε 较高。

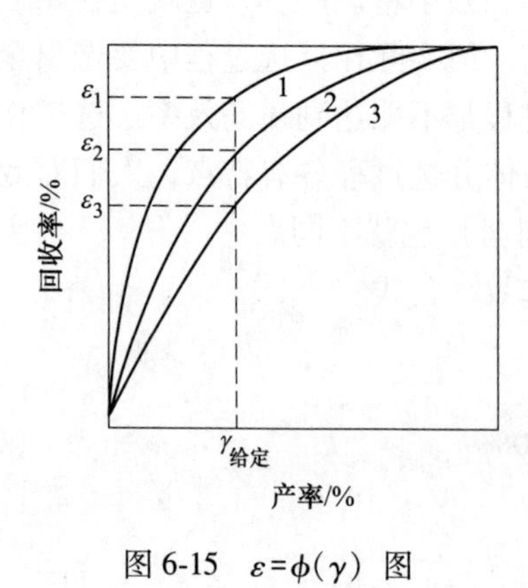

图 6-15　$\varepsilon=\phi(\gamma)$ 图

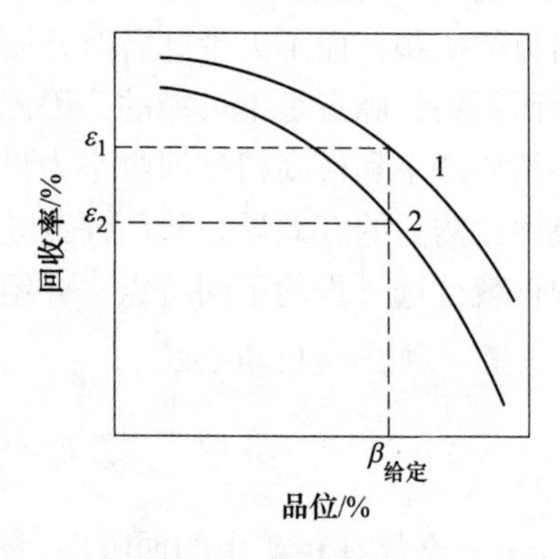

图 6-16　$\varepsilon=\phi(\beta)$ 图

用图解法评价选矿效率比用分选效率指标要确切可靠得多，但是为连成曲线往往需要较多的原始数据，相应地试验工作量较大。因而目前只是作为一种辅助的方法使用，在大多数情况下仍然是利用各种数字指标作判据。

6.9.5 试验报告的编写

试验报告是试验的总结和报道，应说明的主要问题为：

(1) 试验任务。

(2) 试验对象——试样的来源和性质。

(3) 试验的技术方案——选矿方法、流程、条件等。

(4) 试验结果——推荐的选矿方案和技术经济指标。

为了说明试验条件同生产条件的接近程度和结果的可靠性，一般还要对所使用的试验设备、药品、试验方法和实验技术等作一扼要的说明。连续性选矿试验和半工业试验，特别是采用了新设备的，必须对所用设备的规格、性能，以及与工业设备的模拟关系作出准确说明，以便能顺利地实现向工业生产的转化。

试验的中间过程，在报告的正文中只摘要阐述，以使阅读者了解试验工作的详细程度和可靠程度，确定最终方案，以及在需要时可据此进行进一步的工作。详细材料可作为附件或原始资料存档。

试验报告通常可由下面几个部分组成：

(1) 封面——报告名称、试验单位、编写日期等。

(2) 前言——对试验任务、试样以及所推荐的选矿方案和最终指标作一简单介绍，使读者一开始即了解试验工作的基本情况。

(3) 矿床特性和采样情况的简要说明。

(4) 矿石性质。

(5) 选矿试验方法和结果。

(6) 结论——主要介绍所推荐的选矿方案和指标，并给以必要的论证和说明。

(7) 附录或附件。

必要时可附参考文献。

供选矿厂设计用的试验报告，一般要求包括下列具体内容：

(1) 矿石性质。包括矿石的物质组成，以及矿石及其组成矿物的理化性质，这是选择选矿方案的依据，不仅试验阶段需要，设计阶段也需要了解。因为设计人员在确定选厂建设方案时，并非完全依据试验工作的结论，在许多问题上还需参考现场生产经验独立作出判断，此时必须有矿石性质的资料作为依据，才能进行对比分析。

(2) 推荐的选矿方案。包括选矿方法、流程和设备类型（不包括设备规格）等，要具体到指明选别段数、各段磨矿细度、分级范围、作业次数等。这是对选矿试验的主要要求，它直接决定着选厂的建设方案和具体组成，必须慎重考虑。若有两个以上可供选择的方案，各项指标接近，试验人员无法作出最终决断时，也应该尽可能阐述清楚自己的观点，并提出足够的对比数据，以便设计人员能据此进行对比分析。

(3) 最终选矿指标，以及与流程计算有关的原始数据。这是试验部门能向设计部门提供的主要数据，但有关流程中间产品的指标往往要通过半工业或工业试验才能获得，实验室试验只能提供主要产品的指标。

(4) 与计算设备生产能力有关的数据。如可磨度、浮选时间、沉降速度、设备单位负荷等，但除相对数字（如可磨度）以外，大多要在半工业或工业试验中确定。

（5）与计算水、电、材料消耗等有关的数据。如矿浆浓度、补加水量、浮选药剂用量、焙烧燃料消耗等，但也要通过半工业和工业试验才能获得较可靠的数据，实验室试验数据只能供参考。

（6）选矿工艺条件。实验室试验所提供的选矿工艺条件，大多数只能给工业生产提供一个范围，说明其影响规律，具体数字往往要到开工调整生产阶段才能确定，并且在生产中也还要根据矿石性质的变化不断调节。因而除了某些与选择设备、材料类型有关的资料，如磁场强度、重介质选矿加重剂类型、浮选药剂品种等必须准确提出以外，其他属于工艺操作方面的因素，在实验室试验阶段主要是查明其影响规律，以便今后在生产上进行调整时有所依据，而不必过分追求其具体数字。

（7）产品性能，包括精矿、中矿、尾矿的物质成分和粒度、比重等物理性质方面的资料，作为考虑下一步加工方法（如冶炼）和尾矿堆存等问题的依据。

本章小结

选矿试验按目的可分为：矿石可选性试验；选矿新工艺、新设备和新药剂的研究；选矿基础理论的研究。矿石可选性研究的基本任务，在于合理地解决矿床的合理利用问题。试验计划的核心是试验方案，即选矿试验中准备采用的选矿方法、选矿流程和选矿设备等。正确地拟订选矿试验方案，首先必须对矿石性质进行充分的了解。

试验设计是为了提高工作效率，以较少的试验次数、较短的时间和较低的费用，获得较精确的信息，更好地完成试验任务，事先要对试验进行科学合理的计划和安排。

浮选试验的主要内容包括：确定选别方法和流程；确定最佳工艺条件；提出最终选别指标和必要的其他技术指标。而浮选试验的关键是用各种药剂调整矿物可浮性的差异，以达到各种组成矿物选择性分离的目的。

浮选试验的程序：拟定原则方案；做好试验前的准备工作；预先试验；条件试验；闭路试验。

选矿试验结果的计算，均通过产品的实际质量及其相应的化学分析数据，计算出选别结果的数质量指标。

选矿试验中常用的表示方法有列表法和图示法两种。试验结果的评价，通常是用选矿技术指标和选矿效率指标作为综合判断质与量两个方面的标准。试验报告是试验的总结和报道。

复习思考题

6-1　选矿试验按目的可分为哪几种？

6-2　什么是矿石的可选性和矿石可选性试验？

6-3　选矿试验的目的是什么？

6-4　选矿试验研究的程序如何安排？

6-5　怎样拟订选矿试验计划？

6-6　什么是选矿试验方案？

6-7 矿石性质研究的内容、方法及目的是什么?

6-8 结合自身经验，试举例说明如何根据矿石性质拟订选矿试验方案。

6-9 常用的试验方法有哪些?

6-10 怎样安排正交试验?

6-11 浮选试验的主要内容和程序是什么?

6-12 浮选试验前要做哪些准备工作?

6-13 浮选试验一般由哪些操作组成?

6-14 浮选条件试验包括哪些项目，怎样进行磨矿细度试验和捕收剂试验?

6-15 浮选闭路试验的目的是什么，怎样判断浮选闭路试验是否已平衡，浮选闭路试验操作中应注意什么?

6-16 浮选闭路试验结果如何计算?

6-17 选矿试验中常用的结果表示方法有哪几种?

6-18 怎样编写试验报告?

参 考 文 献

[1] 胡为柏．浮选［M］．修订版．北京：冶金工业出版社，1992.

[2] 郭梦熊．浮选［M］．徐州：中国矿业大学出版社，1989.

[3] 见百熙．浮选药剂［M］．北京：冶金工业出版社，1981.

[4] 杨顺梁，林任英．选矿知识问答［M］．北京：冶金工业出版社，1988.

[5] 卢世杰．浮选设备研究发展概述［C］//第四届全国选矿设备学术会议论文集．北京：中国矿业杂志社，2001：26-30.

[6] 龚明光．浮游选矿［M］．北京：冶金工业出版社，1997.

[7] 沈政昌．大型浮选机评述［C］//第七届全国矿产资源综合利用学术会议论文集．北京：中国矿业杂志社，2004：229-233.

[8] 张强．选矿概论［M］．北京：冶金工业出版社，1990.

[9] 选矿手册编辑委员会．选矿手册第三卷第二分册［M］．北京：冶金工业出版社，1993.

[10] 孙时元．中国选矿设备实用手册［M］．北京：机械工业出版社，1994.

[11] 成清书．矿石可选性研究［M］．北京：冶金工业出版社，1992.

附录　常用正交表

一、$L_4(2^3)$

试验号＼列号	1	2	3
1	1	1	1
2	2	1	2
3	1	2	2
4	2	2	1

注：任意两列的交互列是另外一列。

二、$L_8(2^7)$

试验号＼列号	1	2	3	4	5	6	7
1	1	1	1	2	2	1	2
2	2	1	2	2	1	1	1
3	1	2	2	2	2	2	1
4	2	2	1	2	1	2	2
5	1	1	1	1	1	2	2
6	2	1	2	1	2	2	1
7	1	2	2	1	1	1	1
8	2	2	1	1	2	1	2

注：任意两列的交互作用均占一列，对应列号如下：

试验号＼列号	1	2	3	4	5	6	7
1		7	6	5	4	3	2
2	7		5	6	3	4	1
3	6	5		7	2	1	4
4	5	6	7		1	2	3
5	4	3	2	1		7	6
6	3	4	1	2	7		5
7	2	1	4	3	6	6	

三、$L_{12}(2^3 \times 3^1)$

试验号＼列号	1	2	3	4
1	1	1	1	2
2	2	1	2	2
3	1	2	2	2
4	2	2	1	2
5	1	1	1	1
6	2	1	2	1
7	1	2	2	1
8	2	2	1	1
9	1	1	1	3
10	2	1	2	3
11	1	2	2	3
12	2	2	1	3

四、$L_{16}(2^{15})$

试验号＼列号	1	2	3	4	5	6	7	8	9	10	11	12	13	14	15
1	1	1	1	1	1	1	1	1	1	1	1	1	1	1	1
2	1	1	1	1	1	1	1	2	2	2	2	2	2	2	2
3	1	1	1	2	2	2	2	1	1	1	1	2	2	2	2
4	1	1	1	2	2	2	2	2	2	2	2	1	1	1	1
5	1	2	2	1	1	2	2	1	1	2	2	1	1	2	2
6	1	2	2	1	1	2	2	2	2	1	1	2	2	1	1
7	1	2	2	2	2	1	1	1	1	2	2	2	2	1	1
8	1	2	2	2	2	1	1	2	2	1	1	1	1	2	2
9	2	1	2	1	2	1	2	1	2	1	2	1	2	1	2
10	2	1	2	1	2	1	2	2	1	2	1	2	1	2	1
11	2	1	2	2	1	2	1	1	2	1	2	2	1	2	1
12	2	1	2	2	1	2	1	2	1	2	1	1	2	1	2
13	2	2	1	1	2	2	1	1	2	2	1	1	2	2	1
14	2	2	1	1	2	2	1	2	1	1	2	2	1	1	2
15	2	2	1	2	1	1	2	1	2	2	1	2	1	1	2
16	2	2	1	2	1	1	2	2	1	1	2	1	2	2	1

$L_{16}(2^{15})$ 表头设计

试验号 \ 列号	1	2	3	4	5	6	7	8	9	10	11	12	13	14	15
4	*A*	*B*	*AB*	*C*	*AC*	*BC*		*D*	*AD*	*BD*		*CD*			
5	*A*	*B*	*AB*	*C*	*AC*	*BC*	*DE*	*D*	*AD*	*BD*	*CE*	*CD*	*BE*	*AE*	*E*
6	*A*	*B*	*AB* *DE*	*C*	*AC* *DF*	*BC* *EF*		*D*	*AD* *BE* *CF*	*BD* *AE*	*E*	*CD* *AF*	*F*		*CE* *BF*
7	*A*	*B*	*AB* *DE* *FG*	*C*	*AC* *DF* *EG*	*BC* *EF* *DG*		*D*	*AD* *BE* *CF*	*BD* *AE* *CG*	*E*	*CD* *AF* *BG*	*F*	*G*	*CE* *BF* *AG*
8	*A*	*B*	*AB* *DE* *FG* *CH*	*C*	*AC* *DF* *EG* *BH*	*BC* *EF* *DG* *AH*	*H*	*D*	*AD* *BE* *CF* *GH*	*BD* *AE* *CG* *FH*	*E*	*CD* *AF* *BG* *EH*	*F*	*G*	*CE* *BF* *AG* *DH*

五、$L_{32}(2^{31})$

试验号 \ 列号	1	2	3	4	5	6	7	8	9	10	11	12	13	14	15	16	17	18	19	20	21	22	23	24	25	26	27	28	29	30	31
1	1	1	1	2	2	1	2	1	2	2	1	1	1	2	2	1	2	1	1	2	1	2	1	1	2	1	2	2	1	2	1
2	2	1	2	2	1	1	1	1	1	2	2	1	2	2	1	1	1	1	2	2	2	2	2	1	1	1	1	2	2	2	2
3	1	2	2	2	2	2	1	1	2	1	2	1	1	1	1	1	2	2	2	2	1	1	2	1	2	2	1	2	1	1	2
4	2	2	1	2	1	2	2	1	1	1	1	1	2	1	2	1	1	2	1	2	2	1	1	1	1	2	2	2	2	1	1
5	1	1	2	1	1	2	2	1	2	2	2	2	2	1	2	1	2	1	2	1	2	1	1	1	2	1	1	1	2	1	1
6	2	1	1	1	2	2	1	1	1	2	1	2	1	1	1	1	1	1	1	1	1	1	2	1	1	1	2	1	1	1	2
7	1	2	1	1	1	1	1	1	2	1	1	2	2	2	1	1	2	2	1	1	2	2	2	1	2	2	2	1	2	2	2
8	2	2	2	1	2	1	2	1	1	1	2	2	1	2	2	1	1	2	2	1	1	2	1	1	1	2	1	1	1	2	1
9	1	1	1	1	2	2	1	2	1	1	2	1	2	2	2	1	2	1	1	1	1	1	2	2	1	2	1	2	2	2	1
10	2	1	2	1	1	2	2	2	2	1	1	1	1	2	1	1	1	1	2	1	2	1	1	2	2	2	2	2	1	2	2
11	1	2	2	1	2	1	2	2	1	2	1	1	2	1	1	1	2	2	2	1	1	2	1	2	1	1	2	2	2	1	2
12	2	2	1	1	1	1	1	2	2	2	2	1	1	1	2	1	1	2	1	1	2	2	2	2	2	1	1	2	1	1	1
13	1	1	2	2	1	1	1	2	1	1	1	2	1	1	2	1	2	1	2	2	2	2	2	2	1	2	2	1	1	1	1
14	2	1	1	2	2	1	2	2	2	1	2	2	2	1	1	1	1	1	1	2	1	2	1	2	2	2	1	1	2	1	2
15	1	2	1	2	1	2	2	2	1	2	2	2	1	2	1	1	2	2	1	2	2	1	1	2	1	1	1	1	1	2	2
16	2	2	2	2	2	2	1	2	2	2	1	2	2	2	2	1	1	2	2	2	1	1	2	2	2	1	2	1	2	2	1
17	1	1	1	2	1	2	1	2	2	2	1	1	2	1	1	2	1	2	2	1	1	2	1	1	1	2	1	1	1	2	1
18	2	1	2	2	2	2	2	2	1	2	2	1	1	1	2	2	2	2	1	1	2	2	2	1	2	2	2	1	2	2	2
19	1	2	2	2	1	1	2	2	2	1	2	1	2	2	2	2	1	1	1	1	1	1	2	1	1	1	2	1	1	1	2
20	2	2	1	2	2	1	1	2	1	1	1	1	1	2	1	2	2	1	2	1	2	1	1	1	2	1	1	1	2	1	1
21	1	1	2	1	2	1	1	2	2	2	2	2	1	2	1	2	1	2	1	2	2	1	1	1	1	2	2	2	2	1	1
22	2	1	1	1	1	1	2	2	1	2	1	2	2	2	2	2	2	2	2	2	1	1	2	1	2	2	1	2	1	1	2
23	1	2	1	1	2	2	2	2	2	1	1	2	1	1	2	2	1	1	2	2	2	2	2	1	1	1	1	2	2	2	2
24	2	2	2	1	1	2	1	2	1	1	2	2	2	1	1	2	2	1	1	2	1	2	1	1	2	1	2	2	1	2	1
25	1	1	1	1	1	1	2	1	1	1	2	1	1	1	1	2	1	2	2	2	1	1	2	2	2	1	2	1	2	2	1
26	2	1	2	1	2	1	1	1	2	1	1	1	2	1	2	2	2	2	1	2	2	1	1	2	1	1	1	1	1	2	2
27	1	2	2	1	1	2	1	1	1	2	1	1	1	2	2	2	1	1	1	2	1	2	1	2	2	2	1	1	2	1	2
28	2	2	1	1	2	2	2	1	2	2	2	1	2	2	1	2	2	1	2	2	2	2	2	2	1	2	2	1	1	1	1
29	1	1	2	2	2	2	2	1	1	1	1	2	2	2	1	2	1	2	1	1	2	2	2	2	2	1	1	2	1	1	1
30	2	1	1	2	1	2	1	1	2	1	2	2	1	2	2	2	2	2	2	1	1	2	1	2	1	1	2	2	2	1	2
31	1	2	1	2	2	1	1	1	1	2	2	2	2	1	2	2	1	1	2	1	2	1	1	2	2	2	2	2	1	2	2
32	2	2	2	2	1	1	2	1	2	2	1	2	1	1	1	2	2	1	1	1	1	1	2	2	1	2	1	2	2	2	1

注：表中套有 $L_{16}(2^{15})$、$L_8(2^7)$ 和 $L_4(2^3)$，但其中 $L_{16}(2^{15})$ 的排法与前页第四表不同，因而表头设计也不相同。

六、$L_9(3^4)$

试验号＼列号	1	2	3	4
1	1	1	3	2
2	2	1	1	1
3	3	1	2	3
4	1	2	2	1
5	2	2	3	3
6	3	2	1	2
7	1	3	1	3
8	2	3	2	2
9	3	3	3	1

注：任意两列的交互列是另外两列。

七、$L_{16}(4^5)$

试验号＼列号	1	2	3	4	5
1	1	1	4	3	2
2	2	1	1	1	3
3	3	1	3	4	1
4	4	1	2	2	4
5	1	2	3	2	3
6	2	2	2	4	2
7	3	2	4	1	4
8	4	2	1	3	1
9	1	3	1	4	4
10	2	3	4	2	1
11	3	3	2	3	3
12	4	3	3	1	2
13	1	4	2	1	1
14	2	4	3	3	4
15	3	4	1	2	2
16	4	4	4	4	3

注：任意两列的交互列是另外三列。

八、$L_{25}(5^6)$

试验号 \ 列号	1	2	3	4	5	6
1	1	1	2	4	3	2
2	2	1	5	5	5	4
3	3	1	4	1	4	1
4	4	1	1	3	1	3
5	5	1	3	2	2	5
6	1	2	3	3	4	4
7	2	2	2	2	1	1
8	3	2	5	4	2	3
9	4	2	4	5	3	5
10	5	2	1	1	5	2
11	1	3	1	5	2	1
12	2	3	3	1	3	3
13	3	3	2	3	5	5
14	4	3	5	2	4	2
15	5	3	4	4	1	4
16	1	4	4	2	5	3
17	2	4	1	4	4	5
18	3	4	3	5	1	2
19	4	4	2	1	2	4
20	5	4	5	3	3	1
21	1	5	5	1	1	5
22	2	5	4	3	2	2
23	3	5	1	2	3	4
24	4	5	3	4	5	1
25	5	5	2	5	4	3

注：任意两列的交互列是另外四列。

九、$L_{27}(3^{13})$

试验号＼列号	1	2	3	4	5	6	7	8	9	10	11	12	13
1	1	1	3	2	1	2	2	3	1	2	1	3	3
2	2	1	1	1	1	1	3	3	2	1	1	2	1
3	3	1	2	3	1	3	1	3	3	3	1	1	2
4	1	2	2	1	1	2	2	2	3	1	3	1	1
5	2	2	3	3		1	3	2	1	3	3	3	2
6	3	2	1	2	1	3	1	2	2	2	3	2	3
7	1	3	1	3	1	2	2	1	2	3	2	2	2
8	2	3	2	2	1	1	3	1	3	2	2	1	3
9	3	3	3	1	1	3	1	1	1	1	2	3	1
10	1	1	1	1	2	3	3	1	3	2	3	3	2
11	2	1	2	3	2	2	1	1	1	1	3	2	3
12	3	1	3	2	2	1	2	1	2	3	3	1	1
13	1	2	3	3	2	3	3	3	2	1	2	1	3
14	2	2	1	2	2	2	1	3	3	3	2	3	1
15	3	2	2	1	2	1	2	3	1	2	2	2	2
16	1	3	2	2	2	3	3	2	1	3	1	2	1
17	2	3	3	1	2	2	1	2	2	2	1	1	2
18	3	3	1	3	2	1	2	2	3	1	1	3	3
19	1	1	2	3	3	1	1	2	2	2	2	3	1
20	2	1	3	2	3	3	2	2	3	1	2	2	2
21	3	1	1	1	3	2	3	2	1	3	2	1	3
22	1	2	1	2	3	1	1	1	1	1	1	1	2
23	2	2	2	1	3	3	2	1	2	3	1	3	3
24	3	2	3	3	3	2	3	1	3	2	1	2	1
25	1	3	3	1	3	1	1	3	3	3	3	2	3
26	2	3	1	3	3	3	2	3	1	2	3	1	1
27	3	3	2	2	3	2	3	3	2	1	3	3	2

十、$L_8(4^1 \times 2^4)$

试验号＼列号	1	2	3	4	5
1	1	1	2	2	1
2	3	2	2	1	1
3	2	2	2	2	2
4	4	1	2	1	2
5	1	2	1	1	2
6	3	1	1	2	2
7	2	1	1	1	1
8	4	2	1	2	1

注：在第二表 $L_8(2^7)$ 中，把第 1 列和第 2 列的 1 和 1、1 和 2、2 和 1、2 和 2 依次换成 1、2、3、4，同时取消它们的交互列第七列，再将原表中的第 3、4、5、6 列依次提前一号，成为 2、3、4、5 列，就构成本表。